国外海岛管理研究

应晓丽　崔旺来　著

海洋出版社

2017年·北京

图书在版编目（CIP）数据

国外海岛管理研究/应晓丽，崔旺来著．—北京：海洋出版社，2017.6
ISBN 978-7-5027-9799-7

Ⅰ.①国…　Ⅱ.①应…②崔…　Ⅲ.①岛-管理-研究-国外　Ⅳ.①P74

中国版本图书馆 CIP 数据核字（2017）第 128985 号

责任编辑：白　燕
责任印制：赵麟苏
海洋出版社　出版发行
http：//www.oceanpress.com.cn
北京市海淀区大慧寺路 8 号　邮编：100081
北京朝阳印刷厂有限责任公司印刷　　新华书店发行所经销
2017 年 7 月第 1 版　2017 年 7 月北京第 1 次印刷
开本：787mm×1092mm　1/16　印张：11.75
字数：320 千字　定价：45.00 元
发行部：62132549　邮购部：68038093　专著中心：62113110
海洋版图书印、装错误可随时退换

前　言

海岛是海洋的一部分，它不仅具有重要的生态价值，而且对国家经济、社会的发展和国家及海洋主权权益的维护均具有举足轻重的作用。海岛及其周围海域蕴藏着丰富的渔业资源、旅游资源、港口资源、矿产资源、能源资源、土地资源、海洋化工资源和淡水资源等。这些资源都是海岛开发的前提条件，是海岛经济和社会发展的基础。根据《联合国海洋法公约》的规定，海岛是划分沿海国家内水、领海和200海里专属经济区等管辖海域的重要基点。一个岛屿或者岩礁可以拥有1 550平方千米的领海海域，而一个能够维持人类居住或其本身的经济生活的岛屿则可以拥有43万平方千米的管辖海域和更加广阔的大陆架，并且对这一广大区域的生物资源和海底矿产资源拥有主权权利。海岛资源的有序、合理开发可以保护海岛的生态环境，同时也可以推进海岛经济的绿色、可持续发展。海岛开发是经济发展的强大动力，对海岛资源开发实行规划与综合管理就是在生态保护与经济发展之间做到平衡。

世界上有20余万个海岛，总面积约996万平方千米，占地球陆地总面积的6.6%，其中有42个国家的领土全部由岛屿组成。世界上海岛分布不均，总体来讲，在世界岛屿中，太平洋中的海岛数量最多，大约有2万个，面积约440万平方千米，约占世界岛屿面积的45%；北冰洋中的海岛面积约为400万平方千米，约占41%；大西洋中的海岛面积约为90万平方千米，约占9%；印度洋中的海岛面积约为40万平方千米，约占5%。格陵兰岛以面积217.56万平方千米成为世界最大的海岛，其面积大约是位于第二的新几内亚岛（面积约为78.5万平方千米）的3倍。马来群岛是世界上最大的群岛，其中有大小岛屿2万个，总面积为243万平方千米，在世界岛屿总面积中约占25%。被称为“万岛之国”的挪威因其拥有2万多个海岛而成为世界上拥有海岛数量最多的国家；而印度尼西亚则以其拥有的大约1.7万个海岛位于世界第二，被誉为“千岛之国”。

随着国际社会海权意识的增强，海岛已经成为世界各国关注的焦点。同时，很多沿海国家对海岛的重视程度不断加深，海岛在维护国家安全和海洋权益、保障海上交通和生态安全促进海洋经济发展和资源利用等方面发挥着越来越重要的作用。应该说，沿海有关国家从来没有像现在这样重视、保护、建设和开发海岛。沿海各国对海岛周围的油气资源、海洋矿产、海洋空间等资源的争夺互不让步，凭借自己的实力，纷纷强化管理，彰显先进的科技、管理手段，凸显国家权益和地位，对邻国形成了巨大的压力。沿海各国对于海岛管理规划、海岛资源开发许可证、海岛环境保护、海岛监督检查、海岛灾害管理、海岛征用以及海岛开放与涉外管理等法律制度均有相关规定，很好地促进了海岛地区经济和海洋经济的快速、健康发展。

自20世纪90年代以来，随着经济全球化和区域一体化步伐的加快，岛屿发展中国家和地区经济发展的弱势地位引起了全球范围的广泛关注。1992年地球首脑会议要求联合国举行一次小岛屿发展中国家可持续发展国际会议，以促进生活在小岛屿国家和地区居民的利益。该次会议于1994年5月在加勒比地区的巴巴多斯举行，通过了《巴巴多斯宣言》和《小岛屿发展中国家可持续发展行动纲领》。2005年1月，在毛里求斯召开了第二届小岛屿发展中国家可持续发展会议，与会代表共商小岛屿发展中国家和地区发展大计，探讨了全球气候变化、海平面上升、环境污染和可持续发展等问题，同时寻求国际援助，积极防御地震、海啸等自然灾害。会议重申执行《巴巴多斯行动纲领》的重要性，并通过了《毛里求斯宣言》和《毛里求斯战略》。《毛里求斯宣言》重申小岛屿发展中国家仍然是可持续发展的一个特殊例子，应当特别注意加强小岛屿发展中国家的恢复能力；特别指出应该尽快在印度洋建立灾害预警系统，以防止类似印度洋地震和海啸给人类带来的巨大灾害重演。《毛里求斯战略》不仅指出《巴巴多斯行动纲领》是小岛屿发展中国家可持续发展的蓝图，还确定国际社会需要注意的新问题，包括最不发达国家状况恶化；全球化及贸易自由化；可持续发展方面的教育；可持续生产和消费；国家和区域的良好环境，等等。两次小岛屿发展中国家可持续发展会议提高了世界对小岛屿发展中国家和地区可持续发展面临困境的关注，且会议成果从行动纲领的提出过渡到了战略的出台，第二次会议还要求各国为落实会议通过的战略和宣言制定“路线图”，使全球对小岛屿发展中国家和地区的关注和援助及小岛屿发展中国家和地区自身的努力逐渐从文字落实到行动。2008 年 2 月 15 日，联合国正式设立了帮助小岛屿发展中国家应对气候变化挑战的专项基金，希腊提供了启动资金 100 万欧元。该基金由联合国基金会和小岛屿发展中国家集团联合发起成立，旨在帮助小岛屿发展中国家应对气候变化带来的挑战，减少气候变化对其社会经济发展的负面影响。应该说，国际社会中的小岛屿国家对其自身可持续发展的研究十分重视，他们的成果值得我们借鉴。

强化海岛管理，发展海岛经济已经成为未来沿海各国的重要发展方向。世界主要沿海国家和地区非常重视海岛管理，纷纷通过立法、规划、管理等手段，加强海岛开发利用、保护和建设。2009 年 12 月 26 日，第十一届全国人大常委会第十二次会议通过了《中华人民共和国海岛保护法》，对我国海岛保护做出了法律规定。党的十八大明确提出，提高海洋资源开发能力，发展海洋经济，保护海洋生态环境，坚决维护国家海洋权益，建设海洋强国。“海洋强国”是指管控海洋、开发利用海洋、保护海洋方面具有强大综合实力的国家。在全球日益重视海洋开发和管理的背景下，加强海岛管理，对于我国维护国家海洋权益和国防安全、促进社会经济发展、维持生态平衡、建设海洋强国等具有十分重要的现实意义。国外一些海岛众多且开发较早的国家已经建立了相对成熟的海岛管理体制，可为我国完善海岛管理体系提供成功的经验。如美国、葡萄牙、意大利、爱尔兰等国家实行的海岛管理规划、海岛监督检查、海岛灾害管理、海岛征用和海岛开放与涉外管理等制度。但由于海岛具有独立、封闭、生态系统脆弱、土地资源有限等特点，且其分布范围广，地区跨度大，海岛利用的要求因岛而异，因此针对海岛的保护与管理制度既不同于陆地资源管理，甚至也有别于海域管理。《联合国海洋法公约》序言规定“各海洋区域的种种问题都是彼此密切相关的，有必要作为一个整体来加以考虑”。海岛作为海洋的有机组成部分，应当按照海岛的自然属性和社会属性，对海岛实施综合考虑，统一区划、规划，统一管理，保证海岛管理的有效性。鉴于此，本书在已经出版的《国外之海岛研究》的基础上，再次尝试对国外海岛开发、利用、保护与管理的现状、问题、原因及对策进行研究，希望能够对我国海岛综合管理、海岛资源开发、海岛经济发展、海岛生态环境治理、海洋权益维护等提供决策参考、经验借鉴和实践指导。

由于目前海岛规划与管理的研究尚未成熟，几乎在每个方面都存在着不同观点的争论。本书参考了大量国外学者在这一研究领域中的文献，作者在文中说明了所引用的各种观点的提出者，而且在脚注中标出了这些观点的原始出处，使读者可以直接查阅这些研究的原始文献，希望借此可以为读者的进一步研究拓展出思考的空间。限于作者的视野和水平，本书在许多方面仍难尽如人意，真诚欢迎读者不惜笔墨，不吝赐教。

崔旺来

2017 年 1 月 21 日

目录

第1章 小岛屿陆地生态系统管控研究

——以马卡罗尼西亚地区为例

生态系统与人类福利息息相关，每个海岛都是一个独立而完整的生态环境地域系统，包括岛陆、岛滩、岛基和环岛浅海4个小生态环境。这4个部分彼此间有着密切、复杂的物流和能流关系，构成海岛独特的生态系统①。马卡罗尼西亚地区人地关系紧张、生态系统变化剧烈，岛屿开发利用是生态系统退化的主要驱动力之一。以马卡罗尼西亚地区②的佛得角群岛、加那利群岛、马德拉群岛和亚速尔群岛为研究实例，考查并探究小岛屿陆地生态系统保护规划与管理问题，提出相应的战略举措和支撑体系，例证其在岛屿陆地生态系统，尤其是马卡罗尼西亚地区特定群岛环境中的应用。文章指出小岛屿管理对公民参与度的需求比陆域更高，小岛屿规划与管理主体应该是利益相关者，小岛屿生态保护要树立岛民多重身份理念，各类利益相关者通过不同参与方式影响决策，协商式管理是极为关键的岛屿资源保护策略。通过详细分析马卡罗尼西亚地区岛屿陆地生态系统保护规划与管理的具体方法，认为岛屿自然公园管理方法是小岛屿保护可行性策略中的最佳方案。提出了表征与评价体系支撑决策与管理流程，确保全部利益相关者共同、积极参与管理。识别当前和潜在价值（保护、生产和娱乐）、价值表征能力、制定评价标准（如价值、成本或目标）的可能性，三者共同构成综合规划与管理决策支撑体系。采用的岛屿综合管理法，不仅对环境要素及其在土地利用中的变化、功能与干扰进行表征与评价，同时考虑个人与集体的利益理念与参与管理行为，也为理解岛屿管理理论制度化过程提供了一个全新视角。以马卡罗尼西亚地区，尤其是亚速尔群岛的皮库岛和佛得角群岛的圣地亚哥岛为例，将岛屿整体视作保护对象，动员参与者（个体、团体、管理部门或其他组织）以利益相关者身份自觉、共同参与管理，以此检验岛屿综合管理方法的可行性。这意味着科学合理的表征与评价体系，不仅能够支撑决策和管理系统，还能够在各类型地区的管理过程中动态协调全部利益相关者。文章对研究案例中的土地利用、管理可能发生的变化以及调整过程等内容进行了梳理和阐述，希望为小岛屿陆地生态系统保护与管理提供科学依据。

---

① 刘容子，齐连明．我国无居民海岛价值体系研究［M］．北京：海洋出版社，2006.

② 马卡罗尼西亚，指的是欧洲及北非附近大西洋中的数个群岛。这些群岛属西班牙、葡萄牙或佛得角统治。马卡罗尼西亚这一名称来自于希腊语，意思是“幸福之岛”，古希腊的地理学家曾用这一词语指代直布罗陀海峡以西的群岛。主要包括4大岛群：亚速尔群岛和马德拉群岛、加那利群岛和佛得角群岛。

1.1 小岛屿生态管控研究综述

在对系统性保护规划、以生态为基础的管理和保护管理进行文献回顾的过程中可以发现，与大陆地区相比，以小岛屿为应用实例的参考文献数量远远不足。事实上，岛屿环境对实施自然保护、制定可持续发展策略构成极其严峻的考验①②。这一现象主要源于海岛环境的高度异质性③④，以及针对岛屿这一多元化主体建立一般概念及技术方法的高困难程度。

使得岛屿生态保护形势更为严峻的原因是，尽管岛屿只占全球陆地面积的5%，但其与大陆生态系统截然不同的群落生境、特定的生态特征和动力学模式，使之成为生物多样性研究热点⑤⑥。岛屿生态系统与陆地生态系统的差异主要体现在结构、功能和演化等层面。

岛屿往往是（或多或少）孤立的系统或社群，由于地处偏远及自然演化所受干扰水平低，具有其独特的特征。岛屿生态隔离是限制基因交流、影响不同物种保持最小存活种群的主要因素。这些因素导致岛屿生物多样性相比大陆更为稀缺。由于岛屿环境下的隔离程度和物种形成特定条件，岛屿地方性物种极为丰富⑦⑧。

在大多数岛屿生态系统中，生物、生态驱动因素与特性同样受到物理和生态因素影响。在岛屿尺度中，物理因素（主要为地貌和风土条件）会影响繁殖关系的建立和发展，从而对植物群落本身及其为特定动物物种或种群提供生境与生态位的能力产生影响⑨。此外，这些因素还决定了互补生态位的出现，这对于完善分散、融合机制，确保

① Caujapé-Castells, J., Tye, A., Crawford, D.J., Santos-Guerra, A., Sakai, A., Beaver, K., Lobin, W., Florens, F.B.V., Moura, M., Jardim, R., Gómes, I., Kueffer, C., 2010, Conservation of oceanic island floras: present and future global challenges, perspectives in plant ecology evolution and systematics, 12: 107-129.

② Gil, A., Fonseca, C., Lobo, A., Calado, H., 2012, Linking GMES space component to the development of land policies in outermost regions-the Azores (Portugal) case-study, European Journal of Remote Sensing, 45: 263-281.

③ Weigelt, P., Kreft, H., 2013, Quantifying island isolation-insights from global patterns of insular plant species richness, Ecography, 36: 417-429.

④ Cabral, J.S., Weigelt, P., Kissling, W.D., Kreft, H., 2014, Biogeographic, climatic and spatial drivers differentially affect α-, β-and γ-diversities on oceanic archipelagos, Proceedings of the Royal Society B, 281: 1784.

⑤ Myers, N., Mittermeier, R.A., Mittermeier, C.G., da Fonseca, G.A., Kent, J., 2000, Biodiversity hotspots for conservation priorities, Nature, 403: 853-858.

⑥ Kreft, H., Jetz, W., Mutke, J., Kier, G., Barthlott, W., 2008, Global diversity of island floras from a macroecological perspective, Ecology Letters, 11: 116-127.

⑦ Kier, G., Kreft, H., Lee, T.M., Jetz, W., Ibisch, P.L., Nowicki, C., Mutke, J., Barthlott, W., 2009, A global assessment of endemism and species richness across island and mainland regions, Proceedings of the National Academy of Sciences of the United States of America, 106: 9322-9327.

⑧ Steinbauer, M.J., Otto, R., Naranjo-Cigala, A., Beierkuhnlein, C., Fernάndez-Palacios, J.M., 2012, Increase of island endemism with altitude-speciation processes on oceanic islands, Ecography, 35 (1): 23-32.

⑨ Lloret, F., Gonzάlez-Mancebo, J.M., 2011, Altitudinal distribution patterns of bryophytes in the Canary Islands and vulnerability to climate change, Flora, 206: 769-781.

植物物种或群落的最小存活种群具有重要意义①。此外，从人类视角来看，岛屿差异化的社会、经济和文化特性是每个岛屿规模、资源、表征、隔离程度及其特点等一系列特殊条件综合作用的结果②③。人类每一次登陆新的岛屿遇到的首要问题，是改变原有景观并获取必需资源（以农业为主），从而满足社群定居、生存和发展的需要。这些资源不仅包括自我消费产品，也包括出口产品（如马德拉群岛的糖、酒，亚速尔群岛的蓝色染料）。生存和经济需要决定，岛屿资源开发模式基本不会（或极少）考虑到自然保护。通过清除原始植被的方式人为改变原有景观，会对特定生境造成直接破坏④⑤。此外，引进新物种造成的意外入侵会危及本地物种和群落的生态位，从而影响原生种群的规模与生存能力⑥⑦。另一方面，新的生态条件取决于土地覆被变化，随着农产品市场剧烈变化，土地覆被在短期内多次发生改变。

土地覆被频繁改变导致动植物存活种群生存和维持条件变弱⑧，甚至危及其生存能力，也给自然环境、生境带来巨大压力。为扭转这种趋势，一方面必须保护和修复足够数量的、能够承受当前及将来可预期干扰的基因库和生境库；另一方面必须支持最小存活种群和群落的恢复⑨。在岛屿生境的特殊背景下，上述因素结合岛屿较低水平的经济发展与资源存量，尤其是需要重点考虑的高隔离程度，使制定岛屿保护策略面临严峻挑战。

保护区对生物多样性的整体保护成效受到了广泛研究、探讨与质疑⑩。事实上，传

① Nogales, M., Heleno, R., Traveset, A., Vargas, P., 2012, Evidence for overlooked mechanisms of long-distance seed dispersal to and between oceanic islands, New Phytologist, 194 (2): 313-317.

② Rackam, O., 2012, Island landscapes: some preliminary questions, Journal of Marine and Island Cultures, 1: 87-90.

③ Polido, A., João, E., Ramos, T. B., 2014, Sustainability Approaches and Strategic Environmental Assessment in Small Islands: An Integrative Review, Ocean & Coastal Management, 96: 138-148.

④ Triantis, K. A., Borges, P. A. V., Ladle, R. J., Hortal, J., Cardoso, P., Gaspar, C., Dinis, F., Mendon, a, E., Silveira, L. M. A., Gabriel, R., Melo, C., Santos, A. M. C., Amorim, I. R., Ribeiro, S. P., Serrano, A. M. R., Quartau, J. A., Whittaker, R. J., 2010, Extinction debt on oceanic islands, Ecography, 33: 285-294.

⑤ Connor, S. E., van Leeuwen, J. F. N., Rittenour, T. M., van der Knaap, W. O., Ammann, B., Björck, S., 2012, The ecological impact of oceanic island colonization-a palaeoecological perspective from the Azores, Journal of Biogeography, 39: 1007-1023.

⑥ Lourenço, P., Medeiros, V., Gil, A., Silva, L., 2011, Distribution, habitat and biomass of Pittosporum undulatum, the most important woody plant invader in the Azores archipelago, Forest Ecology and Management, 262 (2): 178-187.

⑦ Gil, A., Lobo, A., Abadi, M., Silva, L., Calado, H., 2013, Mapping invasive woody plants in Azores protected areas by using very high-resolution multispectral imagery, European Journal Remote Sensing, 46: 289-304.

⑧ Donázar, J. A., Gangoso, L., Forero, M. G., Juste, J., 2005, Presence, richness and extinction of birds of prey in the Mediterranean and Macaronesian islands, Journal of Biogeography, 32: 1701-1713.

⑨ Caujapé-Castells, J., Tye, A., Crawford, D. J., Santos-Guerra, A., Sakai, A., Beaver, K., Lobin, W., Florens, F. B. V., Moura, M., Jardim, R., Gómes, I., Kueffer, C., 2010, Conservation of oceanic island floras: present and future global challenges, perspectives in plant ecology evolution and systematics, 12: 107-129.

⑩ Leverington, F., Costa, K. L., Pavese, H., Lisle, A., Hockings, M., 2010, A global analysis of protected area management effectiveness, Environmental Management, 46: 685-698.

统保护策略大多以创建保护区为主①，然而伴随着或多或少的土地利用严格限制，随着保护区覆盖的地表面积日益剧增，生物多样性却日益减少，意味着传统保护策略适得其反、毫无成效②③。

岛屿系统的生物多样性丧失，尤其是小岛屿，主要原因在于缺乏将岛屿甚至群岛作为单一管理单元的综合管理方法。此外，有限地理空间内的自然保护区规模小、对外部干扰的敏感性和脆弱性高④，决定了保护区的隔离保护成效不够显著，给人以虚假的安全感。因此，尽管保护区或分类区域规模不断扩大，岛屿生境中的物种灭绝时间曲线仍比大陆地区更为陡峭⑤。

基于对这一现实的认识，岛屿系统综合管理方法⑥得以提出。岛屿系统综合管理方法包括自适应管理策略，能够同时解决资源利用争议与人类活动对岛屿物理环境的影响，而其保护成效取决于制度与法律体系能否合理协调所有公共或私人机构的活动。简而言之，问题在于岛屿系统综合管理是应该略过未分类地区，而着重管理各岛屿综合性保护区网络，还是采用对整个岛屿（包括沿海地区）以及管理过程中的整个社会与岛屿资源特定使用者进行综合管理的岛屿（群岛）保护策略？岛屿现状及其面临问题显然指向第一个假设。这意味着全部利益相关者的自觉参与管理⑦是基于对自身在参与过程中所能收获的多种利益的认知深化之上。

这些利益体现在生态系统服务层面，即生态系统形成支持和促进人类活动的生态系统过程与功能⑧。此外，还体现在对人类活动与生物多样性保护两者进行积极权衡的衡

---

① Calado, H., Lopes, C., Porteiro, J., Paramio, L., Monteiro, P., 2009, Legal and technical framework of Azorean protected areas, Journal of Coastal Research, 56: 1179-1183.

② Gómez-Baggethun, E., Ruiz-Pérez, M., 2011, Economic valuation and the commodification of ecosystem services, Progress in Physical Geography, 35 (5): 613-628.

③ Mora, C., Sale, P.F., 2011, Ongoing global biodiversity loss and the need to move beyond protected areas: a review of the technical and practical shortcomings of protected areas on land and sea, Marine Ecology Progress Series, 434: 251-266.

④ Bergsten, A., Bodin, Ö., Ecke, F., 2013, Protected areas in a landscape dominated by logging-a connectivity analysis that integrates varying protection levels with competition-colonization tradeoffs, Biological Conservation, 160: 279-288.

⑤ Cardillo, M., Mace, G.M., Gittleman, J.L., Purvis, A., 2006, Latent extinction risk and the future battlegrounds of mammal conservation, Proceedings of the National Academy Sciences United States of America, 103 (11): 4157-4161.

⑥ Wong, P.P., Marone, E., Lana, P., Fortes, M., 2005, Island systems. In: Hassan, R., Schales, R., Ash, N. (Eds.), Ecosystems and te and Human Well-being: Current State and Trends, Island Press, Washington, DC.

⑦ Lagabrielle, E., Botta, A., Daré, W., David, D., Aubert, S., Fabricius, C., 2010, Modelling with stakeholders to integrate biodiversity into land-use planning-lessons learned in Réunion Island (Western Indian Ocean), Environmental Modelling & Software, 25 (11): 1413-1425.

⑧ de Groot, R.S., Alkemade, R., Braat, L., Hein, L., Willemen, L., 2010, Challenges in integrating the concept of ecosystem services and values in landscape planning, management and decision making, Ecological Complexity, 7 (3): 260-272.

量和实施能力的与日俱增①，从而为有效实施保护措施、减少人类活动引发的潜在损失奠定坚实基础。为对岛屿生态环境实施保护与管理，必须挖掘岛屿现有价值（包括使用价值和非使用价值）、明确与之相关的威胁因素，从而明确保护管理措施与策略，并实现策略本土化②。对于岛屿潜在价值，则必须确定岛屿生态系统恢复和修复的可行性与效益（自然保护方面的附加价值）③。最终，人类通过绘制岛屿修复可行性曲线，优化自然保护价值管理，扭转原先的岛屿生物多样性消亡曲线的走势。

在这一目标的实现过程中，最为关键的是让全部利益相关者充分明确并接受拓宽管理视角的必要性。这意味着必须推动利益相关者明确能够导致环境要素价值增加或受损害的管理系统和流程，充分了解岛屿保护对象与目标、积极参与保护对象与目标的识别和定义，从而实现整个岛屿环境的管理优化。这一管理方法成功的必要前提是全体公民与社会、经济主体成为积极管理者，有效、投入地参与管理，而不仅仅是传统隔离或限制性保护策略的被动（或非情愿）接受对象。

全部利益相关者积极、有效和投入地参与，需要两种管理手段进行有效互补。首先，必须构建适用不同和互补的表征水平（如资源、压力、阈值、价值、功能）的综合表征与评价体系。这个体系必须能够表征现有的辐辏性资源与过程以及稳定的非辐辏性资源、过程和系统，同时还必须确立它们的价值、功能和威胁④。其次，必须形成符合管理、决策、立法系统，并与上述表征与评价体系协调、交互的管理结构与惯例。这两种管理手段作为管理形式，必须具备体现生态系统和景观管理过程的特性，同时必须建立在价值、目标、人力和机构等层面发生深刻变革又被利益相关者广泛而普遍接受的基础之上⑤。这显然需要一个能够定义基本目标与制度流程、奠定规划决策基础的普遍流程。

基于此，本章提出一个保护策略和支撑体系，列举其在岛屿特定环境中，尤其是马卡罗尼西亚地区群岛陆地生态系统保护中的应用。

---

① Nelson, E., Mendoza, G., Regetz, J., Polasky, S., Tallis, H., Cameron, D.R., Chan, K.M.A., Daily, G.C., Goldstein, J., Kareiva, P.M., Lonsdorf, E., Naidoo, R., Ricketts, T.H., Shaw, M.R., 2009, Modeling multiple ecosystem services, biodiversity conservation, commodity production, and tradeoffs at landscape scales, Frontiers in Ecology and the Environment, 7 (1): 4-11.

② Riera, R., Becerro, M.A., Stuart-Smith, R.D., Delgado, J.D., Edgar, G.J., 2014, Out of sight, out of mind: threats to the marine biodiversity of the Canary Islands (NE Atlantic Ocean), Environmental Science & Policy, 86 (1-2): 9-18.

③ Lagabrielle, E., Rouget, M., le Bourgeois, T., Payet, K., Durieux, L., Baret, S., Dupont, J., Strasberg, D., 2011, Integrating conservation, restoration and land-use planning in islands-an illustrative case study in Réunion Island (Western Indian Ocean), Landscape and Urban Planning, 101: 120-130.

④ Fonseca, C., Pereira da Silva, C., Calado, H., Moniz, F., Bragagnolo, C., Gil, A., Phillips, M., Pereira, M., Moreira, M., 2014, Coastal and marine protected areas as key elements for tourism in small islands, Journal of Coastal Research, SI 70, 461-466.

⑤ Olsen, S., Ipsen, N., Adriaanse, M., 2006, Ecosystem-Based Management Markers for Assessing Progress, United Nations Environment Program, The Hague.

1.2 马卡罗尼西亚地区：环境和主要特征

马卡罗尼西亚地区主要由大西洋中部火山群岛组成，包括亚速尔群岛、马德拉群岛、加那利群岛和佛得角群岛（图1-1）。地理位置14°55′—39°43′N，15°24′—31°07′W，陆地总面积约14 444平方千米，总人口约320万人，人口密度为222人/平方千米，其中加那利群岛人口密度达到305人/平方千米。马卡罗尼西亚地区位于欧洲及北非附近大西洋中，东接非洲西海岸，区内土壤以肥沃的火山土为主。马卡罗尼西亚地区岛屿属亚热带及热带气候，年平均气温19~27℃，年降水量100~1 000毫米。岛屿生物相独特，生息着诸多特有种动物和植物。位于北部的亚速尔群岛和马德拉群岛由于受到西风的影响，气候较为湿润和冷凉，其降水量远远多于加那利群岛和佛得角群岛。马德拉群岛上的月桂树公园是世界上面积最大的月桂树森林，原始森林占到90%。位于南端的佛得角群岛受到东北信风和加那利寒流的影响，气候极为干燥，海拔较高的地区生长着灌木丛和草地，河谷地带有少量的农业。位于非洲西海岸的加那利群岛气候干旱，降水自西向东逐渐减少，由此形成多种植被类型和生物体系。

本地区的显著特征是火山活动历史悠久，至今仍发挥着重要作用。火山活动造就了该地区的奇特景观，如陡峭山崖和火山熔岩流①。该区地表年轻、地质活动活跃，近年来火山喷发仍较频繁②③。持续发生的地震、近期的火山爆发，加上高耸的山峰，在造就极其复杂、多样化景观的同时，造成重大的土地利用限制和环境污染和生态系统极度脆弱④⑤。岛屿陆地生态系统保护成效直接受到决策管理的影响，因而岛屿生态系统服务功能的维持和改善对马卡罗尼西亚生态安全具有重要的意义，而且随着土地资源日益紧缺，这种重要性越来越凸显。

大陆系统中，土壤和气候特征是生态分区的主要影响因素，而岛屿系统中的岩性均质化趋势使得这些因素被强烈简化。因此，海拔和地形相关变量构成主要分区因素⑥⑦。

---

① Azevedo, J. M. M., Ferreira, M. R. P., 2006, The volcano tectonic evolution of Flores Island, Azores (Portugal), Journal of Forest Research, 156: 90-102.

② Forjaz, V. H. (Ed.), 2007, Vulcão dos Capelinhos, memórias 1957—2007, Observatório Vulcanológico e Geotécnico dos Ac, ores, Ponta Delgada.

③ Hildner, E., Klügel, A., Hauff, F., 2011, Magma storage and ascent during the 1995 eruption of Fogo, Cape Verde Archipelago, Contributions to Mineralogy and Petrology, 162: 751-772.

④ Fragoso, M., Trigo, R. M., Pinto, J. G., Lopes, S., Lopes, A., Ulbrich, S., Magro, C., 2012, The 20 February 2010 Madeira flash-floods: synoptic analysis and extreme rainfall assessment, Natural Hazards and Earth System, 12: 715-730.

⑤ Mitchell, N. C., Quartau, R., Madeira, J., 2012, Assessing landslide movements in volcanic islands using near-shore marine geophysical data: south Pico island, Azores, Bulletin of Volcanology, 74: 483-496.

⑥ Steinbauer, M. J., Otto, R., Naranjo-Cigala, A., Beierkuhnlein, C., Fernández-Palacios, J. M., 2012, Increase of island endemism with altitude-speciation processes on oceanic islands, Ecography, 35 (1): 23-32.

⑦ Lloret, F., González-Mancebo, J. M., 2011, Altitudinal distribution patterns of bryophytes in the Canary Islands and vulnerability to climate change, Flora, 206: 769-781.

原因在于海拔和地形会对关键的气候因素（水和温度）产生直接影响①。

在岛屿系统中，受土壤和其他变量影响而产生的变化是小幅度、微乎其微的。例如，在圣地亚哥岛（佛得角群岛），此类变量主要包括水利资源、排水管道、野外溪谷、海滩和湿地②。在加那利群岛，很多地区因特殊地质、岩石基质、盐度影响和土壤沙化，缺乏地带性植被③。

从加那利群岛东部和佛得角干旱、岩石地区的沙漠与旱生灌木，到马德拉群岛和亚速尔群岛的沙丘和山地湿性常绿阔叶林，这些火山岛呈现出多种生态系统④⑤⑥。岛屿植被的异质性分布，不仅受上述岛屿尺度和生态特征的影响，也受海岛之间及海岛与大陆之间距离的影响，最终形成了马卡罗尼西亚群岛新物种与古物种植物群混合分布的标志性特征。

除加那利群岛（4 000 年前已有人居住）以外，直至 15 世纪初，其他岛屿都一直处于无居民状态。肥沃的火山土壤和良好的气候使以出口为主、兼顾国内自给的农业生产快速发展，农用地规模也快速扩张。15 世纪末，马德拉群岛成为世界糖类生产、出口的领先者。其他农产品还包括小麦、酒、玉米和红薯。农业扩张对岛屿地形和原始生物多样性产生了重大影响。包括森林在内的大量自然区域被改造用于作物栽培（部分地区单一种植甘蔗），当地居民还广泛构建灌溉系统，将水从山地区域输送到干旱低地。亚速尔群岛的农业也经历了高速发展，最初是为航行大西洋的船只生产谷物，后来出产（15 世纪即已存在的）蓝色染料植物（菘蓝），目前以生产牲口和奶制品为主。佛得角群岛因气候干燥，农业生产只能保证自给自足，无法成为重要出口产地⑦。佛得角群岛的功能更多的是作为贩卖奴隶的场所，其次才是大宗农产品生产地。

---

① Couto, F. T., Salgado, R., Costa, M. J., 2012, Analysis of intense rainfall events on Madeira Island during the 2009/2010 winter, Natural Hazards and Earth System, 12: 2225-2240.

② Diniz, A. C., Matos, G. C., 1986, Carta da zonagem agro-ecológica e da vegetação de Cabo Verde, I Ilha de Santiago, Garcia de Orta Série de Botânica, 8 (1-2): 39-82.

③ del Arco, M. J., González-González, R., Garzón-Machado, V., Pizarro-Hernández, B., 2010, Actual and potential natural vegetation on the Canary Islands and its conservation status, Biodiversity and Conservation, 9: 3089-3140.

④ Duarte, M. C., Rego, F., Moreira, I., 2005, Distribution patterns of plant communities on Santiago Island, Cape Verde, Journal of Vegetation Science, 16: 283-292.

⑤ del Arco, M. J., Rodríguez - Delgado, O., Acebes, J. R., García - Gallo, A., Pérez - de - Paz, P. L., González-Mancebo, J. M., González-González, R., Garzón-Machado, V., 2009, Bioclimatology and climatophilous vegetation of Gomera (Canary Islands), Annales Botanici Fennici, 46: 161-191.

⑥ Arévalo, J. R., González - Delgado, G., Mora, B., Fernández - Palacios, J. M., 2012, Compositional and structural differences in two laurel forest stands (windward and leeward) on Tenerife, Canary Islands, Journal of Forest Research, 17: 184-192.

⑦ Condé, S., Richard, D., Liamine, N., Leclère, A. -S., Sotolargo, B., Pinborg, U., 2009, Biogeographical Regions in Europe. The Macaronesian Region-Volcanic Islands in the Ocean, European Environment Agency, Luxembourg.

图 1-1 马卡罗尼西亚地区地理位置

草食动物的引进，尤其是兔子、绵羊和山羊，对部分岛屿的生态系统造成毁灭性的破坏①。脆弱的森林生态系统发生不可逆转的退化。一个典型案例是马德拉群岛的波尔图岛，该岛低洼森林的原始植被以腓尼基刺柏、香龙血树和阿坡隆樟为主，但由于物种引进，这些原始植被已不复存在；另一个例子是加那利群岛，2500 年前引进的绵羊和山羊对当地原始植被造成了严重破坏。

土地利用动态变化导致生态环境随之改变。在土地利用变化对景观格局与生态环境造成的显著影响中，必须强调的案例是亚速尔群岛上大量的未封育草地②；马德拉群岛和波尔图岛上低海拔地区集约农业的发展与旅游基础设施的使用③；加那利群岛的生产

① Gangoso, L., Donázar, J. A., Scholz, S., Palacios, C. J., Hiraldo, F., 2006, Contradiction in conservation of Island ecosystems: plants, introduced herbivores and avian scavengers in the Canary Islands, Biodiversity & Conservation, 15: 2231-2248.

② Silva, E., Santos, C., Mendes, A. B., 2013, Animal grazing system efficiency, In: Mendes. A. B., Silva, E. L. D. G. S., Santos, J. M. A. (Eds.). Efficiency Measures in the Agricultural Sector: With Applications, Springer Science, Dordrecht, pp. 83-91.

③ Almeida, A., Correia, A., 2010, Tourism development in Madeira: an analysis based on the life cycle approach, Tourism Economics, 16 (2): 427-441.

性森林、过度放牧与多元化旅游形式①②③；过度开发导致半干旱气候的佛得角群岛发展新兴旅游产业④。值得强调的是，这些岛屿在发展进程中历来属于受经济和社会条件强烈制约的边缘地区。

1.3 马卡罗尼西亚小岛屿生态管控面临挑战

马卡罗尼西亚地区居民生存受制于地理隔离带来的风险，因此在土地利用过程逐渐形成的岛屿文化中，生存是最关键的因素，任何有关生存或对立的选择是非常明确的，深深植根于岛屿文化和岛民行为之中。对于该地区居民来说，即使受益于现代通信和运输网络，重点关注的对象依然是稀缺物资⑤⑥。

以第一世纪的马德拉群岛殖民作为典型事例，殖民者面临的特殊挑战是水资源管理。岛屿南部地区水资源严重匮乏，为将岛屿北部湿润地区的雨水输送到南部土壤更为肥沃的干旱农业地区，殖民者在 736 平方千米的岛屿上构建长达 1 400 千米的庞大水道体系——引水渠⑦。殖民者根据带来的财富和更高的生存水平，调整成本以保障关键的经济活动。这些限制使得岛屿土地管理程序对公民参与度的需求比大陆更高。

岛屿环境中资源极其有限，因此对岛屿进行协商管理具有重要意义⑧⑨。统一采集岛屿系统样本信息，运用综合参考系统对资源管理方案进行反复评估⑩，能够确保全部

---

① Arévalo, J. R., Fernandéz-Palacios, J. M., 2005, Gradient analysis of exotic Pinus radiata plantations and potential restoration of natural vegetation in Tenerife, Canary Islands (Spain), Acta Oecologica, 27: 1-8.

② Gangoso, L., Donázar, J. A., Scholz, S., Palacios, C. J., Hiraldo, F., 2006, Contradiction in conservation of Island ecosystems: plants, introduced herbivores and avian scavengers in the Canary Islands, Biodiversity & Conservation, 15: 2231-2248.

③ Domínguez-Mujica, J., González-Pérez, J., Parreño-Castellano, J., 2011, Tourism and human mobility in Spanish archipelagos, Annales Botanici Fennici, 38 (2): 586-606.

④ Lindskog, P. A., Delaite, B., 1996, Degrading land: an environmental history perspective of the Cape Verde islands, Environment and History, 2: 271-290.

⑤ Calado, H., Borges, P., Phillips, M., Ng, K., Alves, F., 2011, The Azores archipelago, Portugal: improved understanding of small island coastal hazards and mitigation measures, Natural Hazards, 58 (1): 427-444.

⑥ Calado, H., Braga, A., Moniz, F., Gil, A., Vergílio, M., 2013, Spatial planning and resource use in the Azores, Mitigation and Adaptation Strategies for Global Change, 20 (7): 1079-1095.

⑦ Malmqvist, B., 1988, Downstream drift in Madeiran levadas: tests of hypotheses relating to the influence of predators on the drift of insects, Aquatic Insects, 10 (3): 141-152.

⑧ Calado, H., Vergílio, M., Fonseca, C., Gil, A., Moniz, F., Silva, S. F., Moreira, M., Bragagnolo, C., Silva, C., Pereira, M., 2014, Developing a planning and management system for protected areas on small islands (the Azores archipelago): the SMARTPARKS project, Journal of Integrated Coastal Zone Management, 14 (2): 335-344.

⑨ Cárcamo, P. F., Garay - Flühmann, R., Squeo, F. A., Gaymer, C. F., 2014, Using stakeholders' perspective of ecosystem services and biodiversity features to plan a marine protected area, Environmental Science & Policy, 40: 116-131.

⑩ Fernandes, J. P., Guiomar, N., Freire, M., Gil, A., 2014, Applying and integrated landscape characterization and evaluation tool to small islands (Pico, Azores, Portugal), Journal of Integrated Coastal Zone Management, 14 (2): 243-266.

利益相关者积极参与，优化各个地区、各个时期的管理方案。同时有利于形成长期有效的岛屿系统资源评价体系，对这些资源管理方案加以反复评估①。

岛屿资源协商管理不仅是极为关键的保护策略，而且对减轻公民压力、提供交流和沟通渠道、实现公民参与管理具有重要意义。此外，公民参与岛屿管理和发展能够充分保障公民权益，包括自主权、独立性和文化特殊性。在气候变化、经济增长引起资源利用强度增加、自然资源压力变大等一系列可预见性干扰的影响之下，岛屿资源管理正面临日益严峻的挑战②③④。

在人类活动影响显著的岛屿环境中，自然价值与威胁的识别、自然保护对象和目标设置所必须参考的标准、视角和价值系统，与大陆系统存在显著差异⑤。例如，关于岛屿生物多样性，必须特别注意遗传多样性和促进类群演化、分化的因素，从而保护不同物种小生境，维持物种形成所需隔离度⑥⑦。这一点在分析岛屿尺度下的生境连续性和异质性时也同样发挥着重要作用，意味着岛屿生态环境保护与管理不仅需要确保最小存活种群，同时还需要维护其丰富的内在生境多样性，确保其具备足够的、相应的生物与物理干扰应对能力。

这也意味着，对岛屿生态环境的保护必须将岛屿整体环境（包括因素和参与者）作为保护对象，并针对每个独立小生境存在的问题研究设计科学合理的解决方法。另一个关键问题在于岛屿管理过程中必须将每个岛屿视为独立个案，并根据其具体情况设计切实可行的管理方案⑧。在这一背景下，关键在于明确指定利用类型的土地资源被占用的途径，然后改变、调整或破坏不当占用途径。此外，把握自然系统，尤其是目标物种如何应对新的环境因素和过程也很重要，例如观察近期遗弃地区的植物拓殖模式。

也正是在这一背景下，本章认为在小型有居民岛屿设立保护区进行自然保护远远不够，主要原因在于分离保护区和生产区极为复杂，尽管并非完全不可能。如德塞塔岛和

---

① Lagabrielle, E., Botta, A., Daré, W., David, D., Aubert, S., Fabricius, C., 2010, Modelling with stakeholders to integrate biodiversity into land-use planning-lessons learned in Réunion Island (Western Indian Ocean), Environmental Modelling & Software, 25 (11): 1413-1425.

② Clarke, P., Jupiter, S., 2010, Principles and Practice of Ecosystem-Based Management: A Guide for Conservation Practitioners in the Tropical Western Pacific, Wildlife Conservation Society, Suva, Fiji.

③ Caujapé-Castells, J., Tye, A., Crawford, D.J., Santos-Guerra, A., Sakai, A., Beaver, K., Lobin, W., Florens, F.B.V., Moura, M., Jardim, R., Gómes, I., Kueffer, C., 2010, Conservation of oceanic island floras: present and future global challenges, perspectives in plant ecology evolution and systematics, 12: 107-129.

④ Gil, A., Fonseca, C., Lobo, A., Calado, H., 2012, Linking GMES space component to the development of land policies in outermost regions-the Azores (Portugal) case-study, European Journal of Remote Sensing, 45: 263-281.

⑤ van Beukering, P., Brander, L., Tompkins, E., McKenzie, E., 2007, Valuing the Environment in Small Islands-An Environmental Economics Toolkit, Joint Nature Conservation Committee, 4065.

⑥ Sosa, P.A., González-Pérez, M.A., Moreno, C., Clarke, J.B., 2010, Conservation genetics of the endangered endemic Sambucus palmensis Link (Sambucaceae) from the Canary islands, Conservation Genetics, 11: 2357-2368.

⑦ Schaefer, H., Moura, M., Maciel, M.G.B., Silva, L., Rumsey, F.J., Carine, M.A., 2011, The Linnean shortfall in oceanic island biogeography: a case study in the Azores, Journal of Biogeography, 38: 1345-1355.

⑧ Wong, P.P., Marone, E., Lana, P., Fortes, M., 2005, Island systems. In: Hassan, R., Schales, R., Ash, N. (Eds.), Ecosystems and te and Human Well-being: Current State and Trends, Island Press, Washington, DC.

塞尔瓦任斯岛（马德拉群岛）等无居民岛屿的自然保护区因人类活动少、不曾被殖民或长期占用、不具重要经济用途，存在问题较少，更容易完成其保护目标。但这并非普遍情况，在佛得角群岛、加那利群岛、马德拉群岛和亚速尔群岛的大部分有居民岛屿人口密度普遍偏高、生产活动频繁，意味着人类占用、改造的岛屿面积与资源占到较大比例①②。

因此，胡菲特（2011）③ 将治理定义为“拥有共同目标的行为者在创造、强化或再版社会规范和制度时的互动与决策程序”，似乎承担着关键作用，生态系统管理必须遵循实现和维护系统结构与功能完整性、维持生物多样性的基本原则，同时也要认识系统变化的必然性以及人类是大多数生态系统不可或缺的组成部分④⑤。治理过程需要建立有序规则和共同行为准则⑥，从而为解决岛屿管理问题、促进公民参与创造条件。治理过程与社会结构、决策过程和权力共享密切相关⑦。温斯戈特（2013）⑧认为，将治理过程与以知识为基础的自适应管理方法加以结合，能更好地实现岛屿生态保护目标。生态系统的迅速变化以及社会—生态的相互作用，要求在生态系统管理过程中必须考虑相关的不确定性和复杂性，这也意味着岛屿管理是一个动态参与和决策的过程。

因此，部分学者以及世界自然保护联盟（IUCN）和联合国环境规划署（UNEP）推测，生态系统管理方法必须以灵活方式，对不利于社群认同生态系统管理项目的经济、社会和文化因素进行分析，并加以强制性调配⑨。此外，利益相关者的积极参与和全面澄清责任与义务的管理契约化，被认为是确保以利益相关者为基础的参与式管理获得成功的唯一途径⑩。资源匮乏、弹性低、特殊的社会—文化特征与社会—文化交互作用等岛屿独具特征，使岛屿生态环境管理过程面临特殊挑战。与此同时，岛屿构成独特

---

① Parsons, J. J., 1981, Human influences on the pine and laurel forests of the Canary islands. Geographical Review, 71 (3): 253-271.

② Marcelino, J. A. P., Weber, E., Silva, L., Garcia, P. V., Soares, A. O., 2014, Expedient metrics to describe plant community change across gradients of anthropogenic influence, Environmental Management, 54: 1121-1130.

③ Hufty, M., 2011, Investigating policy processes: the governance analytical framework (GAF). In: Wiesmann, U., Hurni, H. (Eds.), Research for Sustainable Development: Foundations, Experiences, and Perspectives, National Centre of Competence in Research, University of Bern, pp. 403-424.

④ Gruby, R. L., Basurto, X., 2013, Multi-level governance for large marine commons: politics and polycentricity in Palau's protected area network, Environmental Science & Policy, 33: 260-272.

⑤ Metcalf, S. J., Dambacher, J. M., Rogers, P., Loneragan, N., Gaughan, D. J., 2014, Identifying key dynamics and ideal governance structures for successful ecological management, Environmental Science & Policy, 37: 34-49.

⑥ Stoker, G., 1998, Governance as theory: five propositions, International Social Science Journal, 50: 17-28.

⑦ Cárcamo, P. F., Gaymer, C. F., 2013, Interactions between spatially explicit conservation and management measures: implications for the governance of marine protected areas, Environmental Management, 52: 1355-1368.

⑧ Westgate, M. J., Likens, G. E., Lindenmayer, D. B., 2013, Adaptive management of biological systems: a review, Biological Conservation, 158: 128-139.

⑨ UNEP, 2009, Ecosystem Management Program: A New Approach to Sustainability, United Nations Environment Program, Nairobi.

⑩ Bebbington, J., Larrinaga, C., 2014, Accounting and sustainable development: an exploration, Accounting, Organizations and Society, 39 (6): 395-413.

的小型生态系统，不仅有利于对生态保护方法（并非保护区的简单创建和充分管理）进行评价和优势评估，也有利于针对岛屿环境相对有限的关键变量进行评价和处理。

1.4 岛屿治理发展和可持续保护管控系统

建立和发展治理体系面临的一个主要难题，是确保不同核心利益相关者充分、自觉地参与管理。由于各利益相关者在管理中的决策和执行能力不同（图 1-2），这个问题显得尤为重要。事实上，能够计划、协调、融资、监督或控制土地利用的决策者（管理部门、立法部门和规划者部门）并不是实际土地利用有关行为的执行者（土地主及其协会）。这一现实决定，决策范围和执行范围的矛盾往往会带来争议①②，对双方造成负面影响。

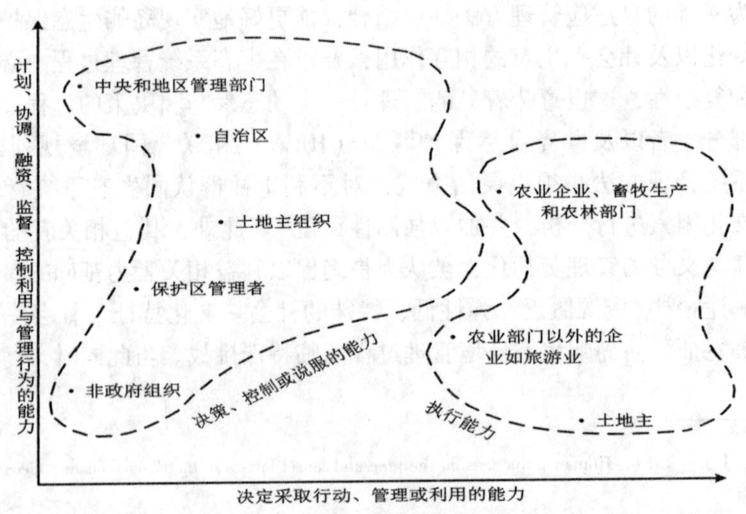

图 1-2 各利益相关者的决策和执行能力

因此，建立小岛屿规划与管理治理体系，尤其是针对岛屿内在价值和约束条件时，必须在体系建立和应用之前，明确全部利益相关者及其重要性、作用与参与形式。凡柏克林等（2007）③认为，让所有决策者参与早期阶段，有利于其更好地了解所有方法和预期结果。

为强化新管理理念的优势、凸显其改善人类福利和安全的作用，旨在整合保护难

① Forst, M. F., 2009, The convergence of Integrated Coastal Zone Management and the ecosystems approach, Ocean & Coastal Management, 52: 294-306.

② Cárcamo, P. F., Gaymer, C. F., 2013, Interactions between spatially explicit conservation and management measures: implications for the governance of marine protected areas, Environmental Management, 52: 1355-1368.

③ Vvan Beukering, P., Brander, L., Tompkins, E., McKenzie, E., 2007, Valuing the Environment in Small Islands-An Environmental Economics Toolkit, Joint Nature Conservation Committee, 4065.

题、强化公民保护观念和实践行为的治理体系必须能够科普岛民作为不同身份所应具备的知识：普通公民、政治家、投资者或开发商①。

对于特殊参与者群体，要重点考虑个体和组织的行为动机。这些动机取决于参与者的利益理念，在根本上与其每次执行或决策所能获得的利益（无论是物质或非物质）有关。利益理念可分为两种形式：一是即时、初级的满意度（以下简称 α-理念）；二是经过深思熟虑后间接、高水平的满意度，这意味着长远的利益以及共同利益超越个人利益（以下简称 k-理念）（图 1-3）。α 与 k 策略源于生态理论②，α 与 k 策略的最好例证是从狩猎到农业的转变。在农业中投入劳动与时间，能够收获大量的粮食和其他基本产品，从而提高人类的生活水平。

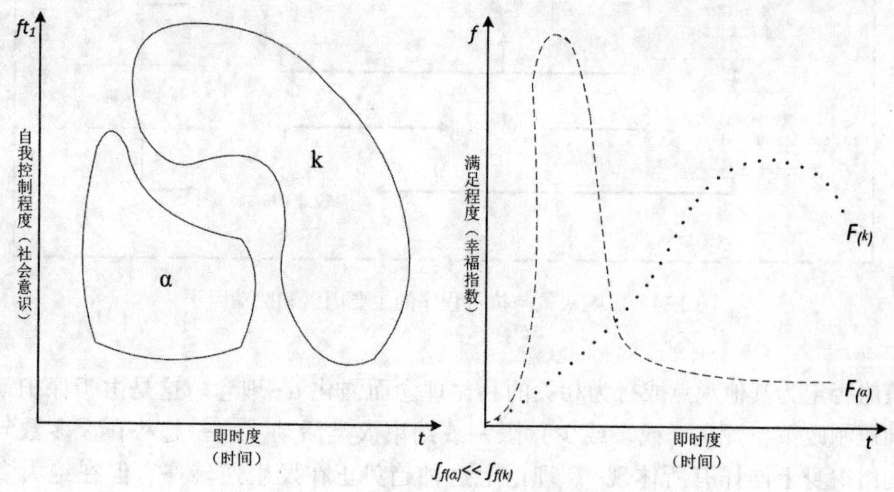

图 1-3　α-与 k-理念概念空间及其满意度曲线比较

出自生态本性和原始冲动的一系列人类活动，给生物多样性和自然资源造成了巨大压力，其主要诱因为 α-理念（短期个人利益高于长期共同利益③）。k-理念涉及更高层次的个人和社会意识、自我控制，旨在确保时间、空间和机构尺度上的更大利益④，正是这样，人类文化才得以从原始的生物学和生态学冲动发生深刻变革，如图 1-4 所示。

将特定区域从经济发展地区中分离出来自然保护策略，又称为“要塞保护策略”⑤。

---

① Benedicto, J., 2014, Identity and decision-making for sustainability in the context of small islands, Journal of Integrated Coastal Zone Management, 14 (2): 199-213.

② MacArthur, R., Wilson, E. O., 1967, The Theory of Island Biogeography, Princeton University Press, New Jersey.

③ Vlek, C., Steg, L., 2007, Human behavior and environmental sustainability: problems, driving forces, and research topics, Journal of Social Issues, 63 (1): 1-19.

④ Bürgi, M., Hersperger, A. M., Schneeberger, N., 2004, Driving forces of landscape change-current and new directions, Landscape Ecology, 19: 857-868.

⑤ Gómez-Baggethun, E., Ruiz-Pérez, M., 2011, Economic valuation and the commodification of ecosystem services, Progress in Physical Geography, 35 (5): 613-628.

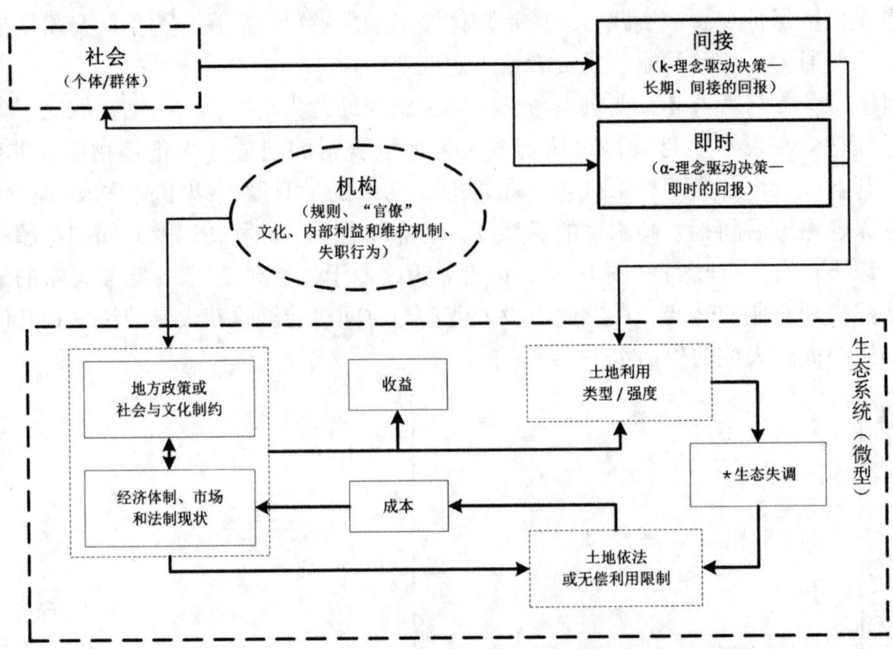

图 1-4 影响决策与执行程序的主要因素和驱动因子

这一策略否定为其他观点或行为相关的利益理念而强化 α-理念。这是由于保护策略重点趋向压制政策，旨在（或多或少）限制或约束人类活动。这一趋势在大多数与环境有关的组织身上同样有所体现①。理论上这种趋势正在发生逆转②，但在绝大多数制度、政策以及政治和社会文化中仍未得到明显抑制。尽管如此，认为有可能实现（性质和时间上）双重满意度的“双赢”观点，显然是错误的，最终形成主要对立利益集团之间复杂性和趋同性并存的范式③。

因此，岛屿生态保护有必要研究应用覆盖所有领域和土地利用类型的保护策略和惯例，实践强化 k-理念。这意味着必须将社会、经济和政治需求纳入考虑范畴，从而或多或少地避免支撑保护规划与管理程序的科学计划发生重大改变④⑤。其中，岛屿生态保护面临的主要挑战不在于如何控制其他领域，而是如何在合理的科学基础上，利用生

① Ehrlich, P. R., 2002, Human natures, nature conservation and environmental ethics, Bioscience, 52 (1): 31-43.

② Millennium Ecosystem Assessment, 2003, Ecosystems and Human Well-Being: A Framework for Assessment, Island Press, Washington, DC.

③ McShane, T. O., Hirsch, P. D., Trung, T. C., Songorwa, A. N., Kinzig, A., Monteferri, B., Mutekanga, D., Thang, H. V., Dammert, J. L., Pulgar - Vidal, M., Welch - Devine, M., Brosius, J. P., Coppolillo, P., O' Connor, S., 2011, Hard choices: making trade-offs between biodiversity conservation and human well-being, Biological Conservation, 144: 966-972.

④ Margules, C. R., Pressey, R. L., 2000, Systematic conservation planning, Nature, 405: 243-253.

⑤ Wallace, K. J., 2012, Values: drivers for planning biodiversity management, Landscape and Urban Planning, 17: 1-11.

态系统为基础的管理方法实现各类保护目标[①][②]。在这一过程中，必须将岛屿内的全部生境（自然、半自然、生产性的和受强烈干扰的）纳入社会、经济尤其是人口文化层面的规划与管理策略制定和实践范畴之中。

这意味着需要通过多元化方法保障不同类型利益相关者参与资源规划与管理过程。事实上，利益相关者的分类是依据其对决策的影响力及可能因此产生的后果。主要利益相关者指那些主要负责决策或受决策影响重大的人[③][④]。主要利益相关者包括主要决策者如监管机构，因此需要尽早联系、鼓励他们积极参与管理过程，或是将其集聚起来，组建积极的指导或咨询小组。次要利益相关者，指那些间接受决策影响的人。但他们可以通过改变利益理念和鼓动社会舆论对决策产生影响。次要利益相关者包括当地社区、地方政府、媒体、非政府组织和商业群体。此外，外部利益相关者往往更强势、更善于控制形式，能够对较难获取资源的利益相关者构成威胁[⑤]。他们不是决策层的直系成员，但他们能从外部增加或控制项目价值、安排对话来主导形势。外部利益相关者往往需要时刻掌握管理实施进度，例如沿海各国政府、政府间组织、大投资者和开发商。外部利益相关者的参与和影响力，应受到合理管理。拉扎里和安瓦（2011）[⑥] 还提到，能够协助上述利益相关者实现愿景的参与者可以称为延伸利益相关者。

然而，公民参与现状仍存在较多问题，大部分与主要利益相关者相关。在岛屿尺度下，涉及主要利益相关者人数众多，决定了岛屿综合管理必须充分发挥民主，也意味着需要合理协调社群内所有成员的多元利益、目标、视角和预期。因此，公众参与和综合管理两个常用概念不应该存在混淆。由于岛屿地块的有效利用和管理受到主要利益相关者的重大影响，因此综合管理主要指代所有主要利益相关者的积极、投入参与。如果不能从某种特定的管理方式获得切身利益，他们不会轻易放弃历来沿用的管理经验，而是（积极地或被动地）抵制新指导方针。这正是传统保护区规划与管理失败的典型原因，保护区更多的是作为限制和禁止措施，没有（或很少）对主要利益相关者形成行政约束，从而引起争议，导致大片保护区整体或局部管理不善，最终对实现岛屿保护目标产生重大影响。

为避免上述风险，本章得出的研究结论是必须结合实施 3 种主要管理方法。第一种

① Slocombe, D.S., 1998, Defining goals and criteria for ecosystem - based management, Environmental Management, 22 (4): 483-493.

② Knights, A.M., Culhane, F., Hussain, S.S., Papadopoulou, K.N., Piet, G.J., Raakær, J., Rogers, S.I., Robinson, L.A., 2014, A step-wise process of decision-making under uncertainty when implementing environmental policy, Environmental Science & Policy, 39: 56-94.

③ Edum-Fotwe, F.T., Price, A.D., 2009, A social ontology for appraising sustainability of construction projects and developments, International Journal of Project Management, 27 (4): 313-322.

④ Razali, R., Anwar, F., 2011, Selecting the right stakeholders for requirements elicitation: a systematic approach, Journal of Theoretical and Applied Information Technology, 33 (2): 250-257.

⑤ Edum-Fotwe, F.T., Price, A.D., 2009, A social ontology for appraising sustainability of construction projects and developments, International Journal of Project Management, 27 (4): 313-322.

⑥ Razali, R., Anwar, F., 2011, Selecting the right stakeholders for requirements elicitation: a systematic approach, Journal of Theoretical and Applied Information Technology, 33 (2): 250-257.

方法是契约化管理，引导不同类型的利益相关者订立不同形式的契约[①][②]。这种方法责任界定、赔偿、问责和担保方式都很明确，确保不同订约人能够明确与控制所有事项。这类契约涉及广泛，从传统贸易合同（如邮政付费服务）到信托合同。这种管理方法必须确保人们遵守既定规则、目标，同时接受法律诉讼以外的有效约束、制裁机制。

第二种方法是责任制[③][④][⑤]。发布或强制实施的既定限令、禁令或约束，不仅要有扎实的基础与仿真模拟系统的支持，同时也要适用于跟踪和问责机制。自然保护过程中很常见的现象是，缺乏完善理由和问责手段的强制命令公民、社区或企业执行限令和禁令。问责机制能够确保一项被证实为错误的限令或禁令得到改变或解除，而受影响的人群、社区和组织将获得补偿。只有这样，才能在利益相关者之间，尤其是他们与管理部门之间建立信任关系。

第三种方法是建立资源管理协议，这里必须创造一种重复估价法，从而对成本、收益或最终补偿（如对非商品产出的补贴或支付）有一个清晰的认识。人们在综合管理和系统保护背景下谈及价值时，通常采用皮尔斯等（1989）[⑥] 提出的总经济效益概念。它包括使用价值和非使用价值[⑦][⑧]，还包括保护价值（选择价值和存在价值）。

针对性结合这些方法主要因为生物多样性丰富的生态系统所提供的生态和其他服务并不一定具有经济价值[⑨]。这表明有必要通过对特殊案例和生态系统实行补助，同时结合其他惩罚和/或补偿措施来提高生态系统总效益。这些方法是根据经验积累、不同介入群体观念的整合进行不断调整与长期适应的动态过程[⑩]。只有这样，才有可能奠定功能治理的理念基础。

---

① Tikka, P. M., 2003, Conservation contracts in habitat protection in southern Finland, Environmental Science & Policy, 6: 271-278.

② Blackmore, L., Doole, G. J., 2013, Drivers of landholder participation in tender programs for Australian biodiversity conservation, Environmental Science & Policy, 33: 143-153.

③ Jepson, P., 2005, Governance and accountability of environmental NGOs, Environmental Science & Policy, 8: 515-524.

④ Bebbington, J., Larrinaga, C., 2014, Accounting and sustainable development: an exploration, Accounting, Organizations and Society, 39 (6): 395-413.

⑤ Metcalf, S. J., Dambacher, J. M., Rogers, P., Loneragan, N., Gaughan, D. J., 2014, Identifying key dynamics and ideal governance structures for successful ecological management, Environmental Science & Policy, 37: 34-49.

⑥ Pearce, D., Markandaya, A., Barbier, E. B., 1989, Blueprint for a Green Economy, Earthscan Publications, London.

⑦ García-Llorente, M., Martín-López, B., Montes, C., 2011, Exploring the motivations of protesters in contingent valuation, Environmental Science & Policy, 14: 76-88.

⑧ Ojea, E., Martin-Ortega, J., Chiabai, A., 2012, Defining and classifying ecosystem services for economic valuation: the case of forest water services, Environmental Science & Policy, 19-20, 1-15.

⑨ Marris, E., 2009, Ragamuffin Earth, Nature, 460: 450-453.

⑩ Grantham, H. S., Bode, M., McDonald-Madden, E., Game, E. T., Knight, A. T., Possingham, H. P., 2009, Effective conservation planning requires learning and adaptation. Frontiers in Ecology and Environment, 8 (8): 431-437.

1.5 小岛屿可持续管控体系构建

正如上文所述，小岛屿构成了实证这些综合方法的特定环境。海岛自然公园①②的定义为“全球规划管理过程中小岛屿及其周边海域的综合管理实体”，其单一管理结构、政策定义系统与当局包括并衔接所有海岛保护区，是说明小岛保护策略可行性的绝佳例子。

海岛自然公园（亚速尔群岛所有岛屿已执行）表现出比标准保护区网络更强大的管理视角，因此，应在大西洋小岛屿优先全面实施这一方法能够实现更为有效和可持续的海岛环境保护管理。

然而，只有基于利益相关者的保护规划与管理系统得以建立和实施，才能说明以生态系统为基础的方法是成功的。为实现这个目标，必须确保 5 个主要条件：①明确标识价值、威胁、干扰阈值和促进或破坏性因素；②明确总体目标下各岛的分解目标，将规划与管理过程整合为包含所有主动和被动参与者的多功能、多主题、多尺度管理过程；③联系大陆、沿海和其他资源利用者，使其成为积极、高产的管理者（而不是被动的和/或消极的管理者）；④开发海岛综合管理系统来替代或协调市政部门与地方政府③；⑤采取多功能经济手段，设立、完善惩罚措施，对土地利用者提供或从中获益的不同类型服务（经济，环境或生态系统）进行处罚。

鉴于诸群岛各岛屿之间的生态连通性和互补性较弱，应在整个群岛或亚群岛单位范围广泛应用这一综合方法，争取动植物可生存种群数量最大化并减少当地干扰的相关风险。

实现这一目标人们必须考虑的核心问题，首先是解决戴维斯等（2003）④ 提出的基本保护规划要求（专栏 1-1），以及保护政策定义与执行中的多学科研究⑤⑥。

---

① Calado, H., Ng, K., Lopes, C., Paramio, L., 2011, Introducing a legal management instrument for offshore marine protected areas in the Azores-The Azores Marine Park, Environmental Science & Policy, 14: 1175-1187.

② Fonseca, C., Pereira da Silva, C., Calado, H., Moniz, F., Bragagnolo, C., Gil, A., Phillips, M., Pereira, M., Moreira, M., 2014, Coastal and marine protected areas as key elements for tourism in small islands, Journal of Coastal Research, SI 70, 461-466.

③ Wong, P.P., Marone, E., Lana, P., Fortes, M., 2005, Island systems. In: Hassan, R., Schales, R., Ash, N. (Eds.), Ecosystems and te and Human Well-being: Current State and Trends, Island Press, Washington, DC.

④ Davis, F.W., Stoms, D.M., Costello, C.J., Machado, E.A., Metz, J., Gerrard, R., Andelman, S., Regan, H., Church, R., 2003, A Framework for Setting Land Conservation Priorities Using Multi-criteria Scoring and an Optimal Fund Allocation Strategy. Report to the Resources Agency of California, National Center for Ecological Analysis and Synthesis, University of California, Santa Barbara.

⑤ Knight, A.T., Rodrigues, A.S., Strange, N., Tew, T., Wilson, K.A., 2013, Designing effective solutions to conservation planning problems, In: Macdonald, D.W., Willis, K.J. (Eds.). Key Topics in Conservation Biology 2, Wiley-Blackwell, New Jersey, pp. 362-383.

⑥ Moon, K., Adams, V.M., Januchowski-Hartley, S.R., Polyakov, M., Mills, M., Biggs, D., Knight, A.T., Game, E.T., Raymond, C.M., 2014, A multidisciplinary conceptualization of conservation opportunity, Conservation Biology, 28: 1484-1496.

其次，人们必须考虑的是实施管理策略和治理模式时范畴内的社会和经济因素。这意味着必须符合以下原则：责任制、适应性、合作、防御性、公平、可行性、实用性、恢复能力、社会性学习和透明度。

鉴于只有在社会和个体积极参与的前提下，保护策略才能成功，因此在这一层面必须明确、强调和权衡保护目标与社会经济现实（包括个人、社会收入和发展目标）的重要性。而进行权衡的唯一可能途径是拥有对利益的清晰认知，即使可能涉及平衡公正和道义而牺牲的利益①。

另一个有关的问题是，管理背景下的表征与评价过程，体现了准确转译现实、对现实情况进行充分表征后明确而客观地传达给全部利益相关者的能力和水平。这一沟通过程始终是一个转译的过程（即表征），其核心在于形成详尽、全面、可永久性验证的信息（非数据）。因此，构建决策支持体系，必须综合统一处理这些问题。然而，表征与评价工具的质量和精度往往依赖于可用信息的质量和特征。

专栏 1-1　岛屿生态管控问答

（1）规划区域内需要进行保护的资源（生态特征和过程）有哪些？

岛屿通常有较长的人类殖民历史，导致其生态环境发生了深刻变化。在某些情况下，人类活动、新物种引入以及新的生态过程对原生植被造成近乎毁灭性的破坏。另一方面，岛屿的生态隔离（或几乎完全隔离）导致在没有人为干预的情况下，自然恢复为原先的生态系统或群落的可能性微乎其微。最后，岛屿上或多或少密集的人类活动，导致很难找到合适的用于生态保护或恢复的目标区域。因此，岛屿生态保护的核心问题是确定剩余价值，观察能否形成新的价值或是否存在能被恢复的价值，以及如何实施每一个特定的保护政策②③。

（2）目前这些资源存在的范围和状况如何？

必须根据岛屿现有的、稳定的环境因素，清楚地判断资源存在的范围及价值，并精准定位具备目标物种和群落生存适宜条件的区域。同样重要的是微观要素、自然环境与繁殖体最终来源三者之间实有（或可能存在）的交互作用④。

（3）影响资源存在范围和状况的关键环境和社会因素有哪些？

---

① Sandman, P. M., 1993, Responding to Community Outrage: Strategies for Effective Risk Communication, American Industrial Hygiene Association, Fairfax.

② Steinbauer, M. J., Otto, R., Naranjo-Cigala, A., Beierkuhnlein, C., Fernández-Palacios, J. M., 2012, Increase of island endemism with altitude-speciation processes on oceanic islands, Ecography, 35 (1): 23-32.

③ Weigelt, P., Jetz, W., Kreft, H., 2013, Bioclimatic and physical characterization of the world's islands, Proceedings of the National Academy Sciences of the United States of America, 110 (38): 15307-15312.

④ Caujapé-Castells, J., Tye, A., Crawford, D. J., Santos-Guerra, A., Sakai, A., Beaver, K., Lobin, W., Florens, F. B. V., Moura, M., Jardim, R., Gómes, I., Kueffer, C., 2010, Conservation of oceanic island floras: present and future global challenges, perspectives in plant ecology evolution and systematics, 12: 107-129.

自然资源价值始终在发生变化。许多资源和价值受土地利用不当的强烈影响和损害，导致众多生态系统和资源价值受到已不存在的或现行土地利用方式的干扰、削弱甚至损害。因此，有必要明确前者是如何影响、决定后者的；干扰因素是什么；评价为何资源价值减少或消失会造成无法挽回的社会经济损失。同时必须尽快对能够持续维护生态系统价值的调整方案和最简条件进行评估和执行①②。

(4) 资源存在的范围及状况未来将如何发生变化？

这类评价需要充分考虑不同干扰源的演变情形。干扰源演变情形的表征必须具备空间直观的特点，从而得以对各类干扰的强度及特性加以排序③。

(5) 针对不同保护区域和保护问题可采取的保护策略有哪些？如何比较不同保护策略的成本及其成功的可能性？

这一问题意味着需要在保护目标、岛屿现有或潜在价值以及促进公众参与保护过程的能力三者之间加以权衡，其中促进公众参与的手段主要包括完善协调、补偿、缔约机制，强化非商品输出，以及建立能够推进岛屿保护的替代性收入来源④⑤。

(6) 当前有限环境保护专项资金应投入的最优先区域是什么？

考虑到现存资源状况及其所面临干扰的复杂性，在设定切实可行的短期、中期和长期目标时必须寻求平衡，同时适当关注不同阶段保护目标所特有的价值。从这个意义上讲，可将一些较为有限的资源集中分布在具有较高生态恢复潜力的区域进行保护管理。同时，对于当前价值较高的生态区域，其长期、高成本效益的维护和修复也应持续推进⑥⑦。

(7) 正在进行的保护项目是否卓有成效？

这对于任何保护和管理政策而言都是一个关键议题。值得特别注意的是，需要在规划和执行阶段预定义监测对象和评价期间的变量。如同任何其他进程

① Olsen, S., 2003, Frameworks and indicators for assessing progress in integrated coastal management initiatives, Ocean & Coastal Management, 46: 347-361.

② Cárcamo, P. F., Garay - Flühmann, R., Squeo, F. A., Gaymer, C. F., 2014, Using stakeholders' perspective of ecosystem services and biodiversity features to plan a marine protected area, Environmental Science & Policy, 40: 116-131.

③ Lloret, F., González-Mancebo, J. M., 2011, Altitudinal distribution patterns of bryophytes in the Canary Islands and vulnerability to climate change, Flora, 206: 769-781.

④ Tompkins, E. L., 2005, Planning for climate change in small islands: insights from national hurricane preparedness in the Cayman Islands, Global Environmental Change, 15: 136-449.

⑤ Lane, M. B., 2007, Towards integrated coastal management in Solomon Islands: identifying strategic issues for governance reform, Landscape and Urban Planning, 49: 421-441.

⑥ Weigelt, P., Kreft, H., 2013, Quantifying island isolation-insights from global patterns of insular plant species richness, Ecography, 36: 417-429.

⑦ Westgate, M. J., Likens, G. E., Lindenmayer, D. B., 2013, Adaptive management of biological systems: a review, Biological Conservation, 158: 128-139.

的阶段，这一进程中全部利益相关者的参与是不可或缺的[①②]。

因此，任何管理过程，特别是高要求的环境治理，首要任务都是数据收集、处理、评价和评估。有效地实施基于生态系统保护的管理方法，决策者和管理者需要一个参考或参照来评估景观变化和政策实施状况[③④]。同时，要有效地实施基于生态系统保护的管理方法，实现岛屿生态保护目标，必须确保费尔南德斯等（2014）[⑤] 提出的支撑决策和管理过程的表征与评价体系是可行的。切实可行的表征系统必须建立在性质稳定的参考系统的基础之上，才能确保对（包括当前的和模拟的）不同土地利用分布情况加以评价和比较。这类表征系统提供的足够透明和自适应的体系，能够满足对管理方案或决策进行社会经济和生态层面的综合性评估。岛屿尺度中，评价体系和参考变量的选择取决于数据的可用性。然而，要在小岛屿构建支撑以生态系统为主的管理流程的表征模型，面临的问题不仅是数据可用性，还有环境特殊性。这些表征系统除了参考社会经济环境中影响土地利用、土地覆被且相互作用的生态和经济因素之外，还需与岛屿管理决策的决定性因素相互结合。在此基础上，才有可能将明确的地理体系中的各要素加以整合，从而实施多功能管理。岛屿管理策略与方案构想、评估与发展的前提，是兼具样本信息、资源适宜性与当前土地利用相容性[⑥]。其次，岛屿管理策略必须简明直观，能够结合保护目标、社会目标来整合并运行标准。此外，必须根据每个岛屿多样的景观功能，以及创造基于缔约、问责、评价和互相信任[⑦⑧]的参与式综合性管理方法的需求，

① Gangoso, L., Donázar, J. A., Scholz, S., Palacios, C. J., Hiraldo, F., 2006, Contradiction in conservation of Island ecosystems: plants, introduced herbivores and avian scavengers in the Canary Islands, Biodiversity & Conservation, 15: 2231-2248.

② Mora, C., Sale, P. F., 2011, Ongoing global biodiversity loss and the need to move beyond protected areas: a review of the technical and practical shortcomings of protected areas on land and sea, Marine Ecology Progress Series, 434: 251-266.

③ Gibbons, P., Briggs, S. V., Ayers, D. A., Doyle, S., Seddon, J., McElhinny, C., Jones, N., Sims, R., Doody, J. S., 2008, Rapidly quantifying reference conditions in modified landscapes, Biological Conservation, 141, 2483-2493.

④ Winter, S., Fischer, H. S., Fischer, A., 2010, Relative quantitative reference approach for naturalness assessments of forests, Forest Ecology and Management, 259: 1624-1632.

⑤ Fernandes, J. P., Guiomar, N., Freire, M., Gil, A., 2014, Applying and integrated landscape characterization and evaluation tool to small islands (Pico, Azores, Portugal), Journal of Integrated Coastal Zone Management, 14 (2): 243-266.

⑥ Calado, H., Braga, A., Moniz, F., Gil, A., Vergílio, M., 2013, Spatial planning and resource use in the Azores, Mitigation and Adaptation Strategies for Global Change, 20 (7): 1079-1095.

⑦ Gil, A., Calado, H., Bentz, J., 2011a, Public participation in municipal transport planning processes-the case of the sustainable mobility plan of Ponta Delgada, Azores, Portugal, Journal of Transport Geography, 19 (6): 1309-1319.

⑧ Gil, A., Calado, H., Costa, L. T., Bentz, J., Fonseca, C., Lobo, A., Vergílio, M., Benedicto, J., 2011b, A methodological proposal for the development of Natura 2000 Sites management plans, Journal of Coastal Research, Special Issue, 64: 1326-1330.

构建以利益相关者为基础的管理支撑体系①。

因此，在这个层面上，必须解决保护机遇和个人、社会与制度层面的范式变化②等问题。必须将这些问题代入到不同驱动因素体系中，然后整合成为相关的价值体系。包括经济、生态和社会变量的一系列特征显著的驱动因素，这些因素构成了评价过程的基础。这些评价过程并不一定呈线性关系，且不受社会或社区主要价值、生态与经济约束、利益相关者视角等因素的影响。最终决定决策与执行过程的是综合性背景（图 1-5）。

构建岛屿综合规划与管理体系，数据、方案和标准的采集、制定与管理至关重要。其中，识别当前和潜在价值（包括保护、生产、审美等）、价值表征能力、制定评价标准的可行性，三者共同构成综合管理支撑体系的重要基础。本章涉及岛屿中，沿海和陆地生态系统保护的综合规划与管理体系与农业、林业生产、旅游活动（其中大多基于沿海保护资源，如鲸鱼观赏或潜水）、渔业以及入侵物种的控制管理密不可分。

丁尼兹等（1986）③ 与费尔南德斯等④发起的研究中，分别以圣地亚哥岛（佛得角群岛）和皮库岛（亚速尔群岛）为例，采用不同质量、空间分辨率和精度的信息，对建立连贯表征、评价和仿真模拟系统进行了实证研究（图 1-6），指出表征与评价体系必须考虑主要分区因素（尤其是岩性、地形等变量形成的垂直带）及其对资源存量与生物物理过程产生的影响。

制图和数据采集过程中特别值得注意的是，为了确保样本的完整性，在识别和绘制所有特定元素时，应赋予其相应的生态、社会文化或其他意义，不仅包括宏观生境结构，也包括微生境、具有特殊文化意义的特定元素、生态结构、其相互关系及其性质等。例如，通过聚类分析和特定物种或类群的互补性，对生境景观连通性和连通度等方面进行评价。

最重要的一个方面是与特定生境（通常是高等动物）有关的斑块（主要指资源斑块），因为这些斑块具备利于特有物种（动物和植物）生存的独特条件。此类斑块包括泉水、小火山岩（古老的狭缝）、隆起（火山喷气孔）、极端地貌形态地区（高度裸露或受严重侵蚀的斜坡）和湿斑（微观形貌或土壤剖面如黏土防渗层发生细微变化所致）。

利用这些表征才能确定土地利用和土地覆被变化如何对相应资源和流程产生影响。

---

① Polido, A., João, E., Ramos, T. B., 2014, Sustainability Approaches and Strategic Environmental Assessment in Small Islands: An Integrative Review, Ocean & Coastal Management, 96: 138-148.

② Grantham, H. S., Bode, M., McDonald-Madden, E., Game, E. T., Knight, A. T., Possingham, H. P., 2009, Effective conservation planning requires learning and adaptation. Frontiers in Ecology and Environment, 8 (8): 431-437.

③ Diniz, A. C., Matos, G. C., 1986, Carta da zonagem agro-ecológica e da vegetação de Cabo Verde, I Ilha de Santiago, Garcia de Orta Série de Botânica, 8 (1-2): 39-82.

④ Fernandes, J. P., Guiomar, N., Freire, M., Gil, A., 2014, Applying and integrated landscape characterization and evaluation tool to small islands (Pico, Azores, Portugal), Journal of Integrated Coastal Zone Management, 14 (2): 243-266.

丁尼兹等（1986）针对圣地亚哥岛提出的表征法以及费尔南德斯（2000）① 提出的景观综合法，是实证生态综合治理方法的绝佳案例（图 1-5）。

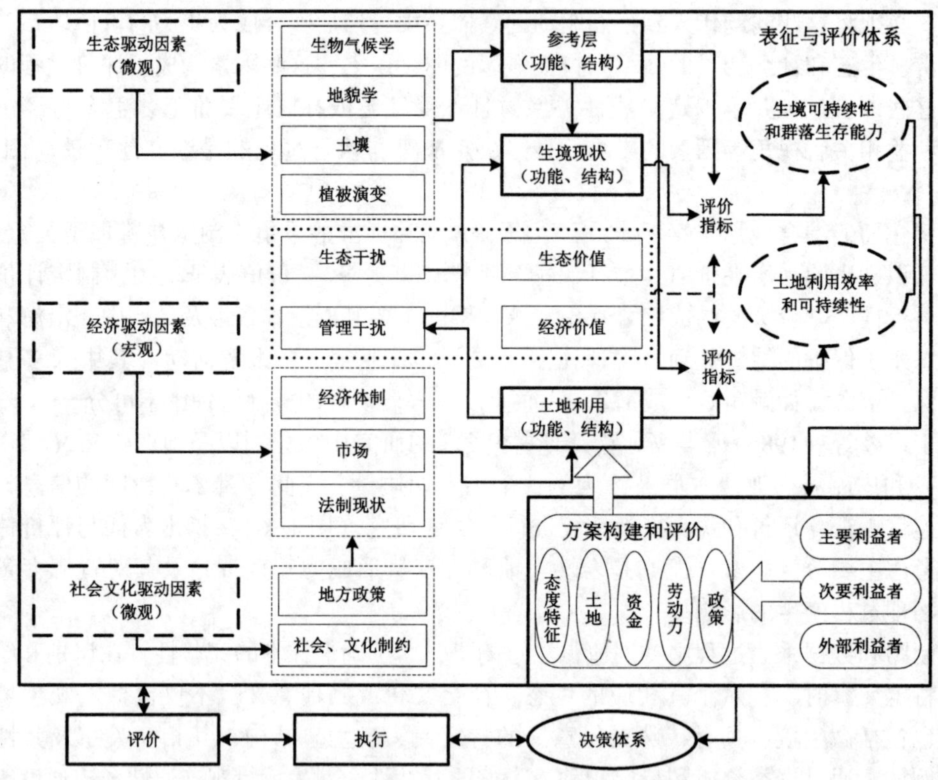

图 1-5　适应不同地理尺度（岛屿、群岛或大陆地区）的综合管理系统图解

景观表征法将地理要素表征层与各场所的水文、宏观和微观气候、侵蚀和沉积模式等动态过程表征加以结合体现。值得强调的是，在对决定岛屿当前景观形态的关键因素进行表征时，应确保表征层与数据库所利用的描述因子保持一致。只有这样两者才能进行比较，且确保估值过程中始终使用同一参考层作为评价参考依据。

估值过程对于评价和管理方案的设计至关重要。因此，必须明确不同信息与保护目标所隐含的价值分布标准。在系统保护规划与管理实践日益完善的背景下，确保治理系统公开，确保全部利益相关者知情、参与是十分重要的。

因此，估值过程主要依据以下两个标准：①当前和潜在的保护价值，包括维护和修复自然界、自然功能、生物多样性等多方面利益；②社会价值，当前和潜在的经济价值、社会福利。

这些标准并不是绝对的，如皮库岛（亚速尔群岛）大面积的牧场缺乏充足生产力，

① Fernandes, J. P., 2000, Landscape ecology and conservation management-evaluation of alternatives in a highway EIA process, Environmental Impact Assessment Review, 20: 665-680.

甚至因缺乏对牧场管理和放牧强度的科学引导，造成土壤退化。所以，将当前具有重要经济价值意义的土地利用与高价值直接挂钩是错误的，尽管它当时成为多数家庭生计以及岛屿整体经济的重要基础。

以皮库岛①和圣地亚哥岛②为例，岛屿保护管理中的争议主要源于不同场所的价值评估方法不同。这两个地区亟待解决的问题，是牧场和农业侵占了众多生态脆弱地区(主要为湿地和沼泽) 以及面临较高的退化风险。然而，由于土地所有者对地块的强烈归属感，简单的收购、交易并不能直接解决问题，这导致土地重新分配与放牧管理困难而复杂。基于这一现实，必须建立岛屿生态环境综合管理支撑体系。管理支撑系统不仅需要通过充分、可行的权衡，把不同决策影响因素转换成可理解、可接受的政策，还要利用契约化和问责机制确保自身执行的可行性。

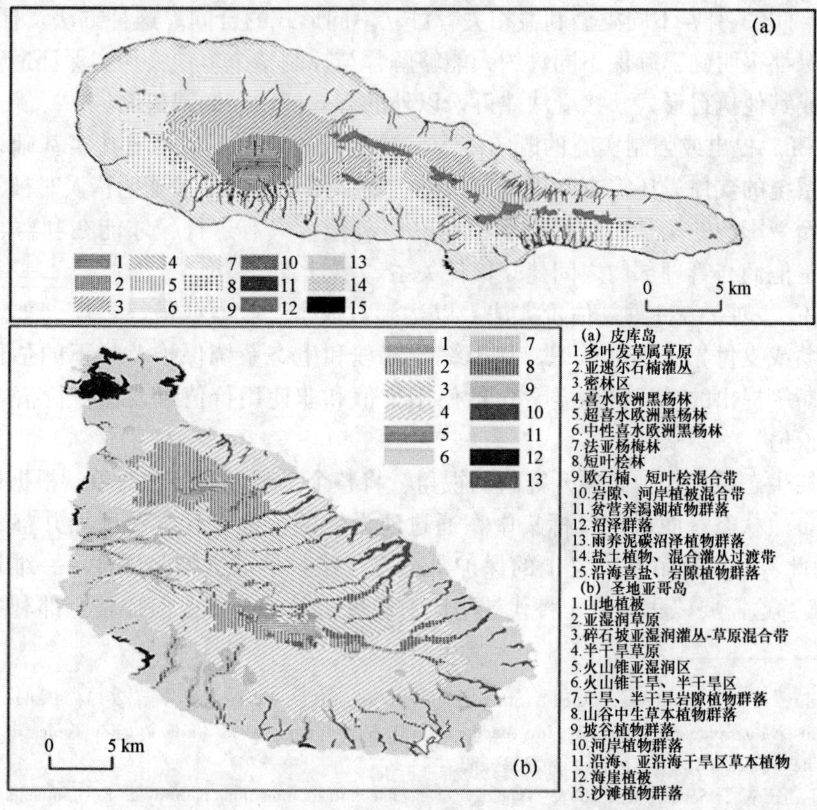

图 1-6　(a) 皮库岛自然植被生态单位；(b) 圣地亚哥岛农业-生态和植被分布

注：生态单位是文中表征与评价体系以及评价方法的重要参考依据

---

① Fernandes, J. P., Guiomar, N., Freire, M., Gil, A., 2014, Applying and integrated landscape characterization and evaluation tool to small islands (Pico, Azores, Portugal), Journal of Integrated Coastal Zone Management, 14 (2): 243-266.

② Diniz, A. C., Matos, G. C., 1986, Carta da zonagem agro-ecológica e da vegetação de Cabo Verde, I Ilha de Santiago, Garcia de Orta Série de Botânica, 8 (1-2): 39-82.

1.6 决策和管控实施体系

柯奈特等（2013）[①] 指出，任何保护过程都需要进行整合，不仅是主要保护问题，也包括影响决策过程（包括规划制定和管理层面）的社会和经济制约。这是完善决策体系面临的根本性挑战，因为这意味着转变范式，中间需要一个复杂的过渡过程，来整合、重组和修正当前的管理结构[②]。

这些过渡过程必须基于技术方法创新（例如上述表征与评价手段及其与利益相关者的动态交互），依赖于利益相关者对社会和生态景观构建相关模式的理解能力[③④]，同时，新的模式还应涵盖以下几个概念。

• 契约化。引导不同类型利益相关者订立不同形式的合同。这种方法责任、赔偿、问责和担保都很明确，确保不同订约人能够解释与控制整个事项，切实保证遵守既定规则、目标或其他执行形式，接受法律诉讼以外的有效控制、制裁机制。

• 问责。提出或强制实施的既定限令、禁令或约束，不仅要有扎实基础、综合模型和仿真系统的支撑，还需有问责机制跟进。确保限令或禁令被证明错误时被及时更改或解除，而受影响的个体、社区和组织将获得补偿。只有这样，才能在利益相关者之间，尤其是他们与管理部门之间建立信任关系。

• 估值。创立一种重复估价方法，以达到对成本、收益或最终补偿（如对非商品产出的补贴或支付）的准确认识。基于综合管理和生态系统保护背景下的估值，一般采用皮尔斯等提出的总经济效益，包括使用价值和非使用价值以及保护价值（选择价值和存在价值）。

小岛屿生态系统保护必须开辟新的视角，将整个景观视为保护对象，根据覆被率变化来评估自然状态，而保护目标集中在通过建设性的土地管理方法增加并整合系统价值[⑤⑥]。为此，必须理解“广义上的保护是全方位维护地球生物多样性——维护，不仅仅是保护”，这需要以积极视角替代被动应对态度。其中，首要前提是全部利益相关者

---

① Knight, A. T., Rodrigues, A. S., Strange, N., Tew, T., Wilson, K. A., 2013, Designing effective solutions to conservation planning problems, In: Macdonald, D. W., Willis, K. J. (Eds.). Key Topics in Conservation Biology 2, Wiley-Blackwell, New Jersey, pp. 362-383.

② Geels, F. W., Schot, J., 2007, Typology of sociotechnical transition pathways, Environmental Science & Policy, 36 (3): 399-417.

③ Lindenmayer, D. B., Fischer, J., Felton, A., Crane, M., Michael, D., Macgregor, C., Montague-Drake, R., Manning, A., Hobbs, R. J., 2008, Novel ecosystems resulting from landscape transformation create dilemmas for modern conservation practice, Conservation Letters, 1 (3): 129-135.

④ Hobbs, R. J., Higgs, E., Harris, J. A., 2009, Novel ecosystems: implications for conservation and restoration, Trends Ecology& Evolution, 24 (11): 599-605.

⑤ Wiens, J. A., 2007, The dangers of black-and-white conservation, Conservation Biology, 21 (5): 1371-1372.

⑥ Wiens, J. A., 2009, Landscape ecology as a foundation for sustainable conservation, Landscape Ecology, 24: 1053-1065.

在逐渐认识到参与管理所能获得不同类型利益（不仅从生态系统服务角度，也从人类致力维护生物多样性和促进人类发展的良知和实践层面的改进角度）之后，积极主动参与管理。

小岛屿生态系统保护管理和决策过程中，评价体系和新保护视角的应用需要全部利益相关者务实、高参与度的实践（尽管这些转型过程不仅涉及协调、参与的强度和模式①，也涉及不同的资源和机会②），结合所有可用的工具，如多标准分析③或结构化决策④（图 1-7）。

如专栏 1-2 所示，以马卡罗尼西亚地区皮库岛（亚速尔群岛）和圣地亚哥岛（佛得角群岛）为实例，对其土地利用管理流程加以引导。事实上，在其他岛屿研究案例中，通过对不同环境特征、土地利用类型及驱动因素的表征可以发现，面临巨大利用压力的地区往往位于具有重要保护价值地区的外围。这些地区冲突较少，加上涉及的潜在利益相关者数量有限、易标识，为创新性区域治理方法的应用提供了更大程度的自由。其中，需要处理的主要变量，尤其是在亚速尔群岛，是对受干扰土地的可持续管理和对受外来物种侵袭土地的交易、修复和用途转变。这类土地的交易过程，必须建立在维护土地主归属感、确保其充分和积极参与新管理模式的基础之上。尽管如此，仍有一大部分面临直接冲突的地区，必须以完全或局部利用限制形式的决策加以管理，意味着必须以收入和/或满意度对该地区居民进行等效补偿。必须澄清的是，上文所提到的“交易”是不受“道德约束”的非正式权衡过程，更准确地说是一种危机控制。

此外，值得注意的是，微生境的表征必须根据其最显著的细节进行。微生境表征需要在保护管理方法创新的基础上进行个案分析。例如，一些生境在一年中的大多数时期可满足经济用途，那么管理者需要做的仅仅是在有限的时间内，对此类经济利用的频次和强度加以严格控制。对微生境的识别及其意义和功能的理解，与行政约束无关，但对于完善新管理模式至关重要。

---

① Lynam, T., de Jong, W., Sheil, D., Kusumanto, T., Evans, K., 2007, A review of tools for incorporating community knowledge, preferences, and values into decision making in natural resources management, Ecology & Society, 12 (1): 5.

② Moon, K., Adams, V.M., Januchowski-Hartley, S.R., Polyakov, M., Mills, M., Biggs, D., Knight, A.T., Game, E.T., Raymond, C.M., 2014, A multidisciplinary conceptualization of conservation opportunity, Conservation Biology, 28: 1484-1496.

③ Moffett, A., Sarkar, S., 2006, Incorporating multiple criteria into the design of conservation area networks: a minireview with recommendations, Diversity and Distributions, 12 (2): 125-137.

④ Martin, J., Runge, M.C., Nichols, J.D., Lubow, B.C., Kendall, W.L., 2009, Structured decision making as a conceptual framework to identify thresholds for conservation and management, Ecological Applications, 19 (5): 1079-1090.

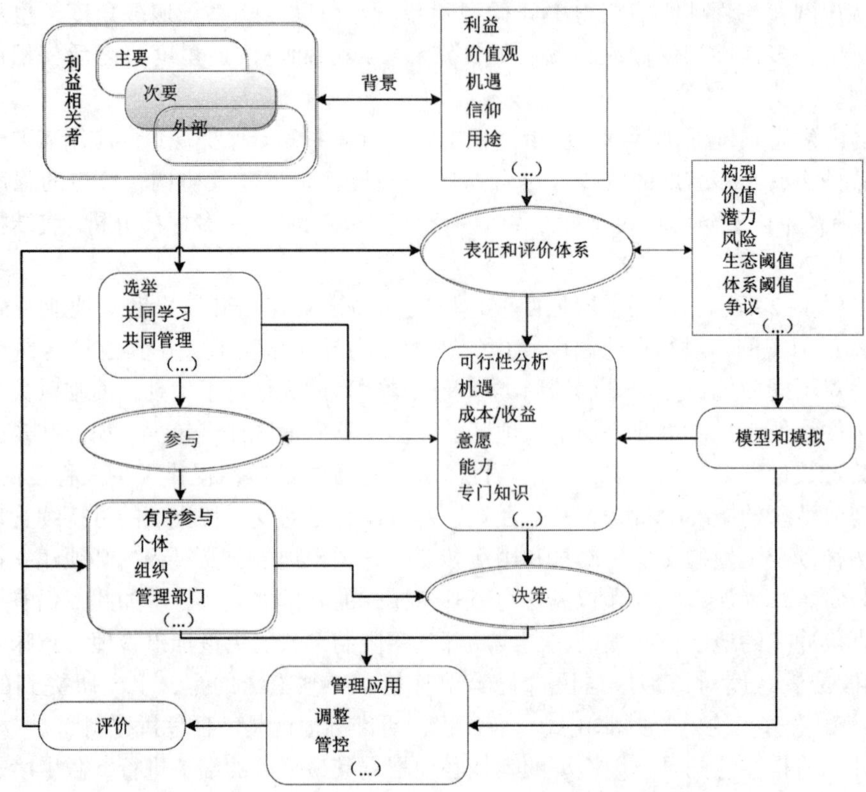

图 1-7 参与式决策和管理体系结构简化图

专栏 1-2 马卡罗尼西亚地区皮库岛和圣地亚哥岛的流程应用实例

值得注意的是，皮库岛拥有大量的土地储备：受外来植物侵扰的地区。尽管这些地区内的土壤大多质量低下，但其覆盖区域可经改造成为牧场，因而成为土地主谈判过程中的主要补偿用地。

圣地亚哥岛的半干旱生态条件下，植被恢复较为困难，土地储备更为有限。同时，岛上迅速增长的人口（与皮库岛相反），加上沿海边缘地区旅游相关第三产业的集中发展趋势，使得人类活动对高海拔地区造成的压力减少，同时岛上居民对这些地区的土地需求减少、集约利用程度降低。

鉴于这两个岛屿生态恢复进程中面临诸多限制，但利用其他地区作修复或农业用途的较大可行性，加上部分牧区未得到有效利用，适用地区的平衡仍比较积极，进行谈判也更为容易。

因此可以说，在皮库岛案例中，赔偿机制取决于将目前被外来植物侵扰的优质土地改造为牧场和农地（结合进一步的赔偿和管理措施），这为优化配置土地利用类型和促进原生植被斑块修复奠定了坚实的基础。

在圣地亚哥岛，丁尼兹等（1986）① 提出的农业生态表征与评价体系的可用性，使利用类似方法实现岛屿特定保护目标成为可能。然而，沿海岸线的旅游开发，在侵占最具生产力土壤的同时，对重要沿海生态系统（无论是陆地还是海洋）形成巨大压力，成为了冲突的最主要来源。由于人们为了拥有更多就业机会多数迁移至沿海地区，未承压地区内具有重要保护意义的地带最终通过废弃闲置得到保护。但此类土地废弃产生积极作用的重要前提，是必须被纳入治理模式下的综合性管理系统内。

1.7　借鉴与启示

1.7.1　小岛屿发展必须加强综合治理

综上所述，生物多样性的丧失并没有因保护区的设立和扩大得到逆转。为扭转这种趋势，人们必须创建更为综合、系统的管理方法，对岛屿生物、生态系统资源与干扰机制（及其成因）进行综合管理。综合管理方法必须立足于两个互补过程：首先，识别当前或潜在价值（生物、生态、社会、文化、政治和经济等方面）；其次，识别并表征决定或影响各地区资源与价值的管理模式与流程。因此，必须开辟积极的新视角替代消极应对态度，将景观整体视为保护对象②，主要集中于维护（和发展）而不是简单的保护。

1.7.2　小岛屿发展需要积极保护管理方法

积极保护管理方法主要根据覆被率变化评估岛屿自然状态，保护目标集中在通过建设性的土地管理方法提升并整合系统价值。因此，实施小岛屿陆地生态系统保护与管理过程中，评价体系和新保护视角的应用需要全部利益相关者务实、高参与度的实践。一方面通过对整个岛屿的协商管理，实现所有分类地区的整合与综合管理，平衡各方面利益（社会、经济和环境）；另一方面通过实现不同层次和领域土地管理的整治与合作，颠覆当前岛屿管理的局限性。这也是避免冲突、实现利益相关者全面、综合参与保护与管理的关键保障。

---

① Diniz, A. C., Matos, G. C., 1986, Carta da zonagem agro-ecológica e da vegetação de Cabo Verde, I Ilha de Santiago, Garcia de Orta Série de Botânica, 8 (1-2): 39-82.

② Wiens, J. A., 2007, The dangers of black-and-white conservation, Conservation Biology, 21 (5): 1371-1372.

1.7.3 小岛屿管理需要加强公民参与

本研究表明，对受干扰土地的可持续管理和对受外来物种侵扰土地的交易、修复和利用类型转化，必须建立在维护土地主归属感、确保其充分和积极参与新管理模式的基础之上。挖掘岛屿自身价值或设计替代管理方案、识别当前和潜在价值（保护、生产、观赏等）、制定评价标准（保护价值、成本、目标等）的能力，三者共同构成综合管理支撑体系的重要基础。

1.7.4 小岛屿综合管理需要加强科学研究

创建综合管理方法，实施小岛屿陆地生态系统可持续发展管理，还需要满足利益相关者多维、长期的满意度，从而优化 k-理念行为。这意味着科学合理的表征与评价体系，不仅能够支撑决策和管理系统，还能够在各类型地区的管理过程中动态协调全部利益相关者。马卡罗尼西亚地区各类小岛屿构成微型的完整社会系统，集聚环境、社会、文化和经济等各类元素，管理系统边界和参与主体明确，成为检验综合管理方法的优良场所。同时，小岛屿有限的地理空间要求利益相关者从个体和集体利益的视角开辟新的发展领域，从而永久、坚定地参与整个小岛屿的保护与管理过程。

第2章　热带小岛屿资源保护与管理研究

——以法属波利尼西亚群岛为例

蓝色经济将掀起全球海洋新竞争。海洋已经成为沿海各国参与全球竞争的“本垒”，成为沿海国家之间竞争的主要体现①，开发利用海洋资源是人类未来发展的希望所在。海岛是人类开发海洋的远涉基地和前进支点，是特殊的海洋资源，也是海洋生态系统的组成部分，海岛及其周围海域蕴藏着人类所需的丰富资源②。21世纪将是开发海洋资源的新世纪，开发利用海洋资源已成为当今世界沿海国家的发展战略③。海岛是连接内陆和海洋的“岛桥”，具有港址资源优势、土地资源优势、景观资源优势、养殖资源优势、矿物和油气资源优势。资源管理与保护需了解的一个概念是规划单元(planning units，PUs)，即规划编制与管理决策应用的空间单元。规划单元既可能依据相关部门规划管理能力决定形状和大小，也可能为多学科空间数据层叠加后的重合区域(data driven planning units，DDPUs)。此前，尚未有学者对这两种不同背景下形成的规划单元在热带小岛屿及其特点研究中的区别进行详细探讨。

本章以法属波利尼西亚群岛的某个小型环礁的砗磲资源为研究对象，通过分析该环礁湖内的资源栖息密度、捕捞压力和死亡易感性等指标，来探讨由不同方法划分的规划单元在资源保护规划与管理中的适用性及优缺点。研究结果发现，通过规划单元网格数据聚集得到的规划区域整体数据，将因数据精度下降、资源密度和捕捞努力量等空间分布信息高度损失等，对最终数据质量产生明显的负面影响，即便是在规划单元面积仅2 500平方米的研究案例中。相比之下，数据叠加型规划单元在清晰呈现小尺度下利益格局的同时，减少了数据冗余。本章研究着眼于在划分规划单元时明确数据初始模式的必要性，并提出在为小型岛屿制定保护与管理规划时，应分3个步骤来对规划单元大小、规划单元冗余和数据损失进行适当权衡，以确保最终发布的规划切实可行。

2.1　背景

空间布局直观的保护规划是支撑管理者进行决策的有效工具④。对此，我们需对这些保护规划中由空间规划单元（PUs）组合形成的规划网络进行解读。空间规划网络一

① 崔旺来等.2011，浙江省海洋科技支撑力分析与评价［J］.中国软科学，(2)：91-100.

② 林宁，赵培剑，丰爱平.2013，海岛资源调查与监测体系研究［J］.海洋开发与管理，(3)：36-40.

③ 王春芝.1999，山东半岛北部海岛资源优势与开发利用［J］.资源开发与市场，(4)：216-217.

④ Pelletier和Mahevas，2005.

旦形成，网络内的每个规划单元即被默认为具有同类相关属性。因此，这些规划单元可能会以个体单元或单元集合体的形式，成为特定管理行为施加的对象①。依据行政边界、环境边界或规划区域所有权、使用权归属对规划单元进行划分时，得到的规划单元形状可能是规则的正方形或多边形，也可能是不规则形状。

过去10年间，随着空间直观模型的发展，规划单元一词的出现频率也随之增加。空间直观模型的运用既有利于推进系统保护规划制定，人口及渔业研究②，还能够帮助有效结合生物数据和社会文化资料。通常情况下，规划单元的形状和大小取决于规划具体目标和管理能力水平，例如监管能力。但莫索和肯纳德（2012）③经研究提出，在淡水系统研究中，这类特殊设定前提下所获得数据和模型的质量尚不明确。实际研究中可能遇到的情况是，一些小于规划单元规模的空间格局在初始数据中清晰可见，但在数据精度下降以匹配规划单元既定大小和形状的过程中，这些空间数据将逐渐消失，即所谓的数据损失。相反，规划单元规模相较初始数据变化幅度更小时，空间布局信息会在规划网络中过度呈现，即所谓的数据冗余。因此，设计粗糙的规划单元网络很可能会对空间直观模型的结果输出及后期管理决策造成显著的负面影响。例如，在对太平洋群岛地区渔业进行研究时，资源存量、渔获地点等关键数据粒度越小，研究难度越高④。在这种情况下，根据数据精度和空间格局绘制规划单元网络来对资源进行研究分析，相比仅基于管理可行性而选取个体单元进行数据获取和分析，研究的可行性和成功率更高。

为了解在热带小岛屿渔业管理中，规划单元的随意选取将如何影响管理决策，我们对不同形状和结构的规划单元对数据冗余和数据损失产生的影响进行了比较分析。数据冗余本意为在一个数据集合中重复的数据称为数据冗余，本研究中将数据冗余定义为在数据集合中贡献度相同的规划单元。为此，我们选取了当前公认可用于分析渔业资源可持续性的关键数据指标，来对法属波利尼西亚群岛一个偏远环礁的蛤蜊资源进行研究：①评价不同规模规划单元的聚合如何影响最终的数据集合和空间格局；②分析比较两种规划单元的冗余性——网格划分型和数据驱动型（DDPU）。此外，本章还对规划单元网格大小、规划单元冗余和数据损失的统筹选择进行了比较研究，以期为小型岛屿的保护和管理提供科学建议。

① Moilanen, A., Wilson, K., Possingham, H., 2009, Spatial Conservation Prioritization: Quantitative Methods and Computational Tools. Oxford University Press, Oxford, UK.

② Pelletier, D., Mahévas, S., 2005, Spatially explicit fisheries simulation models for policy evaluation. Fish Fish. 6 (4): 307-349.

③ Hermoso, V., Kennard, M., 2012, Uncertainty in coarse conservation assessments hinders the efficient achievement of conservation goals. Cnservation Bology. 147 (1): 52-59.

④ Léopold, M., Guillemot, N., Rocklin, D., Chen, C., 2014, A framework for mapping small-scale coastal fisheries using fishers' knowledge. ICES Journal of Marine Science. 71 (7): 1781-1792.

2.2　方法

2.2.1　研究地点

法属波利尼西亚群岛又名塔希提群岛，是联合国非自治领土，位于太平洋的东南部。西与库克群岛隔海相望，西北临莱恩群岛。由社会群岛、土阿莫土群岛、甘比尔群岛、土布艾群岛、马克萨斯群岛等118个岛屿组成（图2-1）。除此之外，还有附属于法属波利尼西亚群岛的克利珀顿岛。法属波利尼西亚群岛分为5个行政区为：向风群岛、背风群岛、马克萨斯群岛、南方群岛、土阿莫土-甘比尔群岛。本章选取的研究场址位于土阿莫土群岛东部一个孤立、封闭的环礁——塔塔科托环礁（图2-2）。据文献记载，2004年塔塔科托环礁潟湖内的长砗磲存量和密度极高。尽管因栖息地类型、深度和地理位置等因素①，潟湖内长砗磲的存量分布并不均匀，但其栖息密度②仍高达544个/米^2。其中，砗磲存量和密度最高的区域为位于潟湖东部的补丁礁（图2-2），补丁礁长度约数十米。

塔塔科托环礁上的居民仅287人，全部聚居于环礁西端的村庄土木库鲁（Tumukuru）。尽管人口极为稀少，但塔塔科托环礁内的长砗磲依然遭到大肆捕捞。塔塔科托环礁每年向法属波利尼西亚群岛主岛——塔希提岛提供的砗磲肉多达20吨。另一种逐渐兴起的捕捞目的是将砗磲作为水族贸易的活体标本。砗磲捕捞场所因渔夫活动类型而异，专业渔民的捕捞地点通常相比其他渔民更为偏远③。

为拯救面临毁灭性超额捕捞的砗磲资源，加之潟湖面积相当之小，仅有17.7平方千米，法属波利尼西亚渔业服务部门经过与当地居民协商，于2004年提出在潟湖东部设立一个面积为0.5平方千米的禁捞区（No Take Area，NTA）。禁捞区取得了相对不错的砗磲保护成效。但2009年发生的一场由异常天气和温度引发的大规模砗磲集群死亡事件，导致其保护成效近乎清零④。整个潟湖内的砗磲均受到不同程度的影响，但经安德福特等的研究发现，禁捞区内的砗磲死亡率较其他地区更高。原因是禁捞区位于潟湖

① Gilbert, A., Andréfouët, S., Yan, L., Remoissenet, G., 2006, The giant clam Tridacna maxima communities of three French Polynesia islands: comparison of their population sizes and structures at early stages of their exploitation. ICES. Journal of Marine Science. 63 (9): 1573-1589.

② 栖息密度 ind/m^{2}代表每平方米个体的数量。

③ Gilbert, A., Andréfouët, S., Gascuel, D., 2007, Dynamique des populations, modélisation Halieutique, approche de précaution et stratégie de co-gestion adaptative des pêcheries de bénitiers de trois îles de Polynésie française (Arue, French Polynesia).

④ Andréfouët, S., Van Wynsberge, S., Gaertner-Mazouni, N., Menkes, C., Gilbert, A., Remoissenet, G., 2013, Climate variability and massive mortalities challenge giant clam conservation and management efforts in French Polynesia atolls. Conservation Biology. 160: 190-199.

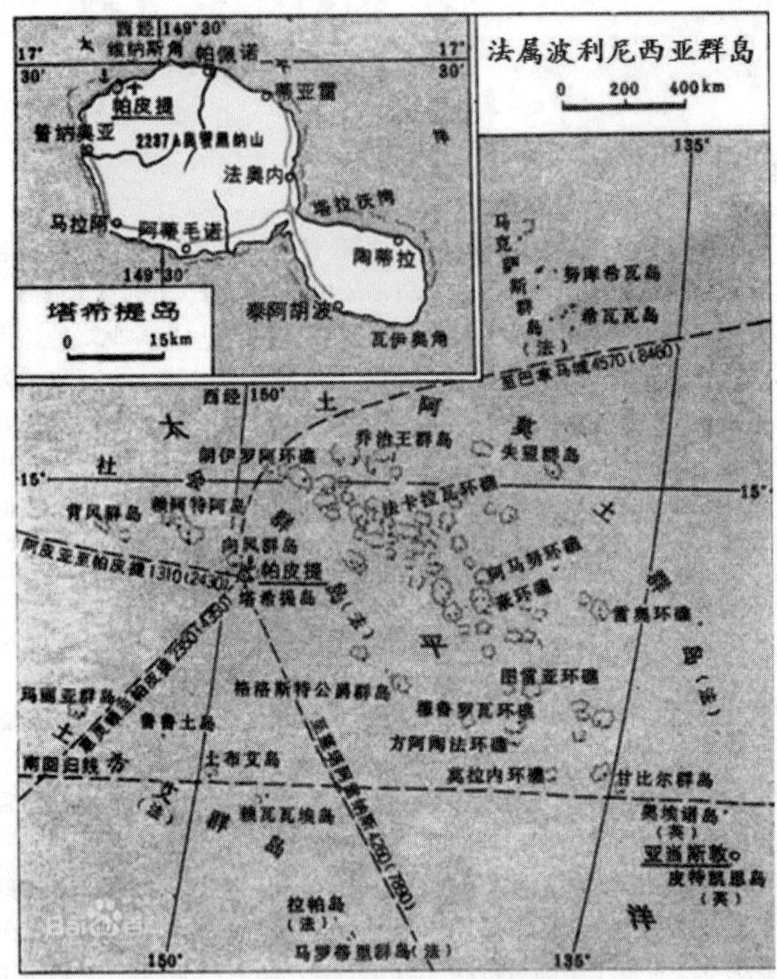

图 2-1 法属波利尼西亚地理位置

浅水区，缺乏水循环，水体无法更新，因而更易受季风涌影响而导致水温失常①。

不同栖息地的资源存量差异、由西向东对集群死亡易感性差异以及渔民捕捞引起的不同捕捞压力，均表明潟湖是由一些具有不同捕捞压力和死亡率的小栖息地紧密组合成的区域。因此，塔塔科托环礁潟湖很好地反映出：①小岛屿地区居民为生计和经济将资源置于危险境地的现实情况；②气候威胁是小岛屿制定空间直观管理规划所面临的额外难题②。

① Andréfouët, S., Dutheil, C., Menkes, C., Bador, M., Lengaigne, M., 2015, Mass mortality events in atoll lagoons: environmental control and increased future vulnerability. Global Change Biology. 21 (1): 195-205.

② Bell, J. D., Johnson, J. E., Hobday, A. J., 2011. Vulnerability of Tropical Pacific Fisheries and quaculture to Climate Change. SPC FAME Digital Library, Noumea, New Caledonia.

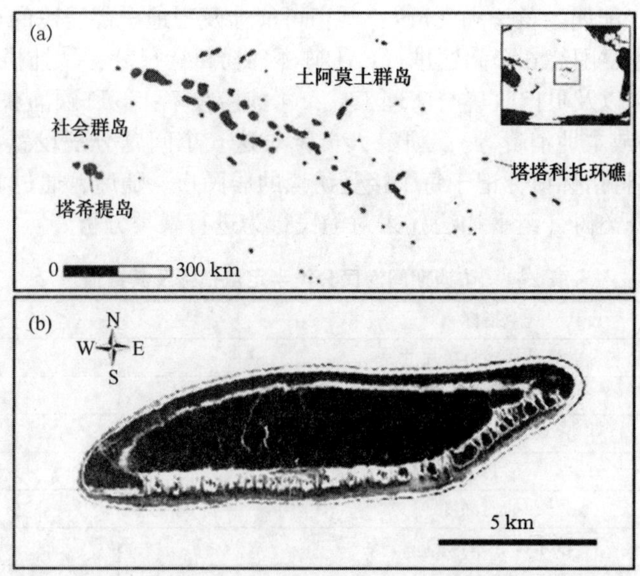

图 2-2　(a) 法属波利尼西亚群岛塔塔科托环礁地理位置简图；(b) 塔塔科托环礁卫星影像

注：卫星影像由快鸟卫星（QuickBird）提供，空间分辨率 2.4 米

2.2.2　空间数据采集

砗磲资源现状的主要调查方法为先通过布设 63 个站点测定栖息地尺度上的砗磲密度，随后利用栖息地分布图，外推计算整个潟湖内的砗磲密度和资源总量。2004 年，吉尔伯特等曾对潟湖内的砗磲密度进行了测量，并于 2006 年公布测量结果。此外，他们还对其在塔塔科托环礁实施的广泛调查及所采用的基础调查方法做了简单介绍。

集群死亡易感性被认为是过去 10 年间塔塔科托环礁内砗磲密度变化的主要原因。安德福特等（2013）① 经研究公布了塔塔科托环礁砗磲死亡易感性的空间分布数据，位于浅水区的禁捞区死亡率为 91%，禁捞区外其他地区为 59%，这两个数值相比其他孤立岛屿高出一个数量级。本章研究采用 2004—2012 年资源密度变化百分比来反馈砗磲资源的脆弱性。

研究人员通过 2013 年 7 月和 10 月两次对当地居民进行采访，确定捕捞努力量的空间分布特征。两次采访均着重调查了政府机构（塔塔科托公社）认定的最活跃渔民的捕捞行为。随后，研究人员针对随机选取的居民户（每个居民户由一位代表接受访谈）共开展了 17 次访谈，并根据其访谈结果绘制相关的捕捞行为和捕捞压力范围。受访者年龄在 15~80 岁不等，受访者数量约占塔塔科托环礁总人口的 7%。但访谈的问题通常

① Andréfouët, S., Van Wynsberge, S., Gaertner-Mazouni, N., Menkes, C., Gilbert, A., Remoissenet, G., 2013, Climate variability and massive mortalities challenge giant clam conservation and management efforts in French Polynesia atolls. Conservation Biology. 160: 190-199.

涉及其整个家庭（配偶，孩子和父母），甚至可能涉及当地全部居民的普遍情况。

每一次访谈主要围绕6个问题进行：①砗磲捕捞目标尺寸；②捕捞深度；③捕捞渔具、砗磲脱壳取肉以及贝肉收集与清理工具；④捕捞频率；⑤砗磲渔获量；⑥捕捞目的（出口至塔希提岛或本地消费等）。研究人员针对这6个问题分别设置了一些半定量指标（表2-1），并将指标值标记于每个接受访谈的居民户。随后，通过Primer © 2.1.10绘制欧式距离和分类树（组平均法）来对渔民行为进行聚类分析。

表2-1 访谈期间渔民分类半定量指标及其数值

指标	指标值
砗磲捕捞目标尺寸	
<12 cm	1
12~15 cm	2
>15 cm	3
捕捞深度	
浅水区（水深<1 m）	1
偶尔游泳	2
长期游泳	3
捕捞渔具	
小刀与口袋	1
以上及抓捕手套	2
以上及机动渔船或浮潜装备	3
以上及机动渔船和浮潜装备	4
以上及鱼耙（清除覆盖砗磲的珊瑚）	5
捕捞频率	
<1次/年	1
<1次/月	2
>1次/月	3
>1次/周	4
一周数次	5
渔获量	
砗磲肉净重<1 kg/月	1
1~10 kg/月	2
10~50 kg/月	3
50~200 kg/月	4
砗磲肉净重>2 001 kg/月	5
捕捞目的	
食用	1
食用及作为小范围的礼物（本地）	2
食用及作为大规模的礼物（本地及塔希提岛）	3
销售（本地或销往塔希提岛）	4

访谈人员向每位受访渔民分发了捕捞努力量空间分布图。对于会游泳的渔民，调查人员将其捕捞范围大致界定为渔船系泊点周围 100 米缓冲区，因为在渔船停泊情况下，渔民通常不会游得太远。随后，调查人员应用 GIS Esri © ArcMap 10. 1，针对不同类型渔民编制其捕捞范围分布图。捕捞努力量空间分区的最终依据为前往某一区域捕捞渔民所占的比例。

所有调查数据，例如砗磲栖息密度、集群死亡易感性和捕捞压力，都与栖息地密切相关。因此，所有分布图绘制均以栖息地分布图为基准①②。用于绘制栖息地分布图的快鸟卫星影像空间分辨率（例如像素大小）为 2. 4 米［见图 2-2（b）］。但考虑到像素反射率太低，相关空间分布信息可能会“溢出”至相邻像素，因此有学者建议将最小可分辨单元界定为 25 平方米③。

2. 2. 3　规划单元划分

本章运用两种对比方法来界定规划单元。第一种方法，研究人员运用 GIS Esri © ArcMap 10. 1 作为“叠加”工具，将砗磲栖息密度、集群死亡易感性和捕捞压力分布图叠加在一起，形成一幅单一的分布图（DDPU，见图 2-3）。由于多个空间数据层相互覆盖叠加，这种“分布图叠加”法往往会导致一些不规则的规划单元形成。

第二种方法，研究人员将研究区域分成规则的正方形网格规划单元，网格大小分别为 25 平方米、2 500 平方米、10 000 平方米、40 000 平方米和 160 000 平方米。研究人员先计算每个规划单元内的平均数值，再根据每个规划单元的面积对其数值进行加权，然后通过所有规划单元数据聚集，计算既定形状和规模的初始规划单元（见图 2-4）的总值。

2. 2. 4　规划单元相关性评价

以上两种规划单元网络的比较评价标准分为两个。首先，计算规划单元网络内对砗磲栖息密度、捕捞压力和死亡易感性等数据的集合贡献度相同的规划单元所占比例。这能够反映出规划单元网络的数据冗余率。其次，以最小尺寸的正方形规划单元（25 平方米）作为参考，则 25 平方米以上规划单元数值可通过公式（2-1）计算：

$$\bar{\delta} = \frac{1}{n}\sum_{n}\frac{|v_{ref} - v_x|}{v_{ref}} \tag{2-1}$$

式中，n 为 25 平方米规格正方形规划单元的数量；v_{ref} 和 v_x 分别为 25 平方米规格规划单元的变量 v 和 x 平方米规格规划单元相应变量的值。

---

① Gilbert, A., Andréfouët, S., Yan, L., Remoissenet, G., 2006, The giant clam Tridacna maxima communities of three French Polynesia islands：comparison of their population sizes and structures at early stages of their exploitation. ICES. Journal of Marine Science. 63 (9)：1573-1589.

② Andréfouët, S., Van Wynsberge, S., Gaertner-Mazouni, N., Menkes, C., Gilbert, A., Remoissenet, G., 2013, Climate variability and massive mortalities challenge giant clam conservation and management efforts in French Polynesia atolls. Conservation Biology. 160：190-199.

③ Bainbridge, S., Reichelt, R., 1988, An assessment of ground truth methods for coral reef remote sensing data. In：6th Int. Coral Reef symposium., volume. 2, pp. 439-444.

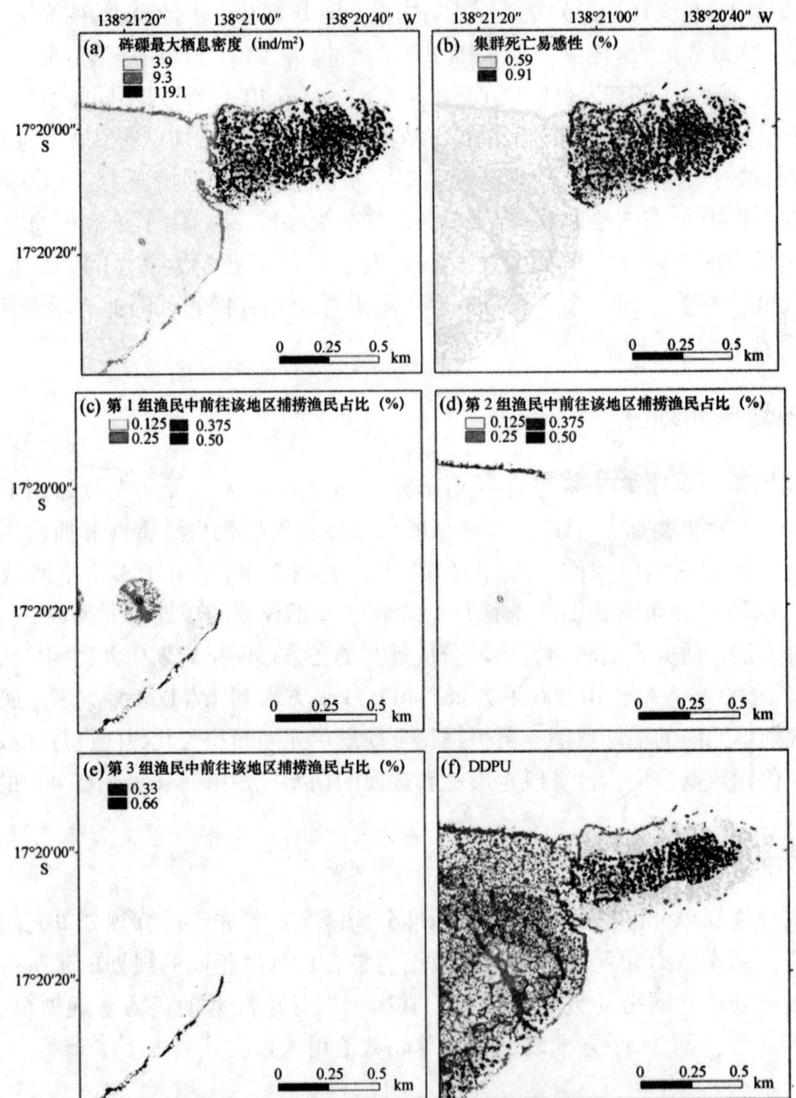

图 2-3 塔塔科托环礁东端空间数据

（a）砗磲栖息密度①；（b）集群死亡易感性②；（c）、（d）和（e）三组渔民捕捞努力量（会游泳渔民的捕捞范围为以渔船系泊点为圆心，半径 100 m 的缓冲区）；（f）数据叠加所得 DDPU 分布图

注：每种颜色代表不同的规划单元

① Gilbert, A., Andréfouët, S., Yan, L., Remoissenet, G., 2006, The giant clam Tridacna maxima communities of three French Polynesia islands: comparison of their population sizes and structures at early stages of their exploitation. ICES. Journal of Marine Science. 63 (9): 1573-1589.

② Andréfouët, S., Van Wynsberge, S., Gaertner-Mazouni, N., Menkes, C., Gilbert, A., Remoissenet, G., 2013, Climate variability and massive mortalities challenge giant clam conservation and management efforts in French Polynesia atolls. Conservation Biology. 160: 190-199.

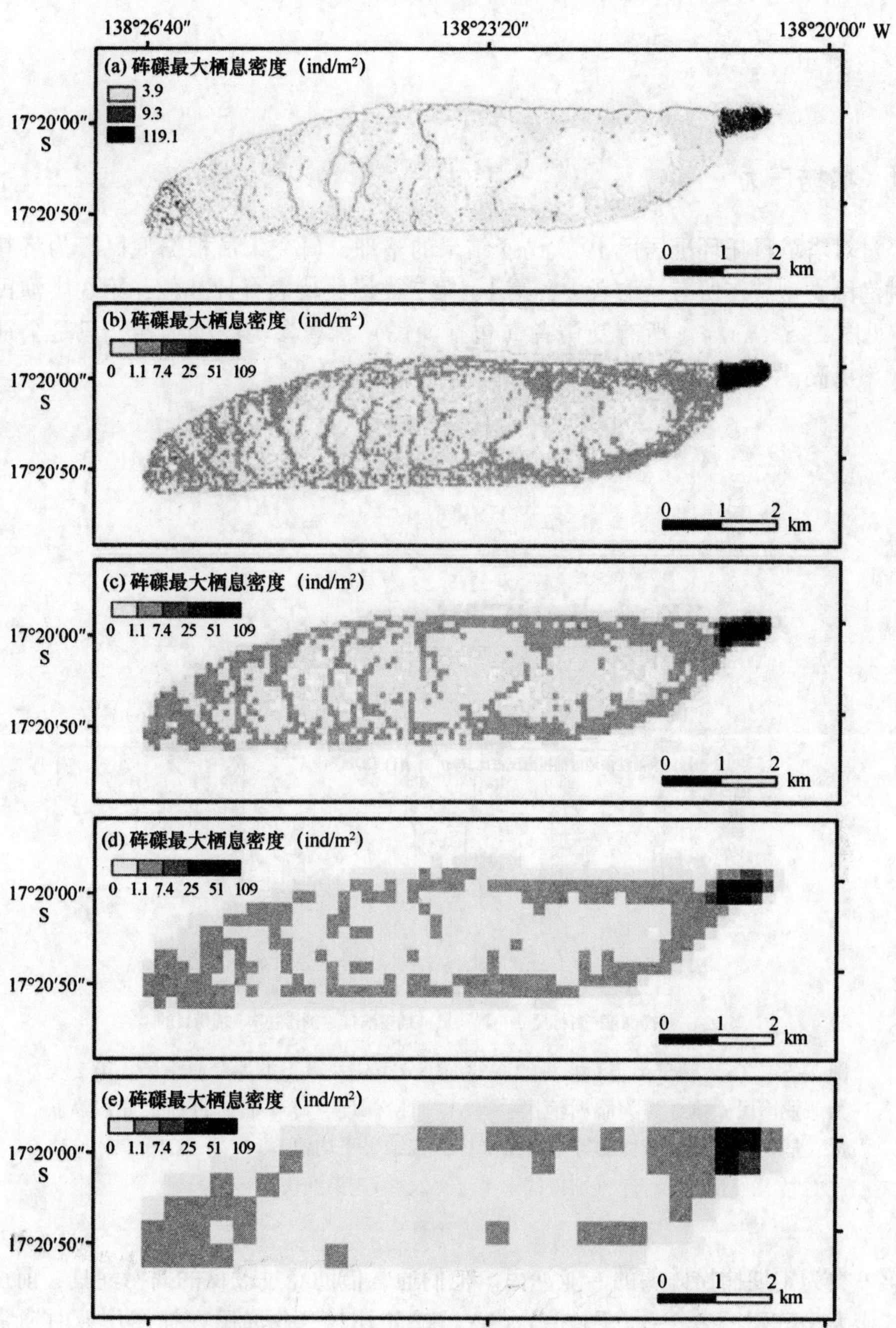

图 2-4　网格状规划单元数据聚集效果示意图

（a）初始数据；（b）50 m×50 m 网格；（c）100 m×100 m 网格；（d）200 m×200 m 网格；（e）400 m×400 m网格。本图仅列举碎礫栖息密度数据，集群死亡易感性及捕捞压力数据处理流程与此类似

2.3 结果

2.3.1 捕捞压力

经过对塔塔科托环礁居民 19 次访谈结果的整理，研究人员根据渔民行为将其归纳为 3 种渔民类型。在所有受访者中，第 1、第 2 类渔民代表合计 8 位，第 3 类渔民代表 3 位［见图 2-5（a）］。所有受访者（包括渔民）都曾参与砗磲捕捞，只是个别个体捕捞频率更高。

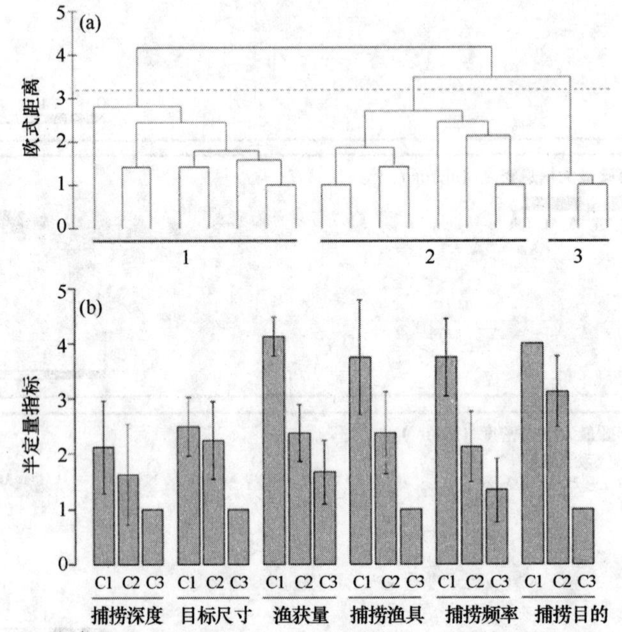

图 2-5 （a）基于半定量指标绘制的渔民分类树。第 1 类为专业渔民，第 2 类为兼业渔民，第 3 类为临时渔民；（b）捕捞深度、砗磲捕捞目标尺寸、渔获量、捕捞渔具和捕捞目的等半定量指标调查结果平均值±标准差。C1、C2、C3 分别指代第 1、第 2、第 3 类渔民

第 1 类为定期捕捞砗磲的专业渔民。他们通常借助经过改良的捕捞渔具，前往潟湖深处捕捞大型砗磲［表 2-1，图 2-5（b）］。此外，专业渔民在捕捞作业时通常驾驶（自有或租借）机动渔船，足以在一小时内横穿整个潟湖。渔获物极高，且通常用于出售给当地岛民或销往塔希提岛市场。

第 2 类为不太活跃的兼业渔民。兼业渔民通常从事其他主要行业，例如椰子种植或从事行政工作，砗磲捕捞对其而言只是一项业余收入。兼业渔民没有明确的捕捞目标，既不以捕捞大型砗磲为目标，也极少涉足深水区，仅利用基本渔具进行捕捞，渔获量极

少。渔获物部分用作销售，出售给当地岛民或销往塔希提市场［见图 2-5（b）］，部分作为赠礼。

第 3 类渔民通常只利用基本渔具在浅水区（水深<1 m）捕捞砗磲，用于满足偶尔的饮食需求。

研究人员将针对三组渔民绘制的捕捞压力分布图进行了比较分析。紧临村庄的潟湖西部同时遭到三组渔民的开发利用。此外，第 1 类专业渔民还定期驾船前往位于潟湖东部和南部的补丁礁进行捕捞。相反，第 2 类渔民选择性地前往环礁北部进行捕捞，因为该地区拥有可直达捕捞地点的公路。第 3 类渔民也偶尔于周末乘船前往邻近小岛屿的南部地区，但其出行目的并非为捕捞砗磲。

2.3.2　规划单元相关性评价

空间数据的叠加产生了 23 个数据驱动规划单元［DDPU，见图 2-3（f）］，面积在 956~2 106 591 平方米不等（中位数为 38 819 平方米）。每个数据驱动规划单元都构成资源密度、集群死亡易感性和捕捞压力的独特数值组合。相比之下，随着规划单元面积下降，规划区域内规划单元数量增加，形状规则的规划单元数目呈单调递增函数（见图 2-6）。规划单元面积为 2 500 平方米和 25 平方米时，形状规则的规划单元数量分别达到 6 096 个和 286 143 个。网格化的规则形状规划单元更容易产生冗余的规划单元，例如当规划单元面积为 25 平方米时，冗余率高达 93%，而规划单元面积达到 160 000 平方米时，冗余率降低至 5%。

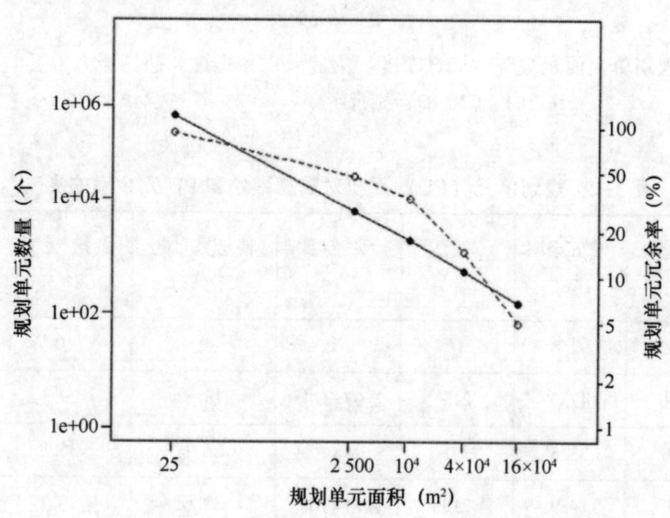

图 2-6　规划单元数量（实线与实心圆）及冗余率（虚线与空心圆）

注：冗余率即砗磲密度、集群死亡易感性和捕捞努力量等数值组合完全一致的规划单元数量

相比计算得出的砗磲资源栖息密度（$\bar{\delta}$ =215%）和捕捞努力量（第 1、第 2 和第 3

类渔民的捕捞努力量 $\bar{\delta}$ 值分别为 18.7%、29.1%和 76.1%），通过初始数据分辨率（即 25 平方米）和最小面积规划单元（2 500 平方米）的数据聚集推导得出的相关近似值普遍偏高。与此相反的是，经推算得到的集群死亡易感性近似值 $\bar{\delta}$（$\bar{\delta}$<0.03%）远远低于 2009 年集群死亡事件的实际数值。根据分析结果，所有变量的估算值都随着规划单元数量增加快速逼近渐近值（见表 2-2；图 2-7）。

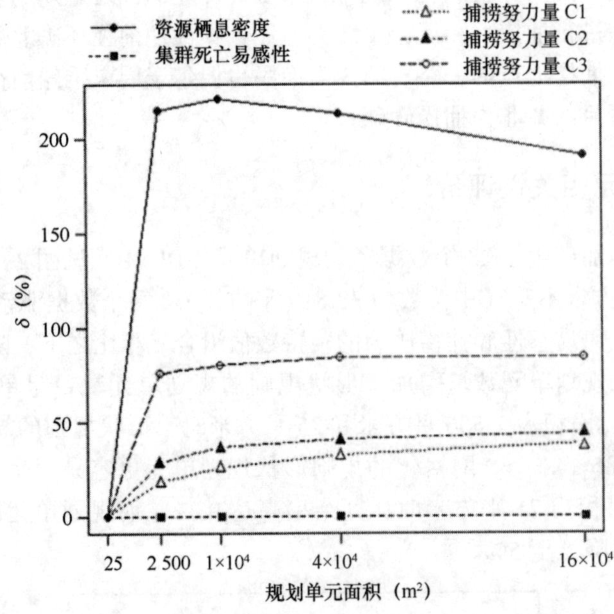

图 2-7 规划单元面积对砗磲栖息密度、集群死亡易感性和捕捞努力量近似值的影响

注：C1、C2、C3 分别指代第 1、第 2、第 3 类渔民

表 2-2 规划单元（PU）面积对数据聚集和 PU 冗余率的影响

PU 面积（m^2）	PU 数量（个）	PU 冗余率（%）	密度（%）	易感性（%）	捕捞努力量 C1（%）	捕捞努力量 C2（%）	捕捞努力量 C3（%）
25	286 134	92.8	0	0	0	0	0
2 500	6 096	47.7	215	2.97×10^{-2}	18.7	29.1	76.1
10 000	1 867	33.5	221	8.94×10^{-2}	26.1	36.8	80.1
40 000	537	14.9	213	1.31×10^{-1}	32.6	40.7	84.5
160 000	151	5.3	191	1.70×10^{-1}	38.7	44.2	84.5

注：砗磲栖息密度、集群死亡易感性和捕捞努力量近似值 $\bar{\delta}$ 如表所示。

C1、C2、C3 分别指代分类树产生的第 1、第 2、第 3 类渔民。

2.4 讨论

2.4.1 PU、DDPU 和数据损失

空间数据聚集通常会导致数据范围和信息内容发生实质性变化①②。在塔塔科托环礁的小规模砗磲渔业研究中，我们同样发现数据聚集会显著影响最终数据质量，即便是极小规模的规划单元（2 500 平方米）。此外，空间信息损失对零散分布的变量影响更为显著。

这一现象在砗磲资源密度测算中尤为明显。砗磲栖息地通常沿着潟湖海岸和补丁礁分布，经常出现的现象是两个紧邻栖息地的资源密度相差两个数量级。

为适应既定的规划单元规模而降低空间数据精度，极易影响保护规划和决策的最终成果质量③。因此，在为太平洋地区小岛屿设计海洋保护区网络时，规划单元面积成为优化栖息地保护与捕捞范围之间统筹选择的最重要标准之一④。规划单元面积越小，最终的统筹选择满意度越高。

数据聚集对于空间直观模型同样具有显著的负面影响。建模过程中应采用与规划单元网格相同的空间分辨率。例如，产卵成功率可利用规划单元内的栖息密度函数进行参数化，但在将 25 平方米的规划单元数据聚集至 2 500 平方米的规划单元后，计算得到的密度显著偏低，偏差高达 215%。这意味着，通过小尺度下的种群格局预测大尺度下实际种群的密度变化和总量几乎没有可信度。这一结论同样被许多小岛屿固着生物渔业调查模型所证实。

从数据损失情况来看，基于数据叠加的 DDPU 法因能有效避免数据聚集并完好保留初始数据分辨率，很好地为小尺度下的生物过程建模提供了基础。分布图叠加技术是目前广泛应用于空间研究的技术方法⑤，但由于不同的分布图数据分辨率有所差异，且分布图绘制时的潜在假设有所不同，分布图叠加法具有一定的不精确性和不适用性，不同学者对其看法褒贬不一。但在本章研究过程中，因涉及的全部变量来源于同一幅栖息地分布图，初始数据分辨率完全一致（25 平方米），因此分布图叠加法极其适用。

---

① Hermoso, V., Kennard, M., 2012, Uncertainty in coarse conservation assessments hinders the efficient achievement of conservation goals. Cnservation Bology. 147 (1): 52-59.

② Andréfouët, S., Hamel, M. A., 2014, Tropical islands quick data gap analysis guided by coral reef geomorphological maps. Marine Pollution Bulletin. 81 (1): 191-199.

③ Nhancale, B., Smith, R., 2011, The influence of planning unit characteristics on the efficiency and spatial pattern of systematic conservation planning assessments. Biodivers. Conservation. 20 (8): 1821-1835.

④ Hamel, M. A., Andréfouët, S., Pressey, R. L., 2013, Compromises between international habitat conservation guidelines and small-scale fisheries in Pacific island countries. Conservation Letters. 6 (1): 46-57.

⑤ Rowlands, G., Purkis, S., Riegl, B., Metsamaa, L., Bruckner, A., Renaud, P., 2012, Satellite imaging coral reef resilience at regional scale. A case-study from Saudi Arabia. Mar. Pollution Bulletin. 64 (6): 1222-1237.

2.4.2 PU 与 DDPU 各自适用的研究背景

在热带岛屿管理中，既定的规则网格化规划单元和数据叠加形成的非结构化规划单元网络均有其独特的优缺点。基于数据叠加的 DDPU 法完好地保存了精确的空间分布数据，避免了空间数据精度下降和规划单元冗余。冗余的规划单元拥有相同的数值组合，不必要地增加了种群模型运算时间。因此，当数据空间模式和计算时间构成研究难题时，例如构建热带小岛屿的渔业空间分布模型①和复杂的综合生态模型②时，基于数据叠加的 DDPU 法凸显了其独特的优势。在管理成效层面，基于数据叠加的规划单元网络，为分析多样性潟湖数据提供了最为准确的视角。从长期的自适应管理策略来看，理想的潟湖监测协议应充分反馈 23 个规划单元的综合数据。值得注意的一点是，在小岛屿国家中，基于数据叠加的规划单元面积（不小于 10 000 平方米或不大于 100 平方米）往往与决策区域面积不相一致③。但基于数据叠加的 DDPU 法也可能因缺少冗余单元且 PU 面积太过离散而影响管理决策、限制系统保护规划成效。当决策涉及利益和宏伟保护目标时，仅靠少数几个非冗余规划单元（例如塔塔科托环礁的 23 个 DDPU），难以提供充足的选择空间④。相比之下，网格化规划单元网络具有更充分的选择优势，尽管其代价是规划单元数量多、数据精度退化（见表 2-2）。因此，在热带小岛屿保护与管理中，应优先选择较小面积的保护单位，以确保其数据精度更高，保护目标能够合理实现⑤。

对规划单元划分方式的选择，主要取决于规划目标。同时，这一选择过程是对空间单元大小、数据冗余或空间信息损失的全面权衡。网格化规划单元划分有利于系统性探索保护方案以实现最优决策，与此同时，基于数据叠加的规划单元划分更适用于保存数据和构建精确的渔业预测模型。在现实情况中，这并非一个简单的二元选择，多数时候，我们需要制定折中的解决方案。折中方案的一个典型案例为美国土地制度中的保护差异分析⑥，即利用栖息地分布图、生境适宜性建模和界定不同管理区域的行政边界，以制定切实可行的保护建议。但目前为止，从未有学者提议用这种方法管理热带小岛屿

---

① Van Wynsberge, S., Andréfouët, S., Gilbert, A., Stein, A., Remoissenet, G., 2013, Best management strategies for sustainable giant clam fishery in French Polynesia islands: answers from a spatial modeling approach. PLoS One 8 (5), e64641.

② Zhang, X., C., Ma, C., Zhan, S., F., Chen, W., P., 2012, Evaluation and simulation for ecological risk based on emergy analysis and Pressure-State-Response Model in a coastal city, China. Procedia Environmental Science. 13: 221-231.

③ Gilbert, A., Yan, L., Remoissenet, G., Andrefouët, S., Payri, C., Chancerelle, Y., 2005, Extraordinarily high giant clam density under protection in Tatakoto atoll (Eastern Tuamotu archipelago, French Polynesia). Coral Reefs 24 (3): 495.

④ Hamel, M. A., Andréfouët, S., Pressey, R. L., 2013, Compromises between international habitat conservation guidelines and small-scale fisheries in Pacific island countries. Conservation Letters. 6 (1): 46-57.

⑤ Mills, M., Pressey, R. L., Weeks, R., Foale, S., Ban, N. C., 2010, A mismatch of scales: challenges in planning for implementation of marine protected areas in the Coral Triangle. Conservation Letters. 3 (5): 291-303.

⑥ Jennings, M. D., 2000, Gap analysis: concepts, methods, and recent results. Landsc. Ecology. 15 (1): 5-20.

的渔业资源。

接下来，本章将通过3个步骤判断在DDPU、PU或折中方案中应采取哪一个。本研究主要以砗磲渔业模型为例进行例证，但稍加调整后，类似准则同样可以运用于其他模型。

步骤1：根据关键数据绘制分布图。在渔业管理中主要体现为砗磲密度和捕捞压力分布图。其他对资源动态产生影响的自然过程也可进行数据收集和绘制，例如集群死亡易感性、生长率、繁殖率等。这些数据的收集具有举足轻重的意义，但因成本极为高昂，多数时候不被采用①②。

步骤2：通过对步骤1识别并绘制的数据分布图进行叠加，设计过渡阶段的DDPU。步骤2主要是在步骤1输入数据的基础上绘制DDPU分布图，其中每个DDPU都是独特的数值组合。

步骤3：根据保护目标与先验管理能力确定最终的规划单元。这一方法在保护生物学文献中极为常见；但本章研究认为最终规划单元的形状及大小将取决于步骤2中的DDPU。例如，为具有高度空间复杂性的区域设计规划单元时，若规划单元面积明显小于DDPU，数据聚集将导致数据精度降低，从而显著影响最终数据的质量。

2.5　借鉴与启示

海岛从最初无人问津的偏远之所，发展到今天逐渐成为壮大海洋经济、拓展发展空间的重要依托，成为捍卫国家权益、保障国防安全的战略前沿，越来越体现出海岛的重要意义③。

2.5.1　规划单元管理在热带小岛屿管理中作用重大

本研究通过对两种规划单元划分方式——网格划分法与数据叠加法在热带小岛屿保护规划中的应用进行比较研究，提出规划单元布局对于生物系统中的渔业建模或是社会经济系统中的保护规划编制具有极其重要的意义。这与其余有关热带小岛屿的研究结论相符合④⑤。此外，对预先建立的规划单元网格进行数据聚集将显著影响最终数据的质量，即便规划单元的面积仅有2 500平方米。而基于数据叠加的规划单元在完好呈现小

① Deas, M., Andréfouët, S., Léopold, M., Guillemot, N., 2014, Modulation of habitatbased conservation plans by fishery opportunity costs: a New Caledonia case study using Fine-Scale catch data. PLoS One 9 (5), e97409.

② Hermoso, V., Kennard, M., 2012, Uncertainty in coarse conservation assessments hinders the efficient achievement of conservation goals. Cnservation Bology. 147 (1): 52-59.

③ 林宁，赵培剑，丰爱平．海岛资源调查与监测体系研究［J］．海洋开发与管理，2013（3）：36-40.

④ Hamel, M. A., Andréfouët, S., Pressey, R. L., 2013, Compromises between international habitat conservation guidelines and small-scale fisheries in Pacific island countries. Conservation Letters. 6 (1): 46-57.

⑤ Léopold, M., Guillemot, N., Rocklin, D., Chen, C., 2014, A framework for mapping small-scale coastal fisheries using fishers´ knowledge. ICES Journal of Marine Science. 71 (7): 1781-1792.

尺度利益格局的同时缺少适当的数据冗余。

2.5.2 热带岛屿管理必须加强数据库建设

值得注意的是，在热带岛屿管理与保护规划过程中，必须加强精确数据收集以及数据与管理决策敏感性分析，并仔细权衡各方案的利弊，从而为热带岛屿管理和保护提供切实可行的建议。

2.5.3 海岛管理要实现资源调查与监视一体化

在新形势下，为了全面、快速、准确掌握海岛信息，改变宏观管理信息滞后的被动局面，应紧密围绕海岛管理需求，逐步开展海岛资源的综合清查工作，加强海岛资源评价工作，优化现有海岛监视监测系统，将调查—监测—再调查—再监测有机地连接在一起，形成良性互补，逐步建立国家海岛资源调查与监视一体化体系，实现我国海岛“一盘棋”“一套数”“一张图”，有效实施海岛资源的保护与管理。

第3章 跨界海洋空间规划面临挑战研究

——以爱尔兰岛为例

随着20世纪中后期国际跨海社会经济交往密度增加，尤其是以发达国家为代表的人们对于规模经济和生活质量的追求，海岸带和近海资源环境承载的压力骤然增加。而海洋空间资源的共用池塘资源属性，容易而且已经造成全球海洋资源衰退的“公地悲剧”。同时，基于海洋资源开发自治组织的建设机制还在“小心求证”。国际已有的沿海分国家（分行政区）海洋治理格局难以应对复杂的海洋空间要素分异与组合，更难应对海洋生态系统内部运行和外部输出性变量的冲击，增加了海洋空间的治理难度。如何开展海洋空间活动的有序治理，使得海洋空间规划成为一种必然的选择①。

跨界合作被视作海洋空间规划（Marine Spatial Planning，MSP）的一个重要因素。尽管大部分的海洋空间规划相关文献侧重于分析跨界MSP的必要性和效益，但有关如何推进邻近地区跨界MSP发展、促进有效跨界合作的政治和制度条件的研究尚不够充分。

本章着眼于对能够推动向跨界海洋空间规划方法转型的政治和制度因素进行探讨，尝试构建一个理论框架来对上述问题进行分析，填补这一研究领域的空白。首先，本章在借鉴跨界规划理论和实践基础之上，对可能促进向跨界MSP加速过渡的重要关联因素进行回顾。重要关联因素包括：邻近地区的政策趋同；跨界规划经验和关键参与主体之间的良好合作关系。在因素回顾基础之上，对北爱尔兰和爱尔兰共和国毗邻水域的跨界海洋空间规划条件进行评价。然后针对爱尔兰岛的跨界MSP实施提出一些建议，包括发挥正式跨界机构作用以及尽快落实海洋边界划分工作。结论部分对实施跨界海洋空间规划的政治现实加以评价，并总结了关于跨界MSP实施面临挑战的若干思考。

3.1 爱尔兰岛概况

爱尔兰岛，简称爱尔兰，属不列颠群岛，欧洲的第三大岛，位于大西洋东北部、大不列颠岛以西，中隔爱尔兰海，即北纬50°30′~55°30′、西经5°30′~10°30′（见图3-1）。爱尔兰岛被分为南北两部分，其中的分界线就是东西走向的利菲河。南部是爱尔兰共和国，北部是英国的北爱尔兰。爱尔兰岛的人口大约为580万人，其中爱尔兰共和

① 刘曙光，纪盛．2015，海洋空间规划及其利益相关者问题国际研究进展［J］．国外社会科学，(3)：59-66.

国有410万人、北爱尔兰有170万人。全岛被一片苍翠碧绿的林木所笼罩，人们习惯称其为“绿宝石岛”。南北长475千米，东西宽275千米，面积8.4万平方千米，岛上大部分区域属于爱尔兰共和国的领土，占全岛面积的83%；位于岛上东北部的北爱尔兰地区，其主权属于联合王国，占全岛面积的17%。爱尔兰岛中部平原面积较广，边缘为不高的山地，最高点为西南的卡朗图厄尔山，海拔1 041米。爱尔兰岛河网稠密，主要河流有香农河、斯拉尼河、诺尔河、布莱克沃特河等。多湖沼，海岸曲折，大西洋岸有许多深入内陆的海湾。班特里湾港口水深，可泊巨型油轮。

大西洋沿岸的海岸线悠长而曲折，常年受北大西洋暖流的影响。爱尔兰岛属温带海洋性气候，温暖湿润，冬季很少降雪。受北大西洋暖流影响，四季区别不明显，年平均气温在0~20℃之间，常年多雨，晴朗天气约占全年1/5时间。同时又受墨西哥湾暖流的影响，暖湿气流常年盘踞于此，造成了常年多雨的气候。冬季4℃左右，夏季14~16℃。降水量在800~1 000毫米。岛上有泥炭、煤、铅、锌和磷灰石等矿藏。经济以畜牧业为主，种植业次之。工业有食品加工、机械等。重要城市有贝尔法斯特、都柏林、香农等。

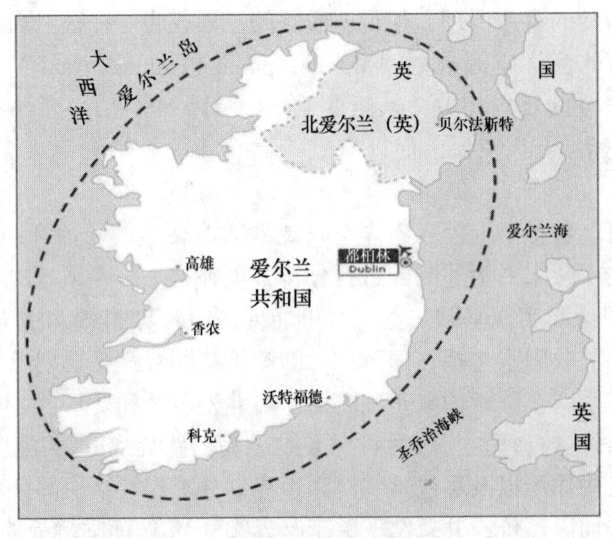

图3-1 爱尔兰岛地理位置

3.2 海洋空间规划的内涵

3.2.1 海洋空间规划界定

空间规划的概念起源于19世纪末的英国，其后，受Patrick Geddes（1915）思潮的影响，全球兴起了土地利用规划的发展潮流。“二战”以后，土地利用规划得到了长足的发展，对城镇基本要素的规划得到了广泛采用。虽然这些规划体系主要集中在城市地区，但随着时间的推移，这种体系已经发展成为更为全面的城乡土地使用监管规划体系，并且成为了现今以可持续发展和有效环境管理为目标的规划体系的基础。而人类对于海洋的规划则发展较晚，一直到 20 世纪 70 年代，海洋利用规划的思想才得以萌发。在这之后，随着国家土地利用规划制度的改革以及人类对全球社会经济一体化发展的需求不断提高，人们需要一个更为系统和全面的规划体系，于是空间规划应运而生。但是，由于空间规划范畴界定不明晰，使得以经济部门为基础的发展与政府机构的空间规划之间一直存在着矛盾与冲突，规划的范畴，特别是空间规划的范畴一直备受争议，近年来才形成较为统一的术语①。1997 年，欧洲空间规划制度概要给出了为人们普遍接受的空间规划的定义：空间规划旨在合理规划土地利用与功能之间的关系，进而实现生态环境与经济社会发展相协调，通过构建相应的公共部门，实施着眼于未来活动空间分布的方法与政策，最终实现社会和经济发展的总目标。

空间规划在海洋上的应用最早起源于渔业及海运。在渔业方面，最早的空间规划应用是在工业革命后对于国家渔业出台的限制措施，之后演变为传统上对渔业区域的划分。以欧洲为例，欧洲渔业最早采用网、线以及浮漂等来进行空间分配。而在海运方面，随着 19 世纪末铁路与轮船的出现，带动了港口区域的发展，因而空间规划被应用于大型港口的建造，诸如规划航道，制定各项用海活动的空间限制等。之后，随着人类用海活动的增加，涉海空间规划逐步从陆地规划中独立出来，形成了一个完整独立的规划体系，即海洋空间规划。自此之后，海洋空间规划作为一种核心的海洋管理工具在整个海洋管理体系中得到广泛应用。

海洋空间规划的发展源于国际社会对发展海洋保护区的需要，随着各种用海矛盾的凸显以及海洋生态环境质量的恶化，越来越多的国家开始关注海洋空间的多用途管理②。2002 年欧盟海岸带综合管理建议书确定海洋空间规划是整体区域资源管理的重要组成。2005 年《欧盟海洋环境策略纲要》发布了一个海洋空间规划的支持性框架。2006 年 6 月 7 日，欧盟发布了《欧洲未来海洋政策绿皮书（2006）》，海洋空间规划被视为是管理日益增长的海洋经济冲突和保护生物多样性的关键手段。

3.2.2　海洋空间规划的特征

海洋空间规划通过对海域各种人类活动的时空分布进行配置，以实现海洋发展的生态、经济和社会目标，它是由社会各界广泛参与的公共过程，海洋区划是海洋空间规划的关键和核心步骤③。海洋空间规划的目的，是为了解决各种人类活动之间以及人类活动和海洋生态环境保护之间的矛盾，选择合适的管理战略来保护具备重要生态价值的区

① 纪盛．海洋空间规划中利益相关者均衡机制研究［D］．中国海洋大学，2015.

② DOUVERE F. 2008，The importance of marine spatial planning in advancing ecosystem-based sea use management［J］. Marine Policy，(32)：762-771.

③ EHLER C，DOUVERE F. 2009，Marine spatial planning：a step-by-step approach toward ecosystem based management［M］. Pairs：Intergovernmental Oceanographic Commission，35-36.

域、维持和保证必要的生态系统服务。海洋空间规划为海洋管理提供以综合规划为基础的战略管理机制，并通过进行海洋生态功能重建来维持海洋自然恢复力，在提高海岸带地区的生活水平和生活质量的同时保护海洋生态环境①。

海洋空间规划的基本思想是在保护生态环境的基础上，兼顾社会和经济目标，为海域使用制定战略框架。这一具有指导意义的思想于2006年，由联合国教科文组织所召开的第一届海洋空间规划国际研讨会上提出。思想提出之后，有效地推进了沿海各国对于海洋空间规划的理解以及基于共同理念的海洋空间规划实施过程。随着海洋空间规划的发展，海洋空间规划逐步形成不同于陆地空间规划的两大基本特征：第一，海洋空间规划不同于二维模式的土地利用规划，而是一个三维模式的海洋利用规划，其不仅针对海面上的人类活动进行规划，更要针对海洋水体以及海底资源开展规划；第二，生态系统理论与方法作为海洋空间规划的核心之一不是仅仅因为海洋空间规划首次在大堡礁应用于海洋保护活动，而是因为20世纪90年代之后，各类海洋用海冲突加剧，人类逐步认识到海洋生态系统管理的重要性。但是，由于最初人们对于海洋生态系统相关知识了解相对缺乏，使得海洋空间规划纳入海洋生态管理体系中变得格外困难，随着海洋生态学与海洋空间规划的交融发展，海洋空间规划才逐步纳入海洋生态管理体系，并得到广泛发展。

3.2.3 海洋空间规划的价值

海洋空间规划是以生态系统为基础管理人类进行海洋开发、利用、保护活动的方法，是对人类利用海洋做出综合的、有远见的、统一的决策规划过程，在促进资源可持续利用、优化海域利用、协调解决人类利用与自然环境、使用者之间冲突上具有重要的效用。近年来，国际上先进海洋国家逐步形成了以生态系统为基础的海洋空间规划理念，旨在通过实施海洋空间规划推动海洋生态系统为基础的海洋综合管理的实现②。海洋空间规划不是一种静态规划，而是一种动态循环调整的规划，即在包含所有的利益相关者以及有足够财政支持的情况下，开展规划实施、监控、评估、修订、再实施、监控等的动态过程。从经济学角度审视，海洋空间规划旨在实现最优化资源配置基础上的均衡决策，不仅考虑经济和社会效益，还要结合历史、当前及未来的人类行为，对不同区域以及环境的影响做出理性判断。

海洋空间规划的价值主要产生于规划制定、实施、监管以及修订的过程中。沿海各国的规划中都有禁止开发海域，这种海域往往可能同《联合国海洋法公约》等所设立的海洋区域进入权限相冲突，导致规划的额外调整，从而产生多余的成本。如今，海洋空间规划已经在全球得以广泛实施，由于存在相邻国家间共享海域的情形，从而出现多

① 张冉，张珞平，方秦华.2011，海洋空间规划及主体功能区划研究进展［J］.海洋开发与管理，（9）：16-20.

② 徐丛春，王晓惠，李双建.2008，国际海洋空间规划发展趋势及对我国的启示［J］.海洋开发与管理，（9）：45-49.

个国家共同制定海洋空间规划策略（诸如丹麦、德国、荷兰成立的瓦登海三方合作组织），这种跨国合作规划的实施将会耗费更长的时间，需要更多的信息和管理成本，从而使得政府以及企业需要权衡过度的成本压力之后再确定实施海洋空间规划。

虽然海洋空间规划已经在全球海洋管理体系中得到了广泛的应用，但是关于海洋空间规划的效益评估却是相当的匮乏。首先，不同区域的海洋空间规划的目标不同，使得现有的评估技术难以给出一个明确的结论；其次，海洋空间规划的效益并不具有及时性，其往往随着规划的修订，新的规划得以实施并显现成果；最后，由于海洋空间规划能够有效解决利益相关者之间因进入时间等因素所导致利益冲突，这种利益冲突的纷争所产生的效益往往需要 10 年甚至更久才能体现出来。海洋空间规划的价值主要包括经济价值、生态价值和管理价值①。

海洋空间规划的经济价值主要体现在 4 个方面：一是海洋空间规划能够明确区域发展趋势以及兼容性用途，能够整合不同部门间利用海洋的情形，海洋环境的状况以及关键海域的海洋特性，从而使得管理者能够有效地发现其所制定的措施中潜在的矛盾与冲突；二是海洋空间规划能够减少海洋使用者与海洋环境之间的冲突；三是海洋空间规划能够综合考虑不同海域海洋开发者的需求，避免海洋开发者之间发生冲突，从而减少投资损失；四是海洋空间规划能够明确风险，从而使得长期投资决策具有确定性。

海洋空间规划的生态价值主要体现在 5 个方面：一是海洋空间规划的管理立足于整个海洋生态系统而不是单个海域和保护区，从而能够从宏观上实现生态与经济社会均衡发展；二是海洋空间规划通过生态系统方法使经济社会发展的目标在不破坏生态环境的基础上得以实现；三是海洋空间规划能够识别和建立生态敏感区，从而能够有效减少人类行为对于这些区域的冲击；四是保护生态多样性是海洋空间规划以及海洋生态管理的核心、宗旨；五是针对不同区域的生态多样性以及不同的自然保护需求，采取针对性措施。

海洋空间规划的管理价值主要体现在 6 个方面：一是海洋空间规划能够有效改善政策制定的速度、质量、问责体系以及透明度，从而更好地进行管理；二是减少了信息搜集、检索、储存成本；三是可以针对多个目标进行评估，评估各个海域中管理措施的收益与成本；四是实现海域管理办法从管理控制到规划调控的转变；五是能够有效地界定利益相关者，将利益相关者纳入到管理体系中来；六是潜在改善区域信息和环境评估的质量和可用性。

海洋环境可以容纳人类进行各种各样的海洋活动，这会导致不同海洋使用者之间的空间竞争，随着海洋资源价值日益明显，这种竞争尤为激烈。此外，随着人类活动水平和强度不断增加，有必要加强对海洋环境生态完整性的关注。随着上述问题显现，人们开始把目光聚焦于海洋空间规划（MSP）这一概念，并尝试将其作为减少使用者冲突

① 纪盛 . 2015，海洋空间规划中利益相关者均衡机制研究［D］. 中国海洋大学 .

的机制以及海洋环境可持续管理的手段[①②]。MSP之类的跨界管理手段在公共海域管理和海洋活动管理中具有至关重要的作用，因为航运及海洋环境污染等极有可能跨越管辖边界[③]。近年来，为对公共海洋空间进行有效、可持续管理，欧盟和北美等通过海洋立法和政策促进跨界MSP的有效实施。因此，跨界合作被作为MSP高效实施的必要组成部分。此外，跨界MSP被视为能够加强现有管理框架的整合与协调，从而促进生态系统方法实施、生态系统服务价值保护、渔业有效管理、海洋污染问题解决、跨境保护区规划以及区域发展场址选择。

然而，现行的海洋空间规划大多为国家层面。一些跨国协商往往通过特定磋商方式，没有或极少通过联合规划完成[④]。因此，向跨界MSP过渡将极具挑战性。例如，除非每个国家都做出明确努力，否则邻近国家很难在跨境规划决策上进行有效合作。此外，由于邻近地区开展MSP的时间跨度不同，个别国家的MSP发展程度远超其他国家，往往导致合作受阻。例如，当其他国家（如波兰）仍处于海洋空间规划初级阶段时，波罗的海的一些国家（如德国）已制定并实施海洋空间计划。

3.3 跨界规划的关键有利因素

跨界合作被视为实现边界地区可持续发展规划的一个关键要素。但为跨界规划方案构建理想治理框架极不现实。跨界方案设计应满足以下要求：既能解决眼前问题，又需适用特殊区域环境。可以通过研究实现的一点，是明确可能影响跨界规划方案成效的背景因素。这些因素主要包括：政策趋同；规划概念形成；共同愿景；战略目标、经验共享以及现行跨界机构。

3.3.1 政策趋同

政策和立法的跨界趋同程度是成功实施跨界规划的关键要素。邻近地区的政策结构和话语权越相似，跨界规划越有可能取得成功[⑤]。毗邻国家的政策趋同程度受一系列因素影响。在国际和超国家行为主体的协调作用下，可能出现政策趋同。例如，“欧洲一体化”导致的欧盟成员国之间的政策趋同[⑥]。

---

① Douvere F. The importance of marine spatial planning in advancing ecosystem-based sea use management. Mar Policy 2008；32：762-71.

② Ritchie H，Ellis G. A system that works for the sea? Exploring stakeholder engagement in marine spatial planning Environ Plan Manag 2010；53：701-23.

③ Backer H. Transboundary maritime spatial planning：a Baltic Sea perspective. Coast Conserv 2011；15：279-89.

④ Payne I，Tindall C，Hodgson S，Harris C. Comparative analysis of Maritime Spatial Planning（MSP）regimes，barriers and obstacles，good practices and national policy recommendations. Seaenergy 2020；2011.

⑤ Wiering M，Verwijmeren J. Limits and borders：stages of transboundary water management. Borderl Stud 2012；27：257-72.

⑥ Perkins R，Neumayer E. Europeanisation and the uneven convergence of Environmental policy：explaining the geography of EMAS. Environ Plan C 2004；22：881-97.

监管竞争也可能引起政策趋同①。监管竞争可能导致争议地区的自由放任（所谓的“逐底竞争”），或是全面干预（即“趋优竞争”）。这两种形式的竞争均导致政策趋同。全球化能够消除国际贸易壁垒，增强人员、商品和资本的流动性，推动政府出台使企业监管负担最低的政策。这会引发逐底竞争，即各国家地区以竞相减轻企业监管负担的形式，建立彼此的竞争优势。逐底竞争导致监管权被下放至最松散的管理层级，由此引发政策趋同。相反，地区内的趋优竞争同样会导致政策趋同，但由于趋优竞争属于良性竞争，若干研究学者曾对趋优竞争予以支持。

加强沟通也可能引起政策制定者效仿其他地区的政策。这类政策趋同可能是简单的政策学习，也可能是利用现有经验调整政策决定②③，或是借鉴跨界问题概念、国际集团特别治理机制以及规范、合法性因素。

3.3.2　经验共享、共同问题及联合解决方案

抛开政策领域不言，如果参与主体有过跨界合作经验，并形成了理解与信任意识，那么跨界方案发展将进一步加速。明确共同问题、商定互惠互利的解决方案，构成了长远跨界规划的重要基础。尽管制度安排通常会阻碍跨界规划，但当行动者们认识到通过合作更容易实现共同目标时，制度安排将成为推进跨界合作的有效手段④。例如，解决共同危机或把握互利机遇的需求，能够促进相邻地区的行为者相互接触。

确定邻近国家之间需开展合作的区域并不足以确保有效的跨界规划。最为有效的跨界方案往往将共同学习、实况调查和信息分析设为常规要求。希尔德布兰德等(2002)⑤ 在分析跨界（加美边界）生态系统合作管理方案时发现，跨界合作成功取决于合作双方能否在挖掘共性的基础之上，制定一系列能够解决共同问题的共同目标与行动计划。这些共同目标和行动计划构成联合解决方案的基础，从而促进跨界问题的解决。发展战略项目被认为是推动参与国关注焦点问题的有效途径，且相比由参与者发起大规模合作活动更为有益。邻近地区的战略联合调查为跨界规划方案制定提供了强大推动力和政治支持。开展基础战略项目，不仅能够增强彼此对地区间合作关系的信心、扫清联合调查障碍，还能够强化各国行动主体能力。

---

① Holzinger K，Knill C. Causes and conditions of cross-national policy convergence. Eur Public Policy 2005；12：775-96.

② Holzinger K，Knill C. Competition，cooperation and communication：a theoretical analysis of different sources of environmental policy convergence and their interaction. Vienna：Institute for Advanced Studies；2005.

③ Dolowitz D P，Marsh D. Learning from abroad：the role of policy transfer in contemporary policy-making. Governance2000；13：5-23.

④ Erg B，Vasilijević M，McKinney M. Initiating effective transboundary conservation：A practitioner's guideline based on the experience from the Dinaric Arc. Gland，Switzerland and Belgrade，Serbia：IUCN Programme Office for South-Eastern Europe；2012.

⑤ Hildebrand L P，Pebbles V，Fraser D A. Cooperative ecosystem management across the Canada-US border：approaches and experiences of transboundary programs in the Gulf of Maine，Great Lakes and Georgia Basin/Puget Sound. Ocean Coast Manag 2002；45：421-57.

3.3.3 现行跨界机构

跨界机构构成的发达网络，降低了跨界规划交易成本，有效推动了跨界工作的开展①。这些机构可以是正式或非正式的同盟条约，包括超国家机构，例如OSPAR（《奥斯陆巴黎保护东北大西洋海洋环境公约》，横跨大西洋东北部），以及次国家机构，如塞文河口合作伙伴关系（横跨英格兰和威尔士）。跨界机构网络意味着关键行动主体能够了解彼此，获取跨界合作经验，并建立良好的合作关系。但现行跨界机构数量有限可能会限制特定问题行动方针的制定。此外，同一区域内不同海洋环境管理机构可能会对彼此的效力产生影响。管理机构之间的这种相互作用，可以出现在相同级别（横向相互作用），也可以出现在不同级别（纵向相互作用）；可以是积极的，也可以是消极的②。例如，Skjaerseth③，经研究表明，北海会议、OSPAR与欧盟之间的积极相互作用，促进加速决策进程，推动了北海会议宣言的高效执行。相反，苏格兰东部陆架综合管理方案与现行海洋资源管理机构之间的负面相互作用，导致苏格兰东部陆架综合管理方案的实施受到阻碍④。因此，掌握MSP实施影响或反受其他机构影响的作用机制极为重要。

基德和麦戈文（2013）⑤ 通过跨界合作伙伴关系等级来对现行跨界机构加以评价（见表3-1）。不同类型的合作伙伴关系共分为5个“等级”。底层为非正式合作伙伴关系，顶层为正式伙伴关系。

第一等级为“共享信息”，其重点是信任、理解和能力建设。本研究设定伙伴关系缔约方均独立运作，彼此通过联合练习提供资源支持，例如利益相关者分析和开展研讨会。第二等级为“共享管理”，参与者可以借此深化密切合作。管理共享大多为短期行为，偶尔也围绕核心任务开展长期行动。第三等级为“共同规则”，利益相关者可通过构建共享的规则体系、设立普遍程序，深化双方合作关系，例如商定数据收集与交换协议。“共同规则”的优势在于提高了MSP不同层面的有效性、连贯性及不同主体间的协同作用。等级越往上，越接近正式的合作安排，第四等级为“联合组织”，这一阶段涉及建立共同支持的研究机构或完成正式跨国制度安排。第五等级，也是最高级、最正式

---

① Leibenath M, Blum A, Stutzriemer S. Transboundary cooperation in establishing ecological networks: the case of Germany′s external borders. Landsc Urban Plan 2010; 94: 84-93.

② Gehring T, Oberthur S. Interplay: exploring institutional interaction. In: Young OR, King LA, Schroeder H, editors. Institutions and environmental change: principal findings, applications, and research frontiers. Cambridge, MA: MIT; 2008. 187-224.

③ Skjaerseth JB. Protecting the Norteast Atalantic: one problem, three institutions. In: Oberthur S, Gehring T, editors. Institutional interaction in global environmental governance: synergy and conflict among international and EU policies. Cambridge, MA: MIT Press; 2006. 103-26.

④ Flannery W, Ó Cinnéide M. Deriving lessons relating to marine spatial planning from Canada′s Eastern Scotian Shelf integrated management initiative. Environ Policy Plan 2012; 14: 97-117.

⑤ Kidd S, McGowan L. Constructing a ladder of transnational partnership working in support of marine spatial planning: thoughts from the Irish Sea. Environ Manag 2013; 126: 63-71.

的伙伴关系计划，即建立“共同章程”。联合法律协议的制定可能会对某一特定海域的管理带来一个新的政治秩序，但也可能意味着放弃共享跨国伙伴关系的权利。

这些等级可用于评价现行跨界机构的性质，了解何种机构和制度能够促进形成某种意义上的共同理解和互利关系。

表 3-1　基于基德和麦戈文跨界合作伙伴关系等级的跨界机构划分

合作伙伴关系等级	伙伴关系内涵	跨界机构
共同章程	改变政治秩序	单一天然气和电力市场
联合组织	改变制度秩序	南北部长理事会
		英爱理事会
共同规则	共享规则体系	爱尔兰入侵物种跨界管理机构
共享管理	发挥合作优势	
共享信息	建立信任和理解	海洋可再生能源部门

3.4　实施跨界 MSP 的关键问题分析

上文的讨论部分提出了实施跨界 MSP 时应考虑的一些关键问题。谋求发展跨界 MSP 时应考虑以下问题：

(1) 邻近地区的政策趋同程度；

(2) 邻近地区对于 MSP 及拟通过 MSP 解决问题的认知是否协调一致；

(3) 如何理解跨界关系性质，现行跨界机构是否有利于发展跨界 MSP。

下面拟通过对爱尔兰岛上的跨界 MSP 实施进程进行研究，以解答上述问题。本章研究概述了导致爱尔兰岛当前政治局势的历史背景，及其对现代海洋规划产生的影响。同时，对爱尔兰岛上的两个司法管辖区（爱尔兰共和国和英属北爱尔兰）的政治和体制安排以及国家一级的海洋政策进行了研究分析，并对关键海洋部门的跨界机构进行了评估，主要评估依据为其在实施跨界 MSP 中的性能和潜在价值。

如果某些特定领域（例如海洋保护）存在多个计划并行执行，则选取与跨界 MSP 最相关的计划进行分析。

3.4.1　海洋规划的历史背景及其影响

爱尔兰岛（见图 3-2）由 32 个郡组成。其中，26 个郡隶属于爱尔兰共和国（ROI），其余 6 个郡隶属于北爱尔兰（NI），北爱尔兰为英属管辖区之一。事实上，整个爱尔兰岛都曾由英国控制，但考虑到政治敏感性，1920 年 12 月 14 日，英国上议院通过了《爱尔兰政府法案》，将爱尔兰分为两部分，即南爱尔兰（26 个郡）和北爱尔兰（6 个郡）。这两部分各设有一个议会和行政机关。随着时间的推移，南爱尔兰逐渐切断了与英国政府的联系。1937 年，南爱尔兰采用了新的《爱尔兰宪法》，宣布成立主权、独立、民主的爱尔兰共和国（ROI）。北爱尔兰（NI）仍属于英国，但作为一个独立政府，享有独立立法和管理非保留和非例外事项的权利。

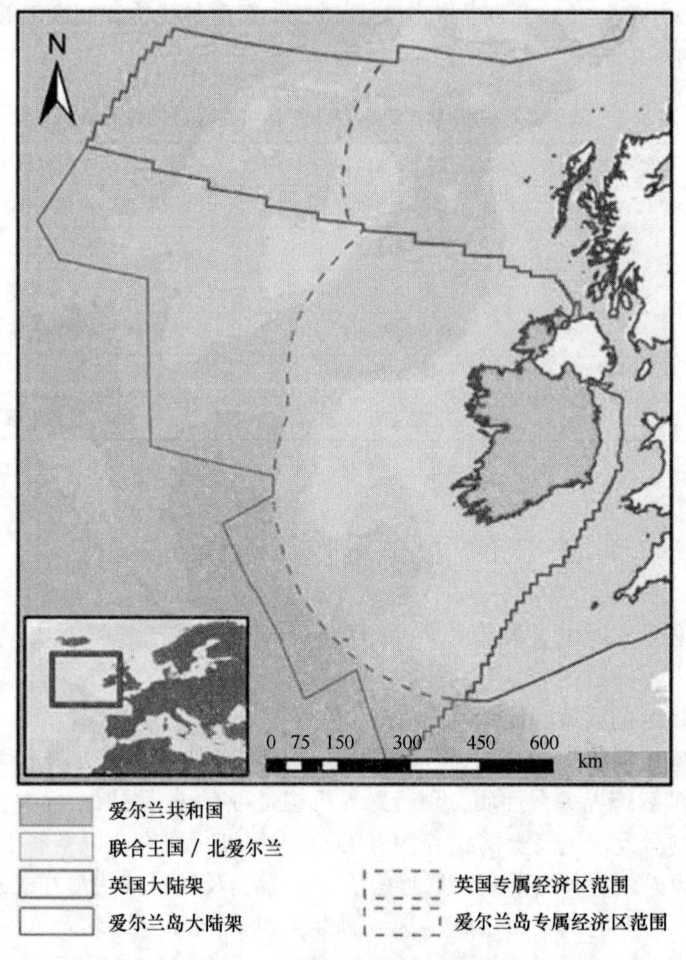

图 3-2 爱尔兰共和国与北爱尔兰地理位置

这一段曲折的历史对爱尔兰岛海洋空间规划的影响是双重的。首先，爱尔兰岛划分时以南北郡为基础，而南北郡最初是依据选区划分而来，也就是最高标准。从技术上讲，《爱尔兰宪法》的第 2、第 3 条宣称，爱尔兰共和国对整个爱尔兰岛享有主权，这也包括北爱尔兰。这意味着爱尔兰共和国可以宣称对北爱尔兰领海的所有权，但由于英国对北方 6 个郡实际行使主权，该宪法仅适用于爱尔兰共和国的 26 个郡。1998 年签署的《北爱尔兰和平协议》规定，只有在北爱尔兰大多数人赞同的情况下才能改变北爱尔兰的政治地位。因此，除非北爱尔兰地区和爱尔兰共和国的大部分选民赞成，爱尔兰共和国才有重组的可能。

其次，《北爱尔兰和平协议》的签署将南北合作推向了更高的发展阶段。根据该协议，设立了一些南北跨界合作机构，包括南北部长理事会（NSMC），由双方的部长组成；南北秘书处（英爱理事会，BIC），由双方的公务员组成；6 个南北执行机构以及伊尔、卡宁福德和爱尔兰灯光管理机构（FCILC）。南北执行机构涉及的 6 个方面包括食品安全、贸易与商业发展、特别欧盟项目、内陆水道、语言（爱尔兰语和乌尔斯泰苏格兰语）和水产养殖与海洋事务。其中，与海洋功能最相关的合作机构是南北执行机构为伊尔、卡宁福德和爱尔兰灯光管理机构。该机构由两个部分——海湾管理机构和灯光管理机构共同组成。港湾管理机构负责跨界海湾（见图 3-3）的部分政策调整。下文将进一步开展对于南北部长理事会、英爱理事会和港湾管理机构，以及它们与海洋治理联系的深入研究。

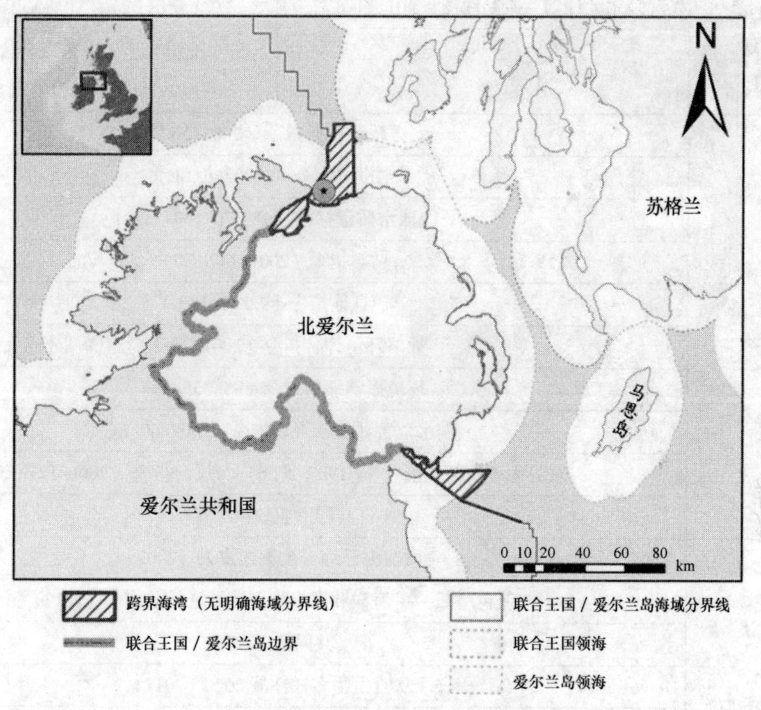

图 3-3 联合王国/爱尔兰岛海上边界示意图

3.4.2 MSP 政策趋同与概念认知

受欧盟组织的协调作用影响，爱尔兰岛上的海洋政策和立法趋同程度极高。即便部分欧盟指令对 MSP 具有明显影响作用，也同时适用于爱尔兰共和国和北爱尔兰（见表 3-2）。此外，欧盟指令也将促进政策趋同，尤其是一些需要邻近欧盟成员国之间相互开展合作才能有效执行的欧盟指令，例如环境影响评价指令、战略环境评价指令、综合污染预防与控制指令、欧盟水框架指令、洪水危害评价及管理指令以及海洋政策框架指令①。

表 3-2　爱尔兰共和国与北爱尔兰海洋空间规划现行立法、政策及跨界倡议一览表

	爱尔兰共和国	北爱尔兰
国家立法	《海滨法》1933—2012 年	《英国海洋和海岸带准入法》2009 年
	《海域与海滨法（修订）》2013 年	《海洋法（北爱尔兰）》2013 年
国家海洋政策、战略和计划	海洋资源利用——爱尔兰海洋综合管理计划	英国海洋政策声明
	《爱尔兰计划——路线图》2012 年 8 月	《北爱尔兰海洋计划》2014 年 6 月
		北爱尔兰海岸带综合管理战略（2006—2026 年）
欧盟相关立法（非详尽列举）	海洋政策框架指令（2008/56/EC）	
	水框架指令（2000/60/EC）	
	游泳水质量标准指令（76/160/EEC）	
	鸟类指令（2009/147/EC）	
	栖息地指令（92/43/EEC）	
	战略环境评价指令（2001/42/EC）	
	环境影响评价指令（85/335/EEC）	
	洪水危害评价及管理指令（2007/60/EC）	
	欧盟化学品新政策（No. 1907/2006）与议会指令（2006/121/EC）	
	共同渔业政策法规	
欧盟海洋政策建议	欧盟海洋综合政策蓝皮书（2007）	
	蓝色增长——海洋和海岸带可持续增长蓝皮书（2012）	
	共同渔业政策	
	欧盟生物多样性战 2020（2011）	
	海岸带综合管理建议书（2002/413/EC）	
	欧盟：海洋空间规划路线图（2008）	
	大西洋地区海洋战略行动计划（2011）	
	海洋空间规划框架计划	

这两个司法管辖区处于 MSP 的不同发展阶段。北爱尔兰的 MSP 处于更高级别的发展阶段。在 2009 年英国《海洋和海岸带准入法》（MCCA）与 2010 年英国《海洋政策声明》确立的法律框架内，北爱尔兰于 2013 年出台了《海洋法》，这对北爱尔兰的 MSP 发展产生了实质性的推进作用。英国政府和 3 个自治政府（北爱尔兰执行局、威

① Qiu W，Jones PJS. 2013，The emerging policy landscape for marine spatial planning in Europe. Marine Policy，39：182-90.

尔士议会政府和苏格兰政府）设置了一系列的高水平战略目标，以确保英国水域管理方法的一致性①。根据英国的水域管理方法，北爱尔兰环境部长强调，MSP将通过在北爱尔兰（12海里内）近岸区域建立海洋规划战略体系，减轻海洋产业的监管负担，并为海洋环境提供更多的保护。

2011年4月，北爱尔兰环境部（DOENI）经授命负责近岸区域的海岸计划制定以及海洋准入与许可，同时也负责北爱尔兰近海小型区域（见图3-3）的海洋计划制定。但北爱尔兰环境部获得的海洋监管能力与许可资格仍极其有限。这意味着，由于北爱尔兰的分权自治特性，其海洋治理格局仍高度分散。

在北爱尔兰沿海和近海地区拥有海洋管理职能的政府部门共计13个。直属于英国政府的部门包括能源和气候变化部、运输部、贸易工业部、内政部、国防部、关税国内货物税税务局和外交部。尽管北爱尔兰政府与英国政府部门合作密切，但12海里外的海上活动作为保留事务，由英国政府依据2009年《海洋和海岸带准入法》进行管理，其中海洋管理组织（MMO）负责历史遗产、电信、石油和天然气以及航运等方面事务。

北爱尔兰执行局拥有6个海洋管理职能部门，包括北爱尔兰环境部；企业、贸易和投资部；文化、艺术和休闲部；农业和农村发展部；区域发展部和社会发展部。其中，社会发展部负责拉根河蓄水相关部分事务。权责不明、权力分散等引起北爱尔兰海洋管理乱象叠生，但部门间的海洋协调小组通过推进跨部门工作，例如撰写北爱尔兰海洋状况报告②，在某种程度上缓解了这种乱象。

在跨界规划方面，北爱尔兰环境部在向北爱尔兰环境管理机构作情况介绍时表明，他们经常就具有跨界影响力的海洋准入问题与爱尔兰共和国政府部门联络，对于此，爱尔兰共和国会将相应问题纳入《海洋法》管理范畴，并在制定海洋计划时将管理任务分配给相应部门。管理机构成员就《海洋法》草案的覆盖面提出质疑。凯夫（2012）③曾指出，该草案并未覆盖海湾管理机构等组织，也未明确提出纳入北爱尔兰海洋计划。但《海洋法》草案的第3条规定，各部门可参与政府机构计划，包括伊尔、卡宁福德和爱尔兰灯光管理机构，以促进各部门间北爱尔兰近岸地区管理职能的有效协调。然而，海湾管理机构在实施海洋计划方面的作用仍有待考究。

爱尔兰共和国的海洋空间规划则相对滞后。2014年，政府任命环境部、社区、地方政府和海洋机构共同主管海洋空间规划。但将跨界海洋空间规划纳入海洋政策行动的一部分，则需耗费数年。2012年，一个跨部门海洋协调小组计划实施“海洋资源利用

① Fletcher S, Jefferson R, Glegg G, Rodwell L, Dodds W. 2014, England’s evolving marine and coastal governance framework. Marine Policy, 45: 261-8.

② Gibson C E. Northern Ireland State of the Seas report. Belfast: NIEA; n. d.

③ Fletcher S, Jefferson R, Glegg G, Rodwell L, Dodds W. 2014, England’s evolving marine and coastal governance framework. Marine Policy, 45: 261-8.

(Harnessing Our Ocean Wealth，HOOW）——爱尔兰海洋综合管理计划”①。协调小组由农业、食品和海洋部部长主管，小组成员主要为来自政府海洋管理职能部门的助理秘书。政府海洋管理职能部门包括农业、食品与海洋部；爱尔兰共和国总理府；国防部；通信、能源与自然资源部；艺术、遗产和爱尔兰语事务部；环境、社区与地方政府部；就业、企业和创新部；公共支出与改革部以及运输、旅游和体育部。此外，协调小组成员还包括总检察长办公室和爱尔兰共和国海洋研究所。

爱尔兰海洋综合管理计划的关键行动是“为爱尔兰共和国制定一个适用的跨界海洋空间规划框架，并在此框架内确立国家海洋空间计划的覆盖范围及实施目标”。由于这一规划框架至今尚未发布，本研究拟定通过剖析 HOOW 计划以明确爱尔兰共和国海洋空间规划的潜在功能和形式。

HOOW 计划设置的目标和关键行动，与欧盟的海洋综合政策不谋而合，主要侧重于加强海洋发展机遇、精简监管体系，使其更加“商业友好”。由于 MSP 主管机构与 HOOW 计划发起机构为同一政府，因此在政府计划实施过程也将有所取舍。例如，尽管 HOOW 计划认可健康生态系统的重要性，但它更侧重于发展海洋经济。因此该计划所制定的健康生态系统保护战略安排中，不存在任何建立海洋保护区的相关承诺。

HOOW 计划倡议，跨界海洋空间规划框架制定的海洋空间规划应覆盖全国，从而为爱尔兰国家、区域和地方各级海洋环境管理计划提供适用的治理结构和纲要。这间接凸显出爱尔兰共和国海洋空间规划中嵌套式计划（即将地方和区域海洋计划嵌套于国家战略计划）的可行性。

在跨界规划方面，HOOW 计划强调国际合作及爱尔兰共和国—北爱尔兰合作的重要性，并指出爱尔兰共和国—北爱尔兰在海洋领域的合作“历来密切”。HOOW 计划还指出，推进爱尔兰共和国—北爱尔兰合作的关键行动是在现有治理结构和机构的基础之上，通过合作发展、培育海洋部门。只有在职能部门和机构的作用下，爱尔兰共和国—北爱尔兰合作才能成为一项长期活动②。然而，值得深思的问题是海洋治理并非正式跨界机构管辖的重要领域。

3.5 爱尔兰岛现行跨界机构

本节主要研究分析爱尔兰岛上与跨界 MSP 实施相关的现行跨界机构，包括《北爱尔兰和平协议》签署后成立的机构，以及两个关键海洋部门——能源部和保护部。选择性分析这些跨界机构的原因在于它们主管着爱尔兰共和国和北爱尔兰海洋经济与政策中的重要领域，并在海洋空间规划发展中发挥着极其重要的作用。

① Government of Ireland/Marine Coordination Group. 2012. Harnessing our ocean wealth-an integrated marine plan for Ireland roadmap：new ways，new approaches，new thinking. Dublin，Ireland：Government of Ireland.

② Government of Ireland/Marine Coordination Group. 2012. Harnessing our ocean wealth-an integrated marine plan for Ireland roadmap：new ways，new approaches，new thinking. Dublin，Ireland：Government of Ireland.

3.5.1 跨界机构成立基石

《北爱和平协议》的签署促成了南北部长理事会、英国—爱尔兰理事会（BIC）和6个南北执行机构的成立，包括由港湾机构和灯光管理机构共同组成的伊尔、卡宁福德和爱尔兰灯光管理机构。南北部长理事会主要负责就爱尔兰岛内涉及两个管辖区共同利益的事项进行商议、合作和采取行动。这与基德和麦戈文①对于“联合组织”的描述相符。《北爱和平协议》共确立12个领域的合作与行动计划。这些领域的合作由南北部长理事会主管，合作推进机制分为两种：①由南北执行机构推进；②分别由每个管辖区的现行机构推进。

南北执行机构未涉及的合作领域包括农业、教育、环境、健康、旅游和交通。南北部长理事会定期与负责12个合作领域的部门召开部长级会议。会议中爱尔兰政府出席代表包括理事会部长或合作领域主管部门部长，北爱尔兰行政部门代表为两名部长，主要由首席部长和副部长指定，其中一名通常来自合作领域主管部门。目前，爱尔兰共和国海洋主管部门部长与农业、食品和海洋部部长负责出席农业部门会议。而北爱尔兰的海洋主管部门部长与环境部部长负责出席环境部门会议。由此可见，爱尔兰共和国与北爱尔兰在南北部长理事会出席部门安排上存在较大差异，这降低了通过部门会议探讨、解决海洋管理问题的可行性。

在超国家层面，英爱理事会（BIC）的职责主要为促进成员之间建立积极务实的合作关系。英爱理事会成员包括英国、爱尔兰共和国政府代表和北爱尔兰、苏格兰、威尔士以及泽西岛、根西岛和马恩岛的受权机构代表。英爱理事会主要促进双方就共同感兴趣的领域进行合作，包括环境管理。英爱理事会对应的合作伙伴关系等级为“联合组织”。英爱理事曾就环境管理工作，多次讨论如何协助完成东北大西洋海洋环境保护公约（OSPAR）、欧洲海洋战略以及实现可持续发展与生物多样性保护等系列目标。2014年6月，英爱理事会曾在爱尔兰西南部城市科克进行会晤，商谈海洋可再生能源部门合作有关事宜。

随着1998年《英爱和平协议》的签署，福伊尔湾和卡宁福德湾的监管职能被移交至港湾管理机构，环境问题被作为国际、国家和地方决策的核心。港湾管理机构的具体职能包括海洋、渔业及水产养殖事务跨界管理，以及促进福伊尔湾和卡宁福德湾的商业、旅游业发展。

港湾管理机构的职能还包括各港湾渔业和水产养殖业的跨界管理。卡宁福德地区的管理职能则从两个跨界政府部门——北爱尔兰农业与农村发展部以及爱尔兰共和国通信、海洋与自然资源部，被移交至福伊尔、卡宁福德和爱尔兰灯光管理机构。因

---

① Kidd S, McGowan L. 2013. Constructing a ladder of transnational partnership working in support of marine spatial planning: thoughts from the Irish Sea. Environ Manag, 126: 63-71.

此，港湾管理机构将对应基德和麦戈文①等级中的最高一级——“共同章程”。从表面上来看，港湾管理机构似乎改变了海域管理政治秩序。但2008年9月召开的伊尔和卡宁福德地区咨询论坛发现，由于涉及管辖权争议，福伊尔湾的管理措施并未经过正式授权。

2013年的“港湾事务代理计划”声明，港湾管理机构在2012年期间曾多次与通信、能源和自然资源部官员会晤以最终敲定港湾管理协议，以此保障福伊尔湾的水产养殖业发展。但这项港湾管理协议截至2013年仍悬而未决②。

3.5.2 能源部

海洋可再生能源（海上风浪和潮汐）部门为爱尔兰岛上的两个司法管辖区均提供了重要的发展机遇和潜在的就业机会。但两个管辖区的海洋可再生能源部门在规划合作方面鲜有大规模的跨界合作行动，最多仅限于信息共享③。例如，两个司法管辖区在制定海洋可再生能源发展计划时，分别邀请了同一家咨询公司——英国皇家财产局（The Crown Estate）独立进行战略环境评价（SEAs）④⑤。继北爱尔兰海洋可再生能源发展计划战略环境评价完成后，英国皇家财产局于2011年3月启动了爱尔兰共和国海上可再生能源发展计划和近海可再生能源租赁方案制定任务。

爱尔兰共和国的海上可再生能源发展计划制定及其战略环境评价同步进行，但可再生能源发展计划最终发布于2014年⑥。此外，两个司法管辖区均未对如何最大限度优化公共海域可再生能源开发做过多考虑。这或许可以归咎于爱尔兰和北爱尔兰并未对边境跨界海湾进行正式、合法的海洋边界划分。为缓和管辖权矛盾，爱尔兰共和国与英国政府于2011年签署了谅解备忘录。

随着谅解备忘录的签署，两国可以各自通过海底租赁，促进海上可再生能源装置的开发。同时，两国可以在各自领海范围内（见图3-3）建造和运行可再生能源开发装置。值得注意的是，谅解备忘录只是两国政府之间的政治承诺，而非海洋边界划分的法律协议。

在此之前，由于爱尔兰共和国和北爱尔兰之间没有明确的海洋边界，且双方在可再

---

① Kidd S, McGowan L. 2013. Constructing a ladder of transnational partnership working in support of marine spatial planning: thoughts from the Irish Sea. Environ Manag, 126: 63-71.

② The Loughs Agency. 2013. The Loughs Agency business plan. Derry/Londonderry: The Loughs Agency.

③ Department of Enterprise, Trade and Investment (DETI) 2012.. Offshore renewable Energy strategic action plan 2012-2020. Belfast, Northern Ireland: DETI; March.

④ AECOM and Metoc. 2009. Offshore wind and marine renewable energy in Northern Ireland Strategic Environmental Assessment (SEA) Non-Technical Summary (NTS). Cheshire, England: AECOM Limited.

⑤ AECOM, Metoc, CMRC and SEAI. 2010. Offshore Renewable Energy Development Plan (OREDP) for Ireland Strategic Environmental Assessment (SEA) Volume1: Non-Technical Summary (NTS). Cheshire, England: AECOM Limited.

⑥ Department of Communications, Energy & Natural Resources. 2014. Offshore Renewable Energy Development Plan. Dublin: Department of Communications, Energy & Natural Resources.

生能源开发领域合作意识淡薄，导致双方可再生能源开发秩序混乱，更甚的是导致北爱尔兰北部沿岸大量海上风电发展项目滞后。由 B9 海上能源开发和电力公司等组成的一个联盟提出了基于高原隧道技术的海上风电场开发理念。该联盟向英国皇家财产局申请了许可证，随后建成一个拥有多达 85 台涡轮机、额定容量达 150~250 兆瓦的海上风电场。

2002 年 6 月，英国皇家财产局秉承风电场海底场址为英国所有的理念，向开发者授予开发许可证。这一行为遭到了爱尔兰政府的反对，爱尔兰政府声称海底场址部分归爱尔兰共和国所有，因此海底开发项目应征得爱尔兰政府的许可①。2002 年 10 月，北爱尔兰自治政府承认，基于高原隧道技术的海上风电场项目涉及的海底场址部分归爱尔兰共和国所有。2004 年 9 月，B9 海上能源开发和电力公司退出联盟，海上风电开发项目随之终止。

而北爱尔兰与爱尔兰在电力领域中的伙伴关系符合基德和麦戈文跨界规划等级中的“共同章程”。北爱尔兰和爱尔兰在电力领域的合作由成立于 2003 年 7 月的联合指导小组主持开展。联合小组成员包括来自爱尔兰共和国的通信、能源与自然资源部和北爱尔兰企业部、贸易与投资部的高级官员，以及这两个监管部门的办公室：爱尔兰共和国的能源监管管理机构与北爱尔兰的公用事业监管局。

2004 年，爱尔兰共和国与北爱尔兰通过了一项联合决策，即在爱尔兰岛上建立单一的天然气和电力市场。这一政策催生了大量强制性的电力联营交易市场。所有流入强制性联营市场中的电力——无论是爱尔兰岛发电所得或从外部输入的电力，必须用于出售；所有从强制性联营市场流出的电力——无论用于消费或是出口，必须经过购买。随后两个司法管辖区颁布法例以推进这一制度实施。这项制度充分体现了单一市场运营对海洋空间规划中的资源开发和基础设施规划均具有明显的推动作用。

3.5.3　保护部

爱尔兰岛作为单一的地理单位，极可能出现具有保护意义和价值的关键物种在两个司法管辖区之间迁移的现象。此外，对部分物种的栖息地加以保护在某种程度上有利于维护其他物种的健康和生物多样性，因此通过跨界合作和资源整合进行物种保护显然极具可行性。例如，为防止外来物种在整个岛屿范围内侵入和扩散，北爱尔兰环境部和爱尔兰共和国国家公园和野生动物服务所共同成立了一个联合机构——爱尔兰入侵物种管理机构。爱尔兰入侵物种管理机构作为一个协调机构，主要负责：为利益相关者提供咨询和资源；开展风险评估和政策制定；开展教育和宣传活动、研究；制定入侵物种防治行动计划。迄今为止，爱尔兰入侵物种管理机构针对入侵物种的不同方面（例如政策、监测和教育）采取了 10 余次行动，并组织举办向所有对入侵物种管理与控制感兴趣的利益相关者开放的年度论坛。该论坛从 2007 年举办至今。爱尔兰入侵物种管理机构的

---

① Ellis G, Barry J, Robinson C. 2007. Many ways to say “no”, different ways to say “yes”: applying Q-Methodology to understand public acceptance of wind farm proposals. Environ Plan Manag, 50: 517-51.

活动范围逐渐扩大至陆地与海洋环境；对于海洋环境内的入侵物种，入侵物种管理机构建立有物种及其潜在威胁相关的详细记录，对于爱尔兰共和国和北爱尔兰水域内的非本地物种，入侵物种管理机构对其开展了风险和扩散情况评价①。此外，爱尔兰入侵物种管理机构正计划实施入侵物种协调战略。

两个司法管辖区承诺共同资助爱尔兰入侵物种管理机构开展工作，并认可其活动规模与工作范围。这意味着爱尔兰入侵物种管理机构符合“联合组织”的标准——联合组织的明显特征正是正式行动与跨机构合作。

3.6 爱尔兰岛跨界 MSP 发展

基于高原隧道技术的海上风电开发项目引发的冲突，凸显了跨界规划综合制度缺位的高昂代价。海洋空间规划本可以促进海洋资源管理战略以及海洋资源共享背景下的经济可持续增长。因此，对于邻近地区而言，审查双方推进公共水域 MSP 发展的方式是否协调一致具有重要意义。例如，目前爱尔兰岛上的海洋环境和海洋资源利用已同时成为北爱尔兰和爱尔兰共和国的政治和经济优先事项。然而，两个司法管辖区在很大程度上相互独立地推进 MSP 发展进程。尽管双方在制订计划草案和文件时往往有跨界协商程序，但双方很少或根本未考虑过联合规划。

对现行政策和体制条件的评价结果表明，实施跨界 MSP 需要一定基础。由于爱尔兰共和国和北爱尔兰同属欧盟成员国，两个司法管辖区在相关领域的政策趋同程度极高。此外，爱尔兰共和国政府和北爱尔兰自治政府，包括英国政府在内，都希望通过合作来共同履行欧盟指令下的各种政治承诺。这两个司法管辖区对 MSP 的认知互相协调一致，均将 MSP 视为能够增强各自海域海洋经济发展机遇的经济发展手段。

最后，一些联合规划机构的存在，为爱尔兰共和国与北爱尔兰之间实施跨界 MSP 奠定了坚实基础。诸如爱尔兰入侵物种跨界管理机构和电力联合指导小组之类机构组织取得的成果，进一步证实了这些机构在跨界合作和联合规划方面能够发挥极其重要的作用。

本章在进行跨界 MSP 实施条件评估的同时，对两个司法管辖区的一些复杂政策进行了阐述，也指明了一些亟须加以解决的政治和体制问题，以此更好地促进爱尔兰岛上跨界 MSP 的实施。例如，北爱尔兰的 MSP 发展阶段远比爱尔兰共和国的更为超前。因此试图为这两个司法管辖区的边境地区制定空间规划行动或计划时极可能面临挑战。尽管经分析表明，有一些跨界机构能够在推动跨界海洋空间规划中发挥作用，但我们至今未能确认港湾管理机构——一个从事于跨界海洋事务的高度正规化跨界海洋机构在爱尔兰共和国和北爱尔兰 MSP 进程中所扮演的角色及所发挥的作用。尽管授权港湾管理机

① Pearce F，Peeler E，Stebbing P. 2012. Modelling the risk of the introduction and spread of non-indigenous species in the UK and Ireland. London：DEFRA.

构成为爱尔兰岛的海洋空间规划主管部门并不现实，但考虑到其职权范围、专有职责及其对两大司法管辖区共有跨界海湾的实质性管辖权，它们必须参与到两个司法管辖区的事务讨论中来。最后，从这一分析中还可以清楚地看到，在各个跨界机构之中，海洋治理并非南北部长理事会所重视的领域，最适合推进跨界 MSP 实施的超国家机构或许为英国—爱尔兰理事会。

为推进爱尔兰岛上的跨界 MSP 实施，两个司法管辖区应尽快采取行动。首先，应为共有跨界海湾制定区域海洋发展计划。此外，可将海湾管理机构设为跨界海湾海洋发展的主管部门，以确保其职权范围与区域海洋发展计划之间能够形成积极、良性的制度互动。由于爱尔兰共和国倾向于制定海洋发展嵌套计划，因而这一目标在爱尔兰共和国的海洋空间规划发展中更有可能实现。跨界海湾的联合发展计划制定应被视为一个战略项目，其战略目标则为促进共同学习和实况调查，并进一步加强辖区间的合作关系。其次，由于每个司法管辖区内的体制结构不同，应当召开各海洋协调小组的联席会议。此外，每个辖区内的 MSP 监管机构能够通过理解同行的体制安排而受益，从而制定更富成效的跨界海洋规划。再次，由于北爱尔兰海域的一些海洋管理职能归英国政府部门所有，因此实现跨国 MSP 发展的更有效途径可能是三边合作，而非双边合作。英国—爱尔兰理事会的作用也应在三边合作背景下展开探讨。最后，亟待解决的一个问题是海洋边界划分。只有在明确辖区间海洋边界的基础之上，港湾机构才能依据其被赋予的职责与功能正常运行，监管者、开发商和所有海洋使用者才能开展合理的海上活动。

3.7　借鉴与启示

3.7.1　跨界海洋空间规划要建立和谐跨界合作关系

综上所述，政府部门和机构、海洋部门和沿海社区与邻近辖区历来的规划合作程度，可能影响邻近辖区开发跨界海洋空间规划系统的能力。关键海洋主体间建立良好的跨界合作关系，有利于开展跨界 MSP 项目。相反，良好关系缺失或形成对立关系将为跨界 MSP 实施增添不少额外的障碍。随着人们日益深刻地认识到有效规划不能仅通过政府干预来实现，还必须发挥部门和社区利益相关方的关键作用，海洋空间规划不再是只属于政府部门和机构管理的范畴。

3.7.2　跨界海洋空间规划需要创新体制机制

一味强调国家之间的多边协议并不恰当，极有可能适得其反。因为它没有将重心放在切实可行的发展战略之上，这些战略包括国家和非国家主体之间的集体合作治理安排①。因此，跨界 MSP 不应只着眼于邻近辖区政府的行动，也应关注并学习次国家主体如何通过地区合作解决跨界 MSP 实施面临的问题。因此，接下来有必要深入探讨国家和次国家机构协助实施跨界 MSP 的体制机制。

3.7.3 跨界规划管理必要考虑区域海洋发展

各国家地区间就跨界海洋空间战略计划实施达成协议并不难，但这种形式的规划本身并不足以解决跨界冲突。例如，爱尔兰岛上的两个政府都有可能通过制定战略计划来发展单一电力市场，但这并不能解决高原隧道技术发展引发的系列冲突。因此，各国政府有必要考虑为边境地区制定具体的区域海洋发展计划。在某些层面上，各国政府已在跨界规划管理中取得一些初步成果，例如成功通过三个国际河流流域地区对河流进行合作管理，共同执行欧盟水框架指令。

① Karkkainen B. 2004，Marine ecosystem management & （and） a post－sovereign transboundary governance. San Diego Int Law，6：113.

第4章　基于区域规划的灾害风险指数研究

——以意大利南部伊斯基亚岛为例

区域规划起初是作为国家的区域政策出现的。区域规划是指在一定地域范围内对国民经济建设和土地利用的总体部署。它以跨行政区的经济联系紧密地区为对象，目的是为了发挥不同区域的比较优势，形成分工合理、优势互补、协调发展的区域格局。“二战”以后，许多国家的中央政府和地方政府都制定了区域规划，尽管区域规划涉及的范围、表现的形式千变万化，但几乎都是针对所属地方空间发展中面临的问题而制定的，对于区域规划的检讨和评价也主要是区域规划对解决问题所产生影响，而不是简单地评价规划的科学性和合理性①。

近年来随着全球环境变化和社会经济发展，各种自然灾害风险在不断加剧。联合国减灾战略中明确提出必须建立与风险共存的社会体系，强调从提高社区抵抗风险的能力入手，促进区域可持续发展②。进入21世纪以来，全球自然灾害频发。而灾害是社会与自然相互作用的产物，往往会给一个区域的社会、经济、生态系统进程带来巨大的影响，甚至可能造成系统崩溃。灾害问题已经成为区域可持续发展的主要障碍因素，受到了国内外学术界和社会各界的高度关注③。在此背景下，自然灾害风险管理是全面减灾最为有效、积极的手段与途径④。普遍接受的风险管理过程包括风险识别、风险分析、风险评估（评价）、风险管理（处理）等。海洋自然灾害主要有风暴潮、海浪、海岸侵蚀、海冰、地震、海啸以及海平面上升等。这些灾害不仅给沿海地区的人民生命财产造成严重损失，而且对渔业、交通和海洋资源开发亦带来严重影响。随着沿海经济的迅速发展和人类海上生产活动的增多，海洋自然灾害造成的损失呈上升趋势。因此，减轻海洋自然灾害，保障沿海经济迅速发展具有重大的战略意义、重要的现实意义和长远意义⑤。

自然灾害风险评估是在发展中的一门科学，目前尚无成熟的技术方法⑥。随着自然

---

① 谢惠芳，向俊波．2005，面向公共政策制定的区域规划——国外区域规划的编制对我们的启示［J］．经济地理，(5)：604-611.

② 陈容，崔鹏．2013，社区灾害风险管理现状与展望［J］．灾害学，(1)：133-138.

③ 史培军．2002，三论灾害研究的理论与实践［J］．自然灾害学报，11 (3)：1-9.

④ 倪长健．2013，论自然灾害风险评估的途径［J］．灾害学，(2)：1-5.

⑤ 张兴铭，王喜年．1994，海洋自然灾害对我国沿海经济的影响及对策建议［J］．海洋预报，(2)：35-42.

⑥ 高庆华，马宗晋，张业成，等．2007，自然灾害评估［M］．北京：气象出版社．

灾害风险研究的不断深入，其评估方法日渐丰富并日趋定量化[①]。全面认识灾害事件并精确测绘其可能覆盖的区域范围，对于制定地区发展规划，降低区域脆弱性并促进社会弹性发展具有至关重要的意义。在这一框架指导下，本研究拟通过一种定量空间建模方法，以风险评价指标为基础，界定多灾种耦合风险评价指标，通过对不同区域风险等级的对比，进行风险防控优先干预。本章研究主要以意大利南部那不勒斯湾西北区伊斯基亚岛为研究案例——地震、火山活动、滑坡、海岸侵蚀和洪水等多种自然灾害频发，结合其高速城市化进程，使得该岛成为验证灾害风险防控模型的绝佳区域。考虑到自然灾害复发时间不同，研究主要选择两个风险评价指标进行量化：①全局灾害风险，反映地区风险状况的涵盖所有自然灾害；②局地灾害风险，仅反映复发间隔 1~10 年不等的自然灾害。此外，我们尝试将这些危险性指标测绘于地图中以实现区域风险状况全局可视化，进而促进利益相关者之间的交流沟通，降低社会脆弱性。

4.1 背 景

当一些自然事件发生在人口稠密地区时，其危险性大大增加，往往会构成灾害甚至灾难。联合国国际减灾战略将风险定义为某一事件发生的可能性和后果的组合。目前广泛应用的地球物理风险界定[②][③]，主要采用联合国教科文组织（1972）[④] 与福尼尔阿比尔（1979）[⑤] 提出的以下等式：风险=灾害事件×脆弱性×暴露度。危险性指一定时间内可能发生的危险事件；暴露度用于测算危险区域内的人员、财产、系统或其他元素等可能遭受的潜在损失；脆弱性指可能损失的生命或物品占比，是系统或资产易受风险事件破坏性影响的一个固有特性。这一定义表明，脆弱性作为利益要素（社区、系统或资产）的特性，并不受暴露度直接影响[⑥]。最后，等式指出降低暴露度或脆弱性均可以降低风险。

近年来，在抗灾能力建设中常被提及的一个概念是通过技术干预和管制来降低灾害事件的影响，主要体现为控制人口和改变土地利用方式。抗灾能力指暴露在危险环境中的系统、社区或社会，通过抵御或自我调整以达到或维持一定水平功能和结构从而应对危险事件的能力。为确保有效降低区域风险、促进区域系统弹性发展，地方当局须对本

① 叶金玉，林广发，张明锋 . 2010，自然灾害风险评估研究进展［J］. 防灾科技学院学报，12（3）：20-25.

② Pesaresi，C.，Marta，M.，Palagiano，C.，Scandone，R.，2008. The evaluation of ‘social risk’ due to volcanic eruptions of Vesuvius. Natural Hazards 47：229-243.

③ Grezio，A.，Gasparini，P.，Marzocchi，W.，Patera，A.，Tinti，S.，2012. Tsunami risk assessments in Messina，Sicily-Italy. Natural Hazards and Earth System Sciences 12：151-163.

④ UNESCO，1972. Report of consultative meeting of experts on the statistical study of natural hazards and their consequences. Document SC/WS/500. pp. 1-11.

⑤ Fournier D´Albe，E. M.，1979. Objective of volcanic monitoring and prediction. Journal of the Geological Society London. 136：321-326.

⑥ UNISDR，2009. United Nations International Strategy for Disaster Reduction Geneva. pp. 1-35.

地区面临的单种或多种灾害事件拥有全面清晰的认识。

在过去 10 年间，“多灾种”与“抗灾能力”相类似，属于极为宽泛的理论概念，其重要研究意义可体现为两个方面①：一是有利于对同一地区遭受的所有独立灾害事件的作用和影响进行评估；二是可帮助研究不同灾害事件之间的相互作用关系。

大量科学文献证实了科学家对多灾种、多风险评估定义方法的高度关注，例如美国风险评估软件 Hazus-MH（FEMA，联邦急救管理机构）、新西兰多灾害损失建模工具 Risk Scape 和矩阵模型等。

这些项目均着重强调了时空窗口在单一灾害事件危险性等级评估中的重要作用。在灾害事件发生概率，以及一个灾害事件（如地震）触发另一灾害事件（如滑坡）概率——即级联效应或多米诺效应——的界定过程中，时间窗口发挥着极其关键的作用。卡佩斯等（2010）② 举例说明触发滑坡的不同事件，例如地震、滑坡垮坝和森林火灾。斯科比格等（2014）③ 通过对火山活动引发地震群的研究，对其级联和耦合效应进行分析以评估意大利那不勒斯和瓜德罗普岛的多灾种综合风险指数。格雷夫（2006）④ 强调了区域内潜在的综合灾害风险，确定多灾害空间建模方法的关键作用。卡佩斯等（2010）证实了通过多灾害分析体系框架能够帮助记录和分析所有灾害过程和及其相互作用关系。

对于同时面临多种灾害威胁的地区，其灾害关系可分为两种。第一种为某一种或多种灾害触发另一种灾害，最终导致后续灾害事件，例如火山喷发造成边坡崩塌，最后引起海啸。第二种为某一种灾害的发生改变了另一种灾害的孕灾环境，进而改变其发生概率，在时间上灾害的发生存在一定的时间间隔，例如火山喷发产生的火山碎屑流堆积导致河道分流，导致地势低洼地区被淹没。前一种灾害关系，可称为级联反应或多米诺效应，伴随着特定事件出现。第二种灾害关系通常存在灾害的耦合及相互作用，目前，基于触发关系或缓慢耦合关系的评估仍是多灾种评估领域研究的难点。主要原因在于所有灾害过程之间相互作用关系复杂，对其因果关系终止节点和危险因素相互作用起始节点进行界定并非易事。

本章拟通过利用 GIS 辅助定量法对市镇尺度受多种灾害威胁地区的多灾种综合风险

---

① Garcia-Aristizabal, A., Bucchignani, E., Palazzi, E., D' Onofrio, D., Gasparini, P., Marzocchi, W., 2014. Analysis of non-stationary climate-related extreme events considering climate change scenarios: an application for multi-hazard assessment in the Dar es Salaam region, Tanzania. Natural Hazards 75: 289-320.

② Kappes, M. S., Keiler, M., Glade, T., 2010. from single-to multi-hazard risk analyses: a concept addressing emerging challenges. In: Malet, J.-P., Glade, T., Casagli, N. (Eds.), Mountain Risks: Bringing Science to Society. Proceedings of the 'Mountain Risks' International Conference, Firenze, Italy. CERG Editions, Strasbourg, 351-356.

③ Scolobig, A., Komendantova, N., Patt, A., Vinchon, C., Monfort-Climent, D., Begoubou-Valerius, M., Gasparini, P., Di Ruocco, A., 2014. Multi-risk governance for natural hazards in Naples and Guadeloupe. Natural Hazards 73 (3): 1523-1545.

④ Greiving, S., 2006. Integrated risk assessment of multi-hazards: a new methodology. In: Schmidt-thomé, P. (Ed.), Natural and Technological Hazards and Risks Affecting the Spatial Development of European Regions. Geological survey of Finland, Special Paper 42, 75-82.

进行评价。本章中多灾种综合风险评价未考虑对单个灾害事件和级联效应发生概率的量化。本章拟采用的研究方法为，以同时受到多种灾害共同作用的市镇为研究案例，首先利用风险指标对该地区在单一灾害事件作用下的脆弱性进行评价，随后将多种灾害事件依次进行耦合，以评估其在多种灾害作用下的脆弱性。事实上，在多灾种综合风险评估过程中，可通过灾害风险指数对不具直接可比性的不同参数进行量化，从而对不同灾害等级进行差异分析，而不仅仅是对其进行排序。从定性方法到半定量方法的转变[①]，有利于对长时间跨度内研究区域的有效数据进行分析研究，从而确保研究结果可信度更高。随着研究区面积变化，适用于自治市的风险指标也可用于区域或国家尺度，最小则可缩放至镇一级尺度。本章中对灾害热点的研究集中于街区尺度[②]，也是最小、最基本的地理组成单元。本研究主要成果为多灾害风险分布图。经研究证实，多灾害风险分布图对判读区域内短期或长期多灾害风险暴露度、实施风险防范优先干预具有重要参考作用。此外，多灾害风险分布图还可作为与利益相关者沟通的重要工具，从而推进利益相关者参与、促进社会弹性发展。

本章选取位于意大利南部那不勒斯湾西北区的伊斯基亚岛作为研究案例，以空间定量建模法对其开展研究。伊斯基亚岛同时面临地震、火山、滑坡、洪水、海岸侵蚀和海水倒灌等多种自然灾害的威胁，这些自然灾害成为当地游客和常住人口的关键风险来源。从更长远的时间跨度来看，20 世纪 80 年代的空间规划政策并未将自然灾害危险性与发生概率考虑在内，放任城市在高危地区快速扩张，导致其面临的自然风险大幅增长[③]。

4.2 方法

本章采取的研究方法充分借鉴了地理信息系统的空间分析优势[④⑤]。在此基础上构建的地理空间模型能够对灾害分区数据进行充分利用，并将其应用于区域单灾种和多灾种风险评价指数计算。

自然灾害的发生周期有所差异，意味着需要同时测算两个风险评价指数，即单灾种危险性和多灾种综合危险性。基于不同灾害发生周期的这两个指数能够简单、客观地反映时间（风险评估时间窗）与风险（危险事件发生概率）之间的相互联系，尤其是在因缺乏大量数据而无法统计测算“风险” 参数的情况下。

---

① Kappes, M. S., Keiler, M., von Elverfeldt, K., Glade, T., 2012. Challenges of analyzing multi-hazard risk: a review. Nat. Hazards 64, 1925-1958.

② STAT, 2012. National Institute for Statistics Retrieved October 10. from http://www. istat. it/.

③ Alberico, I., Petrosino, P., 2014. The meaning of spatial analysis and mapping for volcanic hazard assessment and their role for territorial system management: a case study at ischia island (southern Italy). J. Maps 10 (2): 238-248.

④ Lichter, M., Felsenstein, D., 2012. Assessing the costs of sea-level rise and extreme flooding at the local level: a GIS-based approach. Ocean Coast. Manag. 59, 47-62.

⑤ Sandri, L., Thouret, J.-C., Constantinescu, R., Biass, S., Tonini, R., 2014. Long-term multi-hazard assessment for El misti volcano (Peru). Bulletin of Volcanology 76: 771-797.

图 4-1 的流程图给出了详细的输入数据类型与指标量化算法。本研究所构建模型的一个关键之处在于其灾害分区能力。事实上，丰富的数据集合、适用于研究区范围的空间分辨率，是有效呈现输入数据、绘制灾害风险分布图的重要基础。

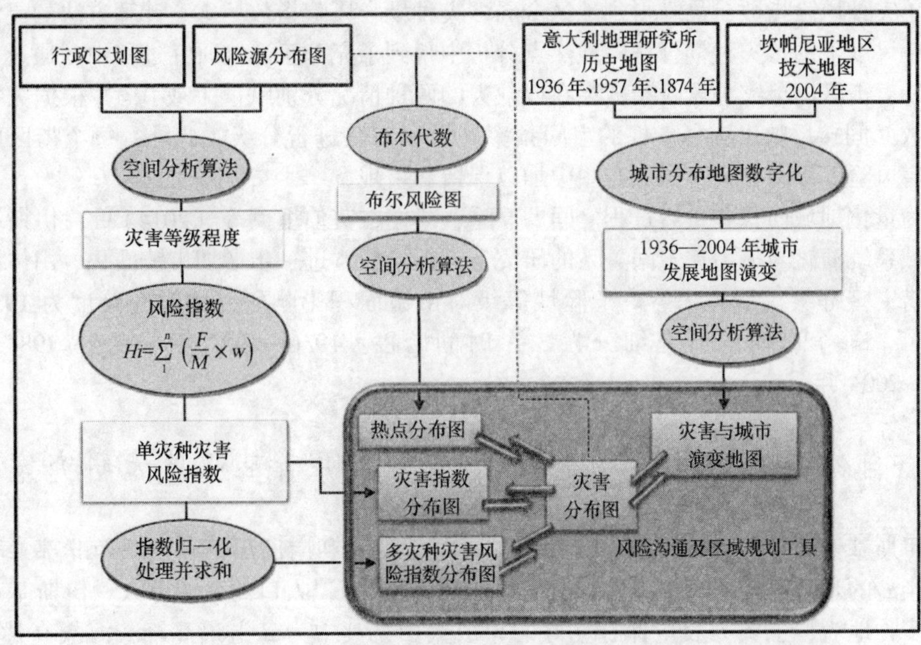

图 4-1　单一和综合指标量化及各灾害区城市扩张情况分析流程示意图

单源灾害分布数据与市镇行政边界的空间重合，使确定各市镇危险区域风险等级成为可能。

如公式（4-1）所示，单源灾害危险区域面积范围与市镇面积之比即为单灾种风险指数：

$$Hi = \sum_{1}^{n}\left(\frac{F}{M} \times w\right) \tag{4-1}$$

式中：

Hi ——单灾种风险指数；

F ——各市镇风险等级或各市镇风险源数量；

M ——各市镇面积或海岸线长度；

w ——灾害危险性等级（低、中、高）权重值。

更具体地说，权重（w）的赋值随地区内单一灾害事件的危险性等级和发生概率增加而呈线性增长。计算过程中，我们根据地区内风险指数最大值对单灾种风险指数进行归一化处理，区间为 0~1（分别对应危险性最小值和最大值）。单灾种风险指数的排序主要依据自然断点法。自然断点法就是将数据集中不连续的地方作为分级依据对数据集合进行分级，从而有效减小组内方差。同一危险性等级内的单灾种风险指数即具有与其他指标之间的可对比性。单灾种风险指数的总和即为综合危险性指标：滑坡、洪水和海岸灾害等发生最为频繁的自然灾害事件的单灾种风险指数之和，常被用于量化局部地区多灾种耦合风险指数。局部地区多灾种耦合风险指数加上不太频繁的地震和火山灾害事件的单灾种风险指数，最终得到地区全局多灾种耦合风险指数。这一计算方法的灵活性在街区尺度下的多灾种耦合危险性热点分析中得到了充分验证。研究过程中，通过布尔代数针对街区内单灾种风险指数存在或缺失的两种情况分别赋值 1 或 0，并根据灾害风险指数（间接反映出灾害事件的空间频率）总和对其进行分级。此外，每个街区的单源灾害风险等级会在灾害源分布图中加以保留和呈现。

为量化地域面积和自然过程之间的联系，我们在艾伯里克等（2014）[①] 对伊斯基亚岛地域系统演化与火山灾害间关系的研究上进行延伸，进一步增加市镇面积、山体滑坡和洪涝灾害等级等研究内容。危险性等级对市镇面积影响研究的时间跨度为 1936—2004 年。每个市镇的研究细分为 3 个时间跨度：1936—1957 年、1957—1984 年、1984—2004 年。

4.3 自然灾害与风险指数评估——以伊斯基亚岛为研究案例

伊斯基亚岛（图 4-2）属于火山岛，坐落于意大利南部那不勒斯湾西北部，与意大利半岛的米塞诺岬隔海相望。总面积约 42 平方千米，人口约 3.2 万人。伊斯基亚岛上有多种地貌，主要为大量保存完好的单成火山，其中为岛上最高峰，海拔高达 800 米，末次喷发在 1301—1302 年（见图 4-3）。伊斯基亚岛是那波里港湾最大的一个岛，海岸线漫长。若将海底部分也计算在内，则岛屿面积更为广阔。深约 100 米的大陆架向岛屿北侧延伸约 10 千米，南侧则沿着埃波梅奥火山入水位置慢慢变窄消失。岛屿南侧及西侧部分上陆坡平均坡度达到 20°，主要特征为线性侵蚀痕迹，最终形成海槽、峡谷等。水深 550 米处，陆坡慢慢消失，平均坡度仅为 1.5°。根据岛屿东南部古火山喷发残留物的年份，可推断伊斯基亚岛最早的火山活动可追溯至 15 万年前。伊斯基亚岛较著名的火山活动为约 5.5 万年前的绿凝灰岩喷发，火山活动导致岛屿中部塌陷，从而引起海洋沉积作用，沉积序列依次为层凝灰岩、砂岩、粉砂岩。随后约 3 万年前，埃波梅奥火山开始复苏。绿凝灰岩喷发后的火山活动可划分为 3 个阶段：① 5 万~3.3 万年前；② 2.8 万~1.8 万年前；③ 1 万年前至今。最后一个阶段的火山活动主要为岛屿东北部的单成因火山喷发，伴随着火山口涌出大量岩浆和蒸汽。

伊斯基亚岛面临诸多自然灾害威胁，对当地游客和常住人口均构成重大危险。图 4-4呈现了本章研究分析的全部灾害事件，并对受灾区评价方法进行了总结。灾害事件的选择采用了定量或半定量统计和数值法。危险区域边界的验证主要通过与以往受灾害事件不同程度影响的地区进行比较、校正。由于计算风险指数的地图对空间分辨率和地

① Alberico, I., Petrosino, P., 2014. The meaning of spatial analysis and mapping for volcanic hazard assessment and their role for territorial system management: a case study at ischia island (southern Italy). J. Maps 10 (2): 238-248.

图 4-2　伊斯基亚岛地理位置

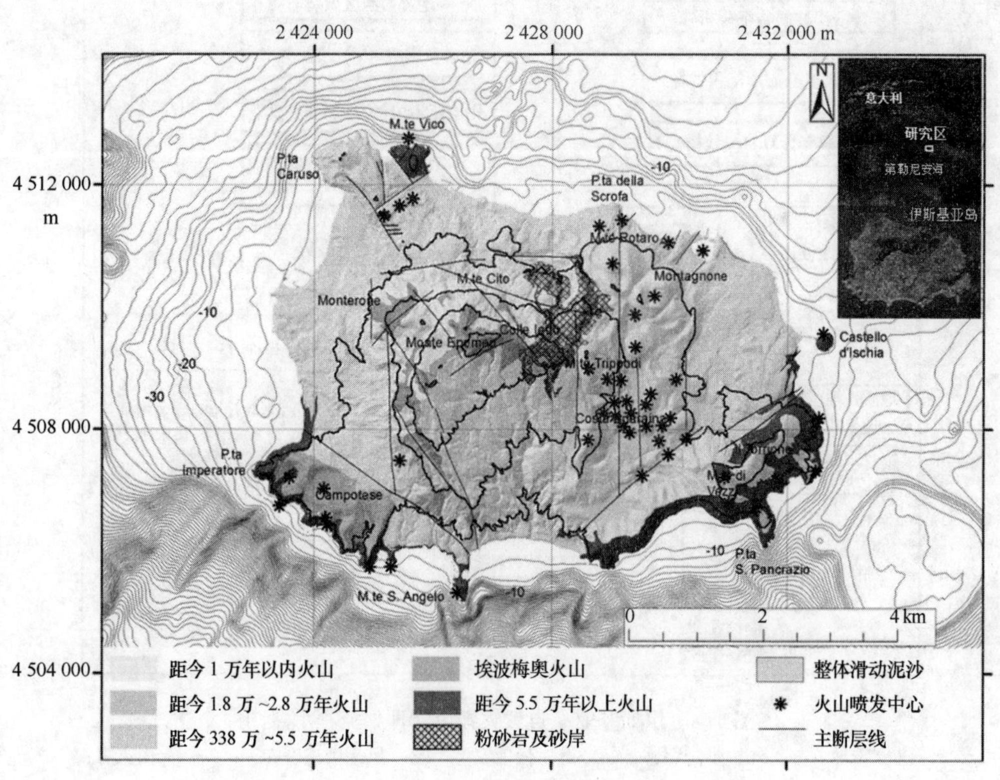

图 4-3　伊斯基亚岛地质草图（插图为研究区地理位置）

理要素位置精度要求均较高①，因此研究中采用比例尺为 1∶5 000 的地形图。

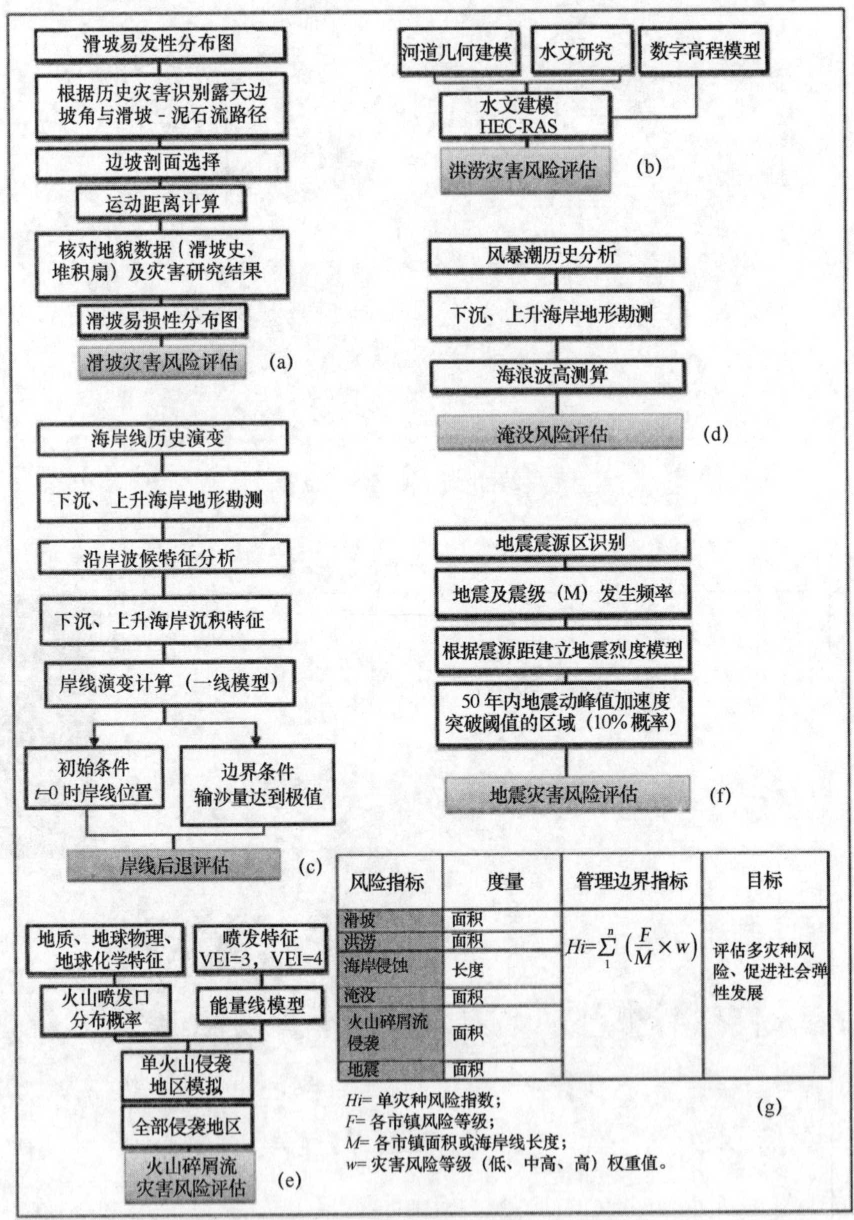

图 4-4　伊斯基亚岛自然灾害风险评估流程示意图

（a）滑坡灾害；（b）洪涝灾害；（c）海岸侵蚀灾害；（d）风暴潮淹没灾害；（e）火山灾害；（f）地震灾害；（g）灾害指标汇总（数据引用源参见正文）

滑坡和泥石流冲击会对火山活动形成的熔结火山岩和火山碎屑岩产生影响。埃波梅

① Goodchild，M. F.，2011. Scale in GIS：an overview. Geomorphology 130（1-2）：5-9.

奥火山复苏导致的地表垂直移动，被认为是导致伊斯基亚岛边坡失稳崩塌的主要原因①。

近年来，一些学者的研究结果指出，伊斯基亚岛的地下形态（小丘）与海岸周边大量巨型岩块的存在证实伊斯基亚岛曾发生过海底滑坡②。对研究区域历史灾害事件的准确认识具有至关重要的意义，因为它们极可能触发次生灾害，例如海啸。

受极端灾害事件和海滩侵蚀影响，伊斯基亚岛还面临着洪涝灾害与海水倒灌威胁。在此，需特别注意的是两类可能引发海啸的不常见灾害事件——火山爆发与火山-构造地震。事实上，意大利南部亚平宁山脉为极度活跃的地震源，过去 1 000 年中，由板块运动引发的地震活动相当频繁。

4.3.1　滑坡灾害

伊斯基亚岛的地质和地形决定了区域内极易发生滑坡灾害。从公元前 4 世纪至 2010 年，有记录的滑坡灾害达 288 例③。滑坡类型主要为泥石流（55%）和滚石（23%）④。前者涉及火山碎屑沉积，主要发生于峡谷和溪流附近山坡，后者多发生于沿海地区的悬崖（22%）或断层崖（11%），滑坡物质通常为熔结凝灰岩和熔岩。流动型滑坡尽管发生频率较低（7%），但由于其高流动性，往往会对人类社会造成更大的伤害与损失⑤。

伊斯基亚岛滑坡灾害危险性评价主要由坎帕尼亚西北部流域管理局水文地貌调查计划工作小组（2010）⑥ 负责进行。工作小组对伊斯基亚岛滑坡灾害危险性评价的方法主要基于图像判读、已公布滑坡记录与历史文献，并通过大量的实地调查加以验证。目前所有的这些数据在意大利滑坡编录（Italian Landslide Inventory）项目网站上定期更新，数据时间跨度为 1950 年至今。由于缺乏精确的灾害复发时间，滑坡灾害危险性评价只能通过灾害发生的空间概率加以定义。本研究所采用的数据主要来源于坎帕尼亚西北部流域管理局数据库，据此对滑坡灾害区大致轮廓进行描绘。下一个关键步骤为绘制滑坡

---

① de Vita, S., Sansivero, F., Orsi, G., Marotta, E., Piochi, M., 2011. Volcanological and structural evolution of the ischia resurgent caldera (Italy) over the past 10 ky. Special Paper of the Geological Society of America 464: 193-239.

② de Alteriis, G., Violante, C., 2009. Catastrophic landslides off Ischia volcanic island (Italy) during pre-history. In: Violante, C. (Ed.), Geohazard in Rocky Coastal Areas. The Geological Society, London, Special Publication 322, pp. 73-104.

③ Di Martire, D., De Rosa, M., Pesce, V., Santangelo, M. A., Calcaterra, D., 2012. Landslide hazard and land management in high-density urban areas of Campania region, Italy. Nat. Hazards Earth Syst. Sci. 12, 905-926.

④ Della Seta, M., Marotta, E., Orsi, G., de Vita, S., Sansivero, F., Fredi, P., 2012. Slope instability induced by volcano-tectonics as an additional source of hazard in active volcanic areas: the case of ischia island (Italy). Bull. Volcanol. 74, 79-106.

⑤ Santo, A., Di Crescenzo, G., Del Prete, S., Di Iorio, L., 2012. The ischia island flash flood of November 2009 (Italy): phenomenon analysis and flood hazard. Phys. Chem. Earth 49, 3-17.

⑥ Working Group of Hydrological Setting Plan of Basin Authority of North-western Campania, 2010o. Guidelines for the study of rock slopes.

及流动型滑坡灾害分布图（图4-4a）。卡尔卡泰拉等（2013）[①] 将此程序细分为两个步骤，分别为确定滑坡滑动面的空间位置与确定滑坡危险区、易发区（图4-5a）。

由于管辖区内潜在不稳定斜坡的数量众多，注明了坎帕尼亚西北部流域管理局对滚石滑坡易发区进行结构化分析评价并不现实。因此，为对滚石滑坡危险区进行准确判定，工作组主要采用地貌法与海边悬崖滑坡分析结果相结合，并进行最终分析预测（坎帕尼亚西北部海岸防御设置规划工作组，2006）。坎帕尼亚西北部流域管理局利用辅助性电子设备勾勒得到滑坡灾害区，并将其大概面积应用于公式（4-1）以计算市镇滑坡灾害风险指数（图4-5a）。

4.3.2 洪涝灾害

坎帕尼亚西北部流域管理局水文地貌调查计划工作小组同样对暴露于洪水灾害隐患的危险区（图4-5b）进行了识别并绘制于灾害图中，于2002年予以发布，并于2010年更新。学者们根据水道内洪水传播的水力模型（图4-3b）进行了一维稳定运动模拟。

为利用计算代码模拟绘制洪涝水道，我们必须同时参照地形资料（地理坐标、海拔、粗糙度）和水文资料（流速、最大洪水复发率）。洪涝灾害模拟主要采用的计算代码为HEC-RAS（水文工程中心——河流分析系统）。本章公式（4-1）主要采用洪涝淹没区来计算各市镇的洪涝灾害风险指数。

部分地区因植被和废弃物存在导致河道断面减小，从而面临洪涝灾害隐患，受沿斜坡倾泻洪水影响的深水渠道和河床也被纳入灾害危险性评价范畴以界定洪涝灾害风险指数。

应用公式（4-1）来计算河床与深水渠道网络对各市镇风险指数时，我们将洪涝灾害与河流水系风险指数的总和界定为洪涝灾害风险指数。

4.3.3 海岸灾害

海岸灾害如海岸侵蚀和海水倒灌等是海岸带自然过程作用产生的结果，海岸带是内陆环境到海洋环境的过渡区。库科和德皮波（1988）[②] 经研究指出，在经历数个世纪的自然力作用后，坎帕尼亚海岸目前开始呈现严重的侵蚀后退趋势。受到侵蚀作用的区域包括伊斯基亚岛的悬崖和平原海岸，前者往往随侵蚀作用发生大规模运动，而后者在自然过程作用下呈过渡环境特征。人类活动对伊斯基亚岛海滩演变产生的显著影响始于20世纪50年代。

---

① Calcaterra，D.，Parise，M.，Palma，B.，2003. Combining historical and geological data for the assessment of the landslide hazard：a case study from Campania，Italy. Natural Hazards and Earth System Sciences 3（1-2）：3-16.

② Cocco，E.，De Pippo，T.，1988. Tendenze evolutive e dinamiche delle spiagge Della Campania e Della Lucania. Mem. Societa Geologica Italiana 41：195-204.

城市范围不断扩大，人工防御建筑的构筑造成伊斯基亚岛多处岸线不同程度的蚀退[①]。坎帕尼亚西北部海岸防御设置规划工作组（2006）针对岛上的马隆蒂、蓬塔莫丽娜—圣彼得洛、巴格尼蒂洛、圣蒙塔诺、希塔拉等多处海滩进行了详细的海岸线变化机理分析。工作组利用海滩计划计算代码（HR Wallingford）建立数学模型来预测未来10年中海岸线后退程度，从而预测将由此消失的海滩面积。

本章以海岸防御设置规划工作组2006年发布的调查数据为基础，对砂质海岸（图4-5c）的侵蚀灾害风险指数进行了风险等级评价。此外，未对侵蚀灾害风险指数进行计算，研究组还统计了各市镇的海岸线长度。

悬崖侵蚀演变引发的严重灾害则纳入滑坡灾害区范畴进行计算处理。

靠近海岸线的低洼地区也存在因极端天气事件而被淹没的可能。坎帕尼亚西北部海岸防御设置规划工作组（2006）同样对低洼地区的危险等级进行了评价（图4-3d）。假设极端天气事件仅对滨海平原构成威胁，则极端天气事件作用下，各市镇的淹没风险指数（图4-5d）同样通过公式（4-1）进行计算。

4.3.4　火山灾害

伊斯基亚岛位于大型火山机构的顶部，岛屿中部拥有部分小型活火山[②]。史上数次火山爆发、遍布的火山喷气口与温泉、地震活动（如1883年的卡萨米乔拉地震），均意味着伊斯基亚岛上仍存有数座活火山。

目前，伊斯基亚岛有关火山灾害的信息仅有火山碎屑流与火山爆发指数分布图[③]。最近，德威塔等（2011）[④] 复原了伊斯基亚岛过去1万年的火山活动，并指出火山喷发主要发生于过去5 000年，而在过去3 000年最为密集，且火山活动静止期与火山喷发特征之间未发现明显联系。小规模的爆发式流溢喷发产生了大量喷发产物。

对于火山灾害风险指数评价，本章利用了阿尔巴里克等（2008）[⑤] 发布的火山碎屑流灾害分布图（图4-3e），该分布图编制主要基于火山喷发口分布及火山碎屑流侵袭的空间频率。火山喷发口分布的量化主要通过对区域地图进行网格剖分，每个单元面积0.5千米×0.5千米，随后对单元内的地质学指标（断层、火山喷气口、热液源位置）、地球物理学指标（地震方位、布格重力异常）、地球化学指标（氡排放）进行量化。每

① Cocco, E., Iuliano, S., 2002. Primi risultati delle ricerche sui sistemi costieri Italiani (prin 1998): casi studio lungo le coste dell'isola d'ischia (Campania). Mem. Societa Geologica Italiana 57: 509-515.

② Carlino, S., 2012. The process of resurgence for Ischia island (Southern Italy) since 55 ka: the laccolith model and implications for eruption forecasting. Bulletin of Volcanology 74: 947-961.

③ Alberico, I., Lirer, L., Petrosino, P., Scandone, R., 2008. Volcanic hazard and risk assessment from pyroclastic flows at Ischia island (Southern Italy). Journal of Volcanology & Geothermal Research171: 118-136.

④ de Vita, S., Sansivero, F., Orsi, G., Marotta, E., Piochi, M., 2011. Volcanological and structural evolution of the ischia resurgent caldera (Italy) over the past 10 ky. Special Paper of the Geological Society of America 464: 193-239.

⑤ Alberico, I., Lirer, L., Petrosino, P., Scandone, R., 2008. Volcanic hazard and risk assessment from pyroclastic flows at Ischia island (Southern Italy). Journal of Volcanology & Geothermal Research171: 118-136.

个单元内都运用能量线模型进行爆炸事件模拟，记录所有可能存在火山喷发口的地区，并根据其火山喷发概率进行权重赋值。所有加权地区交集会形成不同模式的火山碎屑流侵袭，由其造成的火山灾害可归纳为 3 种类型，并共同利用于公式（4-1）以进行各市镇火山灾害危险性系数计算（图 4-5e）。

4.3.5 地震灾害

伊斯基亚岛因位于最活跃的火山地区，地震成因极其复杂。除了火山活动引起的典型火山地震外，地震灾害还与区域应力紧密相关。从 1228—1883 年，伊斯基亚岛共发生 12 起地震事件，最大地震烈度达到（M-C-S12 度烈度表）6~9 度。期间破坏性最为强烈的为发生于 1883 年的卡萨米乔拉地震，这场地震造成卡萨米乔拉镇 2 333 人死亡，762 人受伤，拉科阿梅诺和佛里欧的多处房屋倒塌[①]。这一灾难性地震事件发生后，除 20 世纪初极发生过极少数地震活动，伊斯基亚岛只偶尔出现些微震动[②]。

伊斯基亚岛的地震灾害数据来源于格鲁珀于 2004 年发布的意大利全国地震灾害分布图。坎帕尼亚地区依据该分布图对区内领土进行了灾害等级划分。本章以这些数据为基础，对伊斯基亚岛的地震灾害风险指数进行了计算（图 4-4f）。该分布图（图 4-5f）呈现了未来 50 年内可能突破地震动峰值加速度阈值的区域，而伊斯基亚岛的地震动峰值加速度区间为 0. 125~0. 175 克。伊斯基亚岛的地震动峰值加速度属于同一范畴，因而面临的地震灾害风险属同一等级。

4.4 多灾种耦合风险评价

伊斯基亚岛的自然事件作为威胁当地居民生命和资产安全的主要灾害源头，在 1957 年之后发生频率逐渐增高。1936—1957 年，伊斯基亚岛的自然灾害数量增长约 15%，而 1957—1984 年，该数值达到峰值——约为 60%，1984 年之后，自然灾害数量增幅再次缩减为 15%。[③] 只有当人们充分意识到灾害会危及自身居住的家园时，才有可能降低灾害事件对本地区的负面影响。

① Cubellis, E., Carlino, S., Iannuzzi, R., Luongo, G., Obrizzo, F., 2004. Management of historical seismic data using GIS: the island of Ischia (Southern Italy). Natural Hazards 33: 379-393.

② De Natale, G., Pinto, S., Troise, C., D´Alessandro, G., Tammaro, U., 1998. Ischia: seismic surveillance.

③ Alberico, I., Petrosino, P., 2014. The meaning of spatial analysis and mapping for volcanic hazard assessment and their role for territorial system management: a case study at ischia island (southern Italy). J. Maps 10 (2): 238-248.

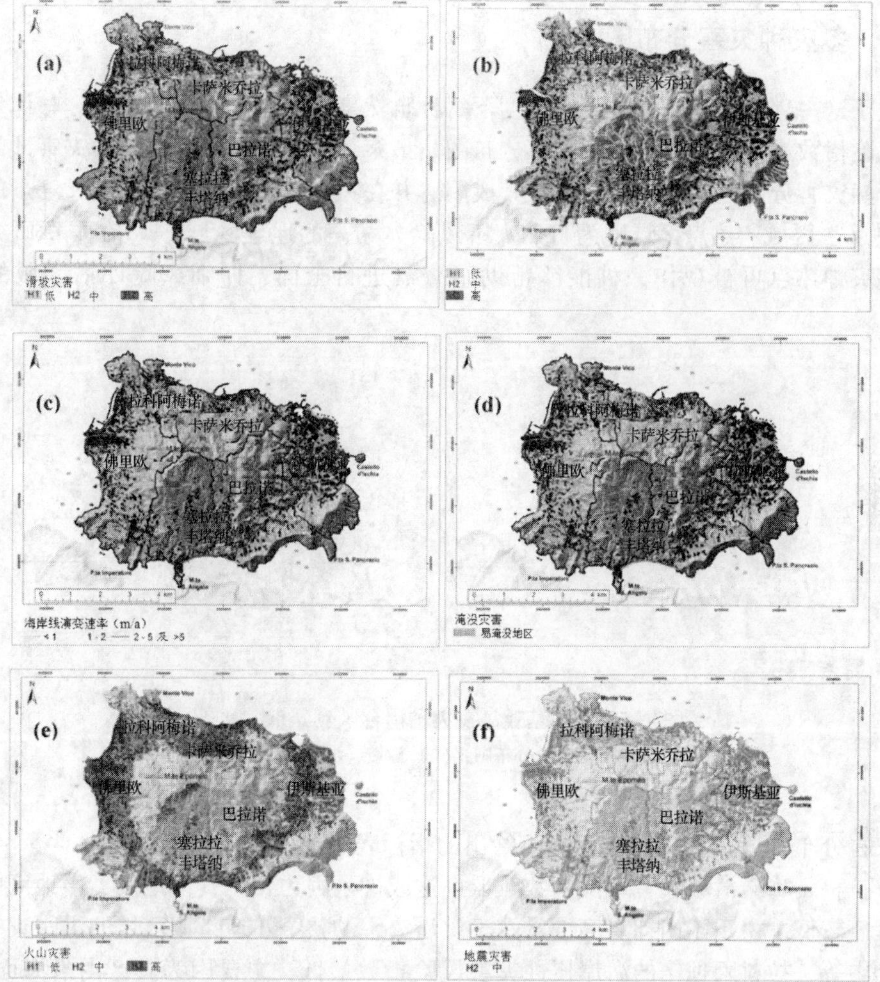

图 4-5　伊斯基亚岛灾害分布

注：滑坡分布图（a）和洪涝分布图（b）改编自坎帕尼亚西北部流域管理局水文地貌调查计划工作小组(2010)①；海岸侵蚀分布图和沿海易淹没地区分布图改编自坎帕尼亚西北部海岸防御设置规划工作组（2006)②；

火山灾害分布图（e）改编自埃尔贝里克等（2008)③；地震灾害分布图（f）改编自格鲁珀等（2004)④

---

① Working Group of Hydrological Setting Plan of Basin Authority of North-western Campania, 2010o. Guidelines for the study of rock slopes.

② Working Group of Coastal Defense Setting Plan of Basin Authority of North-western Campania, 2006t. Geological and sedimentological report.

③ Alberico, I., Lirer, L., Petrosino, P., Scandone, R., 2008. Volcanic hazard and risk assessment from pyroclastic flows at Ischia island (Southern Italy). Journal of Volcanology & Geothermal Research171: 118-136.

④ Gruppo di Lavoro, 2004. http://it. bing. com/search? q=zonazione%20sismogenetica%20ZS9%20%20INGV%2c%202004) &FORM=NP06LB&PC=NP06&QS=n.

4.4.1 多灾种灾害分布图

基于这一理念，本研究对区域尺度下每种自然事件的单灾种风险指数、整体多灾种耦合风险指数进行量化并绘制了灾害分布图。最终，我们绘制了各市镇的灾害地图，以反映自然灾害分布范围、危害程度及其成因。并在灾害地图中识别出街区尺度下的多灾种“热点”区域。热点区域即为自然灾害风险尤为高的地理区域①②。在本章研究框架中，多灾种热点可被视作一种能够帮助筛查需进行全面、详细风险评估区域的有效工具。

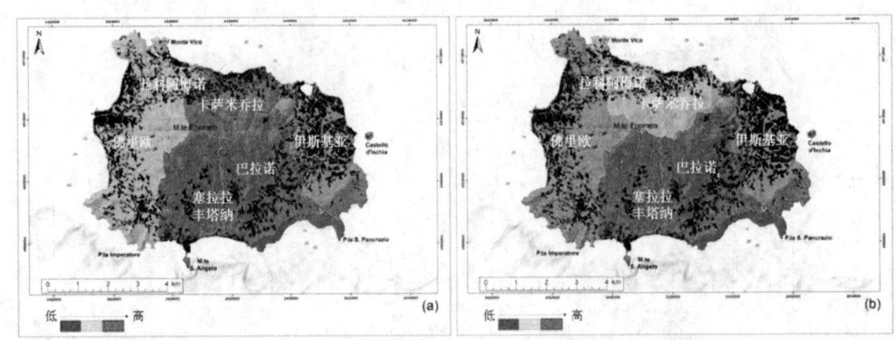

图 4-6 伊斯基亚岛多灾种耦合风险分布示意图

（a）所有自然灾害风险分布图；（b）滑坡、洪涝和海岸灾害分布图

灾害分布图（图 4-6）与表 4-1 给出的指标表明：

• 拉科阿梅诺滑坡灾害风险指数较低，这或许是因为相比其他地区，该地区的滑坡灾害程度较低。由于区内拥有高度暴露于洪涝灾害的狭窄水道，该区域的洪水灾害风险指数为中等。拉科阿梅诺的海岸侵蚀灾害风险指数最低，主要因为其区内沿海面积小，且侵蚀程度属中等水平。但拉科阿梅诺的火山灾害风险指数极高，事实上，区内近80%的领土都属于高风险等级。

• 卡萨米乔拉的一大特点为高滑坡灾害指数，由于地处埃波梅奥火山北翼，区内近70%的领土属于不稳定斜坡。该镇洪涝灾害指数也极高，因为从埃波梅奥火山的坡脚至沿海地带，均为洪水灾害区，且区内水系发达，随时可能突然决堤。由于区内平原广阔，且火山碎屑流指数极高，卡萨米乔拉拥有极高的火山灾害指数，这意味着该区火山灾害风险等级极高。

• 伊斯基亚具有中等滑坡灾害指数和较低的洪涝灾害指数。除蒙塔涅山的东北部斜

① Dilley, M., Chen, R.S., Deichmann, U., Lerner-Lam, A.L., Arnold, M., Agwe, J., Buys, P., Kjevstad, O., Lyon, B., Yetman, G., 2005. Natural disaster hotspots: a global risk analysis. Disaster risk management series 5. World Bank.

② Arnold, M.I., Chen, R.S., Deichmann, U., Dilly, M., Lerner-Lam, A.L., Pullen, R.E., Trohanis, Z., 2006. Natural disaster risk hotspots case studies. disaster risk management series 6. World Bank.

坡外，仅南部个别地区可能发生山体滑坡。洪水灾害指数值较低是因为流域仅有极少数河段会突然发生水灾。因区内滨海平原侵蚀趋势缓慢，海岸侵蚀灾害指数同样较低。因火山碎屑流指数较高，因此区内大部分领土属于中度火山灾害区。

- 巴拉诺因北部区域和沿海岸峭壁一带地区均属于滑坡灾害区，滑坡灾害风险指数较高。区内的河流水系较易发生水灾，因而洪水灾害指数为中等。巴拉诺区内的全部滨海平原相对易受侵蚀和海水倒灌等事件影响，因而沿海灾害风险指数处于中等水平。由于火山碎屑流指数较高，巴拉诺镇的火山灾害风险指数较高，事实上该区地处火山灾害核心区的外围。
- 塞拉拉丰塔纳因区内极度发达的河流水系，极其发生水灾，因而滑坡灾害及洪水灾害风险指数均较高。海岸侵蚀灾害指数也相对较高，因为区内唯一的滨海平原呈现高度侵蚀趋势。庆幸的是由于区内大部分街区避开了火山碎屑流灾害区，火山灾害指数属于中等水平。
- 佛里欧的滑坡灾害指数属中高度水平。事实上，区内可能遭受滑坡灾害的区域包括埃波梅奥火山西部侧翼和峭壁，但相对于塞拉拉丰塔纳，佛里欧的滑坡受灾区占地区总面积比例较小。佛里欧区内仅一片靠近历史聚居中心的区域可能遭受洪涝灾害，因此洪涝灾害风险指数较低。海岸侵蚀灾害指数处于中等水平，因为区内数处滨海平原呈轻度或中度侵蚀趋势，只有两处狭窄海滩呈现重度侵蚀趋势。佛里欧的火山灾害风险指数较高。事实上，从埃波梅奥火山的坡脚至沿海一带均属于极易受火山碎屑流覆盖的高风险地区。

4.4.2　多灾种热点区域

过去 10 年间，佛里欧镇的人口数量与城市化程度均显著增加，因而本研究主要以其为对象进行多灾种热点区域研究。事实上，灾害热点更应被用于筛查需对暴露度与脆弱性进行详细调查的区域，从而评价其自然灾害风险水平。通过对单一灾害事件危险性指标（图 4-7a）进行布尔映射所得到的灾害热点分布图，可以直观地呈现所有高度暴露于自然灾害的区域。佛里欧西部地区均暴露于地震和火山灾害。但图中的橙色狭窄区域还同时面临洪涝和海岸侵蚀灾害，这使其成为了主要的灾害热点区域。整体而言，东部地区因同时面临火山、地震和滑坡灾害风险，更容易出现灾害热点。图 4-7b 给出的细节图，同时注明了该地区的单一灾害风险程度：全区均面临中等程度的地震灾害风险与高度的火山灾害风险。此外，位于中部区域的狭长区域因同时面临着中等程度的滑坡灾害风险，区域风险程度更高。

4.5 伊斯基亚岛自然灾害和城市演化

阿尔巴里克和彼得罗西诺（2014）① 对伊斯基亚岛过去80年间的城市化地区和人口数量进行了时空分析。他们的分析数据表明，80年间伊斯基亚岛全岛范围内的城市化面积逐年增长，其中1957—1984年为高峰期，城市化面积达到60%。调查区间内，伊斯基亚岛的居民数量显著增加。60年代末居民数量最多的为拉科阿梅诺镇和伊斯基亚镇，人口增长率分别达到26%和20%。70年代多数市镇的人口增长率相当，约为15%~18%，只有佛里欧增长率相对较低，仅为5%。70年代之后，伊斯基亚镇、佛里欧镇和卡萨米乔拉镇的人口数量仍维持高速增。阿尔巴里克和彼得罗西诺对居民人数的统计为最低估计值，因为每年夏天前来伊斯基亚岛游玩的游客数量可达岛上定居人口数量的3倍。

同时，阿尔巴里克和彼得罗西诺将伊斯基亚岛火山灾害等级与城市扩张数据进行了交叉分析，这一分析结果使评价城市扩张与火山灾害之间的关系成为可能。高火山灾害风险区域往往与地势平坦的区域大面积吻合，因平坦低地更可能受到火山碎屑流的覆盖。与此同时，地势平坦的区域也是最适合进行城市化扩张的区域。因此，在过去的80年间，伊斯基亚岛的城市扩张整体呈现向具有中、高度风险的火山灾害区发展的趋势。

本章遵循同样的步骤来对伊斯基亚岛的城市面积演化与洪涝灾害（图4-8）、滑坡灾害（图4-9）之间的关系进行分析。市区主要分布于具有中等程度洪涝风险的洪涝灾害区域（图4-10a）。由于海岸侵蚀和洪涝灾害危及的范围极为有限，因而本章未对这两种自然灾害与城市扩张之间的关系展开研究。经研究证实，1984年之前，佛里欧镇的城市面积持续向中等程度风险的灾害区——蒙特罗尼区扩张，而卡萨米乔拉镇则沿着河流水系往高风险灾害区——科勒依托（Colle Ietto）和蒙特次托（Monte Cito）扩张。1984年之后，拉科阿梅诺镇和巴拉诺在中等风险灾害区的城市扩张增长率达到20%以上。在过去的几十年中，塞拉拉丰塔纳的城市沿着河道向埃波梅奥山南翼低风险灾害区进行大规模扩张（图4-11a）。

就滑坡灾害与城市面积演化的关系来看（图4-9），目前城市在不同风险等级的灾害区内呈不均匀分布（图4-10b）。研究过程中可以发现，1936—2004年伊斯基亚镇始终保持扩张趋势，主要向高风险灾害区范围进行了扩张。巴拉诺的面积增长主要集中于1936—1957年，向远离单成火山的平坦地区进行扩张，因而巴拉诺的滑坡灾害风险指数相对较低（图4-11b）。

图4-12对各市镇在3个时间跨度内的针对不同灾害事件作用下的不同风险度灾害区内的面积扩张比例。此外，用不同形状的箭头对各市镇在每个时间跨度内的城市面积

---

① Alberico, I., Petrosino, P., 2014. The meaning of spatial analysis and mapping for volcanic hazard assessment and their role for territorial system management: a case study at ischia island (southern Italy). J. Maps 10 (2): 238-248.

表 4-1　伊斯基亚岛自然灾害风险指数

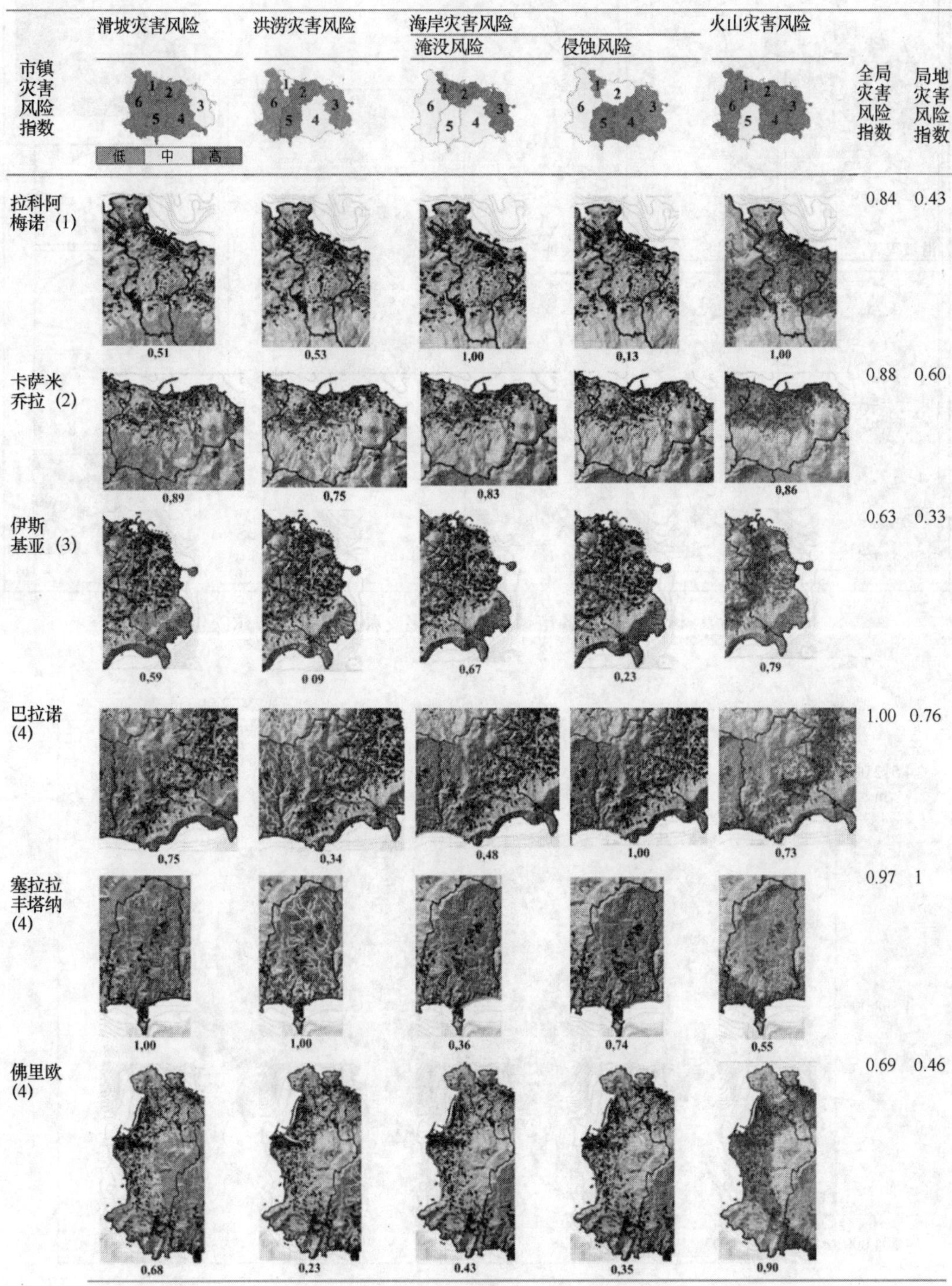

市镇灾害风险指数	滑坡灾害风险	洪涝灾害风险	海岸灾害风险：淹没风险	海岸灾害风险：侵蚀风险	火山灾害风险	全局灾害风险指数	局地灾害风险指数
拉科阿梅诺（1）	0,51	0,53	1,00	0,13	1,00	0.84	0.43
卡萨米乔拉（2）	0,89	0,75	0,83		0,86	0.88	0.60
伊斯基亚（3）	0,59	0 09	0,67	0,23	0,79	0.63	0.33
巴拉诺(4)	0,75	0,34	0,48	1,00	0,73	1.00	0.76
塞拉拉丰塔纳(4)	1,00	1,00	0,36	0,74	0,55	0.97	1
佛里欧(4)	0,68	0,23	0,43	0,35	0,90	0.69	0.46

注：局地灾害风险包括滑坡、洪涝和海岸侵蚀风险，全局灾害风险还包括火山和淹没风险。由于伊斯基亚岛全岛范围内地震灾害风险指数处于相同水平，因此本表并未将地震灾害风险值计算在内。

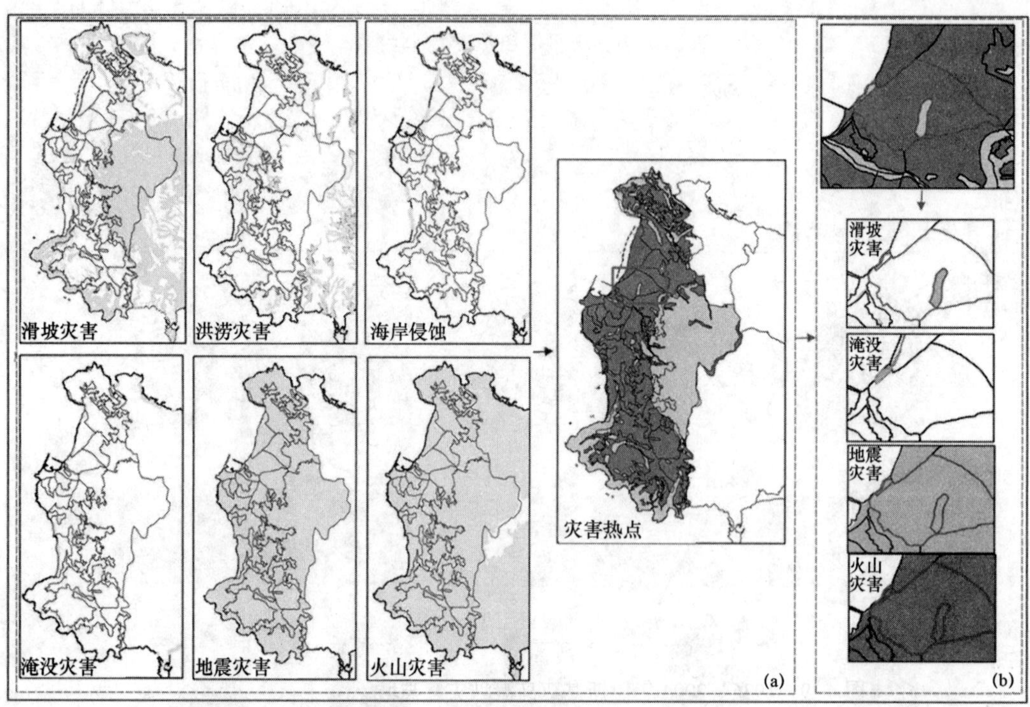

图 4-7 伊斯基亚岛各市镇单灾种及多灾种风险热点布尔映射

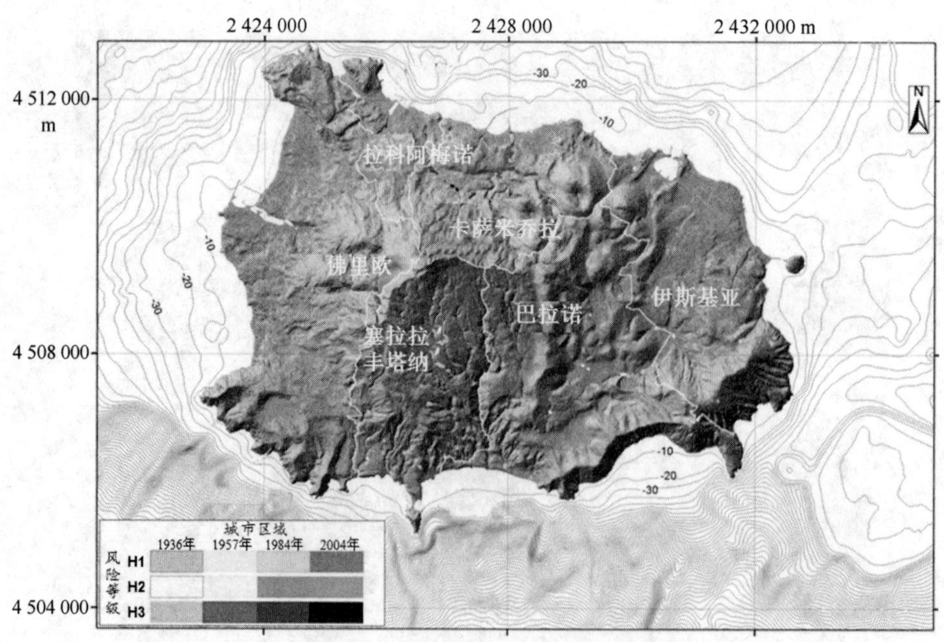

图 4-8 1936—2004 年伊斯基亚岛洪涝灾害与城市演变叠加示意图

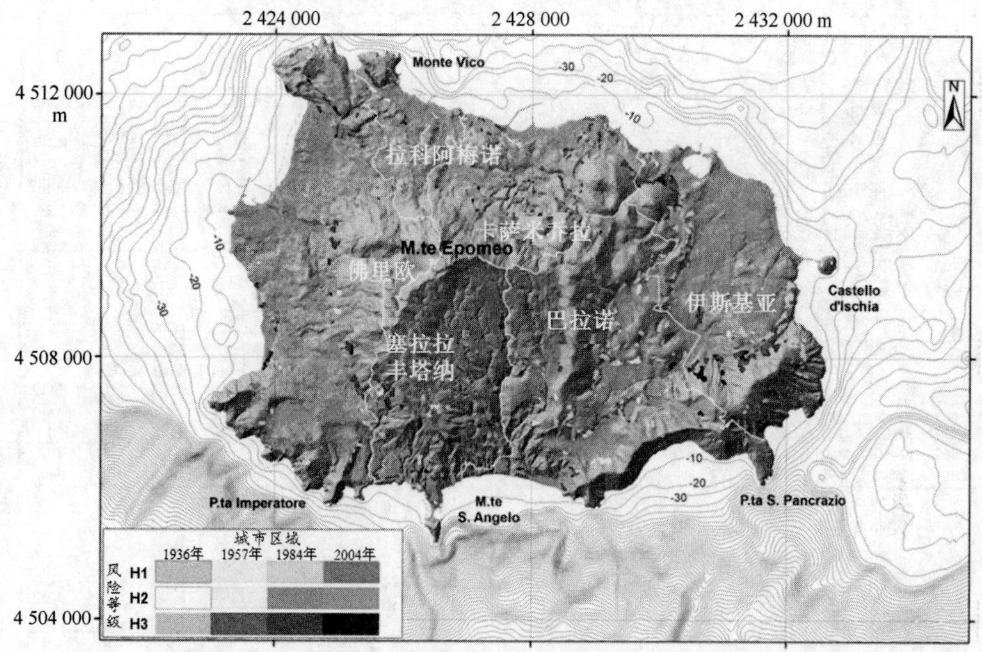

图4-9　1936—2004年伊斯基亚岛滑坡灾害与城市演变叠加示意图

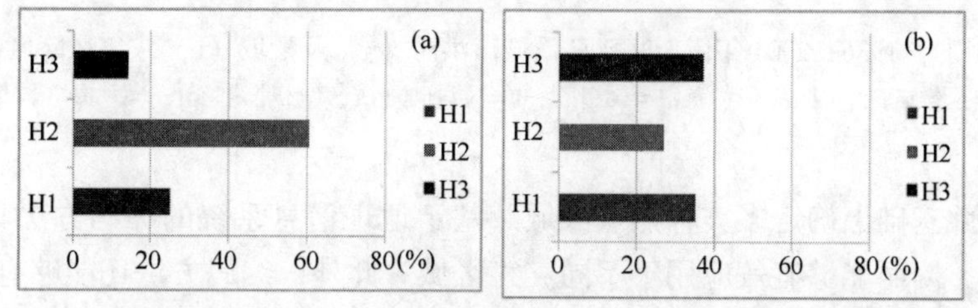

图4-10　2004年伊斯基亚岛滑坡（a）及洪涝（b）灾害风险区内城市面积占比

扩张趋势进行简单示意说明。在此基础上形成的54个案例中，33个出现向灾害风险区扩张的趋势，只有9个城市趋势有所减缓。从整体来看，各市镇的城市面积扩张速率从1957年开始增长，其中33个案例中有13例的扩张速率在1957—1984年间达到峰值。除滑坡灾害之外，近年来各市镇面积在其他灾害风险区内基本呈均匀分布状态。

4.6　讨论

本章简单介绍了一种能够有效加强优先干预、降低自然灾害影响的方法。本章以意大利南部那不勒斯湾西北区伊斯基亚岛为研究案例，对该方法进行了实证研究，因为伊斯基亚岛上的各地区暴露于不同类型的自然灾害，更能验证该方法的实用性。本研究将岛内所有暴露地区根据单灾种危险性和多灾种耦合风险指数之和进行区域灾害风险等级

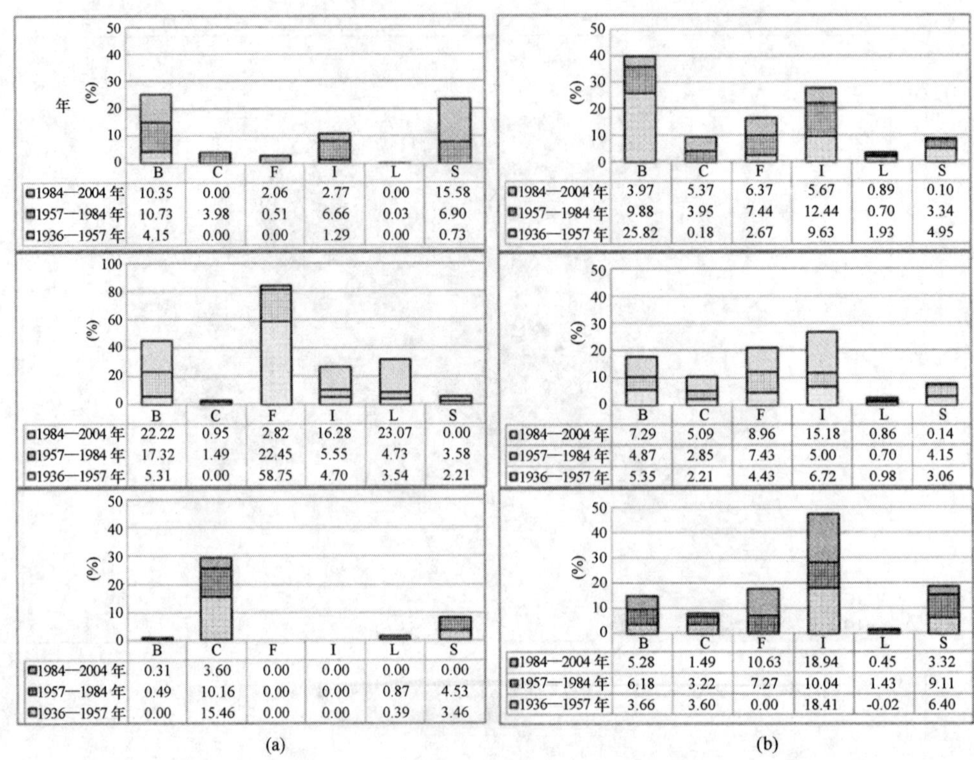

(a)

	B	C	F	I	L	S
1984—2004 年	10.35	0.00	2.06	2.77	0.00	15.58
1957—1984 年	10.73	3.98	0.51	6.66	0.03	6.90
1936—1957 年	4.15	0.00	0.00	1.29	0.00	0.73

	B	C	F	I	L	S
1984—2004 年	22.22	0.95	2.82	16.28	23.07	0.00
1957—1984 年	17.32	1.49	22.45	5.55	4.73	3.58
1936—1957 年	5.31	0.00	58.75	4.70	3.54	2.21

	B	C	F	I	L	S
1984—2004 年	0.31	3.60	0.00	0.00	0.00	0.00
1957—1984 年	0.49	10.16	0.00	0.00	0.87	4.53
1936—1957 年	0.00	15.46	0.00	0.00	0.39	3.46

(b)

	B	C	F	I	L	S
1984—2004 年	3.97	5.37	6.37	5.67	0.89	0.10
1957—1984 年	9.88	3.95	7.44	12.44	0.70	3.34
1936—1957 年	25.82	0.18	2.67	9.63	1.93	4.95

	B	C	F	I	L	S
1984—2004 年	7.29	5.09	8.96	15.18	0.86	0.14
1957—1984 年	4.87	2.85	7.43	5.00	0.70	4.15
1936—1957 年	5.35	2.21	4.43	6.72	0.98	3.06

	B	C	F	I	L	S
1984—2004 年	5.28	1.49	10.63	18.94	0.45	3.32
1957—1984 年	6.18	3.22	7.27	10.04	1.43	9.11
1936—1957 年	3.66	3.60	0.00	18.41	-0.02	6.40

图 4-11 1936—2004 年伊斯基亚岛设城市洪涝（a）及滑坡（b）灾害风险区占比

B=巴拉诺；C=卡萨米乔拉；F=佛里欧；L=拉科阿梅诺；I=伊斯基亚；S=塞拉拉丰塔纳

划分，并在此基础上确定多灾种热点区域。基于地理信息系统的编码方法具有易操作、灵活的特点，因而能够有效应用于不同灾害区域。此外，编码方法还能够有效地将伊斯基亚岛面临的自然和人为灾害进行汇总叠加。多灾种风险指数并非一个绝对值，而是作为一个相对指标来体现各地区对潜在灾害事件的敏感度，从而作为风险源分布图绘制（见图 4-1）的重要参考指标，此外，多灾种风险性指数能够间接反映出地区内的领地形态和地质特征。

伊斯基亚岛的所有市镇中，塞拉拉丰塔纳镇、巴拉诺镇和卡萨米乔拉镇的自然灾害暴露程度最高。从分析数据来看，在 5 种灾害事件中，这几个市镇至少有 3 种灾害的风险指数值达到最高。滑坡和洪涝灾害风险指数最高的市镇为塞拉拉丰塔纳，而海岸侵蚀风险指数最高的市镇为巴拉诺。但与此同时，巴拉诺也是过去数十年中城市扩张最为剧烈的市镇。管理者应从地方政府层面优先对这两个市镇施加干预，推进将降低灾害风险纳入城市空间规划之中。城市空间规划将直接影响区域内长期土地利用模式。与此同时，城市空间规划能够通过调节未来的空间利用趋势，成为减少区域灾害风险的重要工具。合理进行土地利用配置可以减少甚至杜绝区域的自然灾害暴露度，从而免于进行伊斯基亚岛各地区亟需的、基于多种自然灾害共同作用的多灾种风险评价。尽管不能直接

灾害	市镇	风险等级	时间窗			城市发展趋势 1936—2004 年
			1963—1957 年	1957—1984 年	1984—2004 年	
滑坡	巴拉诺	低	2.5	10.0	3.9	←
		中	5.3	4.9	7	↘↗
		高	3.6	6.2	5.3	↗↘
	卡萨米乔拉	低	0.2	3.9	5.3	→
		中	0.2	2.8	5	→
		高	3.6	3.2	1.5	←
	佛里欧	低	2.7	7.5	6.3	↗↘
		中	4.4	7.4	8.9	→
		高	—	7.3	10	→
	伊斯基亚	低	9.6	12.4	5.6	↗↘
		中	6.7	5	15.2	↘↗
		高	18.4	10	18.2	↗↘
	拉科阿梅诺	低	1.9	0.7	0.8	←
		中	0.9	0.7	0.8	—
		高	0.02	1.4	0.4	↗↘
	塞拉拉丰塔纳	低	4.9	3.3	0.1	←
		中	3.0	4.1	0.1	↗↘
		高	6.4	9.1	3.3	↗↘
洪涝	巴拉诺	低	4.1	10.7	10.3	→
		中	5.3	17.3	22.2	→
		高	—	0.5	0.3	—
	卡萨米乔拉	低	—	3.9	—	
		中	—	1.5	0.9	←
		高	15.4	10.1	3.6	←
	佛里欧	低	—	0.5	2.1	→
		中	58.7	22.4	2.8	←
		高	—	—	—	
	伊斯基亚	低	1.3	6.6	2.7	↗↘
		中	4.7	5.5	16.2	→
		高	—	—	—	
	拉科阿梅诺	低	—	0.03	—	—
		中	3.5	4.7	23.0	→
		高	0.4	0.9	—	—
	塞拉拉丰塔纳	低	0.7	6.9	15.6	→
		中	2.2	3.6	—	→
		高	3.5	4.5	—	→
火山	巴拉诺	低	0.37	0.53	2.17	→
		中	8.8	10.3	7.94	↗↘
		高	4.14	7.00	5.38	↗↘
	卡萨米乔拉	低	—	—	—	
		中	0.35	1.64	4	→
		高	11.44	7.38	9.75	↘↗
	佛里欧	低	0.16	0.44	1.47	→
		中	6.04	8.16	11.46	→
		高	19.4	22.2	14.6	↗↘
	伊斯基亚	低	2.76	1.86	1.23	←
		中	25.66	14.16	12.91	←
		高	6.99	14.33	18.16	→
	拉科阿梅诺	低	—	0.18	0.22	→
		中	0.71	0.76	2.03	→
		高	7.61	3.19	4.09	↘↗
	塞拉拉丰塔纳	低	2.64	3.25	1.6	↗↘
		中	0.75	1.06	1.37	→
		高	2.08	3.48	1.63	↗↘

≤1	1<n≤3	3<n≤7	7<n≤10	10<n≤20	>20

图 4-12　伊斯基亚岛各市镇在不同等级滑坡、洪涝及火山灾害风险区内的城市发展演变趋势

降低灾害风险，但空间规划在灾害风险降低中发挥着根本性的作用，因而，政府当局应制定出台具体的法律法规，适时将灾害风险防控战略纳入空间规划体系之中。土地主管机构（意大利主要为大区、省、市镇三级主管）应参与制定协调的环境政策，并提供专门针对自然风险防控的组织和技术准则。

精确到街区尺度的编码技术使定位多灾种热点区域成为可能，这为市镇一级的空间规划提供了重要参考依据，也为下述几个方面提供了技术支撑：

- 确定亟须遏制扩张趋势的区域，通常对应曾经发生过一种或多种灾害的地区。
- 针对可能发生的灾害影响，预测各地区的土地利用类型。针对不同的风险，每种土地利用类型都有相应的可接受风险水平。多灾种热点分布图大大降低了识别面临多种灾害威胁地区的难度，为设定这些地区的未来土地利用类型提供了巨大帮助。
- 设定特定建筑标准以防止未来遭遇重大自然灾害。例如针对易发生火山碎屑堆积的地区，需制定具体标准对建筑物屋顶承重能力加以规定。
- 明确可通过人为干预降低自然事件负面影响的地区。例如，通过人为干预降低滞洪区抗洪脆弱性。
- 合理配置资源以实施具体干预措施，降低多数濒危地区的自然灾害风险。

4.7 借鉴与启示

4.7.1 建立以灾害指标为基础的多灾种风险指标评价

为正确确立优先干预事项，合理配置资源，降低地区自然灾害风险，本研究提出了一种方法，即以灾害指标为基础，量化多灾种风险指标，从而对同一自治区内的各市镇灾害风险程度进行比较。该方法广泛适用于对自治区内的各市镇进行灾害风险程度排序，在意大利主要适用于各大区和省。事实上，长期主管区域发展规划的市政当局必须适当考虑自然灾害抵御措施，以提高暴露于各种灾害的社会的抗灾和弹性发展能力。基于市镇尺度的多灾种风险指标评价，因难以针对单一灾害进行灾害区划分而受技术方法限制。本章所采取的研究方法中，利用灾害风险指标来对多灾种风险程度进行直接度量，而多灾种热点主要用于后续筛查同时暴露于多种自然灾害的区域。

4.7.2 未来区域发展空间规划要纳入灾害风险防范内容

地区研究结果表明，塞拉拉丰塔纳、巴拉诺和卡萨米乔拉 3 个市镇的多灾种综合风险指数最高，其他市镇风险指数虽低于这 3 个市镇，但普遍高于 0.5，这凸显了在伊斯基亚岛内全面防范自然灾害的必要性。单灾种风险指数最高为塞拉拉和巴拉诺。佛里欧作为多灾种热点区域，区内多种灾害广泛发育，因此有必要对其进行综合风险评估。我们还利用空间和时间分析，对过去 80 年中危险区域的空间分布与人口演变、城市化发展进行对比。分析结果表明，该地区危险性等级处于中高水平，但其城市化进程仍不断扩张，城市发展规划并未过多考虑规避区域风险。因此，基于伊斯基亚岛的这一现状，亟须解决的一个问题是，如何将灾害风险防范纳入未来的区域发展空间规划之中。

4.7.3　灾害风险等级研判的关键是灾害指数

对伊斯基亚岛 6 个市镇的单一灾害指数进行比较，可以得到其灾害风险等级排名，并凸显对各市镇影响最为强烈的自然灾害。而利用局部多灾种耦合危险性和整体多灾种耦合风险指数对 6 个市镇的多灾种风险程度进行比较分析，能够帮助确定伊斯基亚岛短期和长期内面临的主要灾害风险。对佛里欧进行所有灾害事件的空间发生频率进行统计分析，能够筛选出街区尺度下的多灾种热点，并对灾害热点区域进行详细而全面的风险评估。

4.7.4　加强海岛社会脆弱性评价有助于增强社会抗灾能力

本研究聚焦于 20 世纪伊斯基亚岛的城市无序扩张情况，提出了相应方法以评价伊斯基亚岛的社会脆弱性，并明确能够增强社会抗灾能力的关键因素，从而使其能够有效抵御各种自然灾害及其产生的不利影响。

第 5 章　欧洲小岛屿战略环境评价研究

——以葡萄牙亚速尔群岛和苏格兰奥克尼群岛为例

随着对环境问题的深入研究，人们认识到必须从其产生根源入手才能从根本上解决环境问题。然而，对于生态破坏、资源退化和环境污染等环境问题产生根源的认识是一个渐进过程。环境评价是指对拟议中的人类重要决策和开发建设活动，可能对环境产生的物理性、化学性或生物性的作用及其造成的环境变化和对人类健康和福利的可能影响进行系统的分析和评估，并提出减少这些影响的对策措施。

目前，人们普遍认为环境问题主要产生于经济过程中的决策机制，以及经济过程中的各种社会和政治力量的运作——即制度本身。也就是说，导致环境问题的根本原因是在环境和自然资源的有效配置方面出现的制度缺陷或制度失灵。社会的结构、决策、政策、价格机制等无法促使资源达到社会最优配置状态。战略环境评价（简称战略环评）是环境影响评价在战略法规、政策、规划和计划层次上的应用，是系统、综合地评价政策、规划和计划及其替代方案环境影响的过程。战略环评被认为是第二代的环境评价，对象主要是战略，包括政府的政策、规划和计划，其目的是在政策、规划和计划的早期制定阶段，对执行这些政策计划的方案可能带来的环境影响进行充分考量，是一项系统化的综合性的程序和过程，是从源头进行环境保护、环境保护参与综合决策的重要手段①。

目前，世界上许多发达国家已经开展战略环境影响评价或正在对其评价的技术路线和管理程序进行积极的研究和探索。国内外学者对战略环境评价的概念、原则、工作程序、公众参与、评价方法、指标体系等方面进行了大量研究。美国、荷兰、加拿大、南非和中国等国家以及中国香港地区都制定了相关法律或导则，开展了实践。应该说，对于战略环评的实践及理论方法的探索已有二三十年的历史，但是对于整个学科的发展而言，基本上还处于初级阶段，多停留在定义的确定，与边界学科关系的探讨和可借鉴方法的提出等层面上，还没有建立起一套在理论技术和实践上都很完备的可以直接使用的体系②。战略环评的真正实施不仅仅需要理论体系和技术体系的支持，还需要成功案例在实践上的支持。因此，战略环评的发展空间还很大，还需要众多专家学者的不懈努力。

---

① 王会芝，徐鹤．基于制度背景下的中国战略环境评价体系建设［J］．环境科学与管理，2010（10）：168－172.

② 刘琰萍．战略环境评价指标体系研究与应用［D］．天津大学，2005.

小岛屿作为边界明确的地理单元，是帮助探索独特领土战略环评理论与实践的理想对象。小岛屿拥有独有的特征，例如面积狭小、人口稀少、地理隔绝、资源匮乏以及生态系统脆弱等。本研究以葡萄牙亚速尔群岛和苏格兰奥克尼群岛为研究对象，深入解析欧洲小岛屿地区战略环评实践和程序，对岛屿地区的战略环评进行探索性案例研究，以期为特定区域环境下的战略环评应用研究提供背景和参考。

5.1 研究背景

迄今为止，有关战略环评的研究文献多强调采取适用于特定区域环境的“定制化”环评方法的重要性。但有关如何加强和优化“定制化”战略环评实践与流程的系统化和一致性研究仍较为匮乏。部分学者指出，战略环境评价应针对特定区域环境开展①。但这种观点造成了战略环评在应用中的模糊和混乱。为突破这一困境，战略环境评价不断发展、实践中新内容层出不穷，包括将生态系统服务、弹性评价、环境演化弹性评价等纳入战略环评范畴。这些评价方法虽相对复杂，需要考虑研究区的特定区域环境，但能够为战略环评实践中的特定决策过程提供具有重要参考价值的框架。因此，在针对独特领土进行战略环境评价时，必须对其所具备的特定功能和特征进行评价和反馈②。

小岛屿是具有高度脆弱性的独特领土。小岛屿因其所具备的面积狭小、地理隔绝、经济基础薄弱、资源匮乏、生态系统脆弱、易受外部生态环境影响、人口稀少以及技术基础薄弱等特性成为近年来国际上普遍关注的对象。此外，国际社会逐步认识到岛屿系统相关决策中采取以环境可持续能力为导向的评价方法的必要性③。但有部分学者针对如何实现以环境可持续能力为导向的岛屿战略环境评价提出质疑：岛屿作为如此独特的领土，环境可持续能力似乎极难实现，同时并不存在适用的特定评价方法。波利多等(2014)④ 经研究发现，填补小岛屿环境中的战略环境评价研究空白并非不可行，关键在于如何整合影响小岛屿环境可持续能力的关键因素并对其进行评价，从而有效推动小岛屿环境可持续能力发展。影响小岛屿环境可持续能力的关键因素包括：①决策范式变化；②良好治理和社区赋权；③弹性。

小岛屿作为封闭的有边界系统，不仅是天然实验室，也是最适合探讨战略环评和环境可持续能力的可管理单元。因此，小岛屿应得到学术界以及国际机构的更多关注。波利多等提出，目前有关小岛屿的研究和文献主要着眼于小岛屿发展中国家（Small

---

① Gunn，J. H.，Noble，B. F.，2009. A conceptual basis and methodological framework for regional strategic environmental assessment（R-SEA）. Impact Assessment and Project Appraisal. 27：258-270.

② Polido，A.，João，E.，Ramos，T. B.，2014. Sustainability approaches and strategic environmental assessment in small islands：an integrative review. Ocean & Coastal Management 96：138-148.

③ Deschenes，P. J.，Chertow，M.，2004. An island approach to industrial ecology：towards sustainability in the island context. Journal of Environment Planning and Management. 47：201-217.

④ Polido，A.，João，E.，Ramos，T. B.，2014. Sustainability approaches and strategic environmental assessment in small islands：an integrative review. Ocean & Coastal Management 96：138-148.

Islands Developing States，SIDS)，而阿德里托和松田（2002)[①] 认为小岛屿在整体上拥有相似的经济和环境特征。聂维特（1992)[②] 同样提出小岛屿具有不同程度的相似性，并强调岛屿可分为3种不同类别：①作为独立国家的岛屿，如小岛屿发展中国家；②作为大陆国家自治区的岛屿，例如亚速尔群岛；③大陆国家统治下的岛屿，如苏格兰岛屿(本研究涉及的奥克尼群岛即为苏格兰主要岛屿)。

蒙太诺等（2014)[③] 提出，随着有关战略环境评价体系的研究逐渐增加，推论特定区域背景在战略环评中的重要性逐渐成为可能。现行的战略环评方法存在诸多共同点，包括：①战略环评法律依据及导则；②战略环评流程和程序框架；③战略环评审查及其对决策产生的影响。从更具体的层面来说，现行战略环评包括主要流程、评价方法及评价内容。主要流程又包括筛查、范围界定、环境评价、公众参与及后续跟进监测，评价内容包括评价技术和评价事项。现行战略环评方法共同点反映出，战略环境的良好评价需满足其内在要求，同时也取决于评价预期采取的方法类型。有一些学者经研究提出，现行战略环评实践整体表现良好，评价方法和技术也相对合理[④]。与此同时，部分学者对战略环评中的特定内容——后续跟进监测[⑤]和公众参与[⑥]等进行了深入研究。

尽管上述诸多学者对特定区域背景在战略环评中的重要意义及基于环境可持续能力的战略环评方法进行了探索，但有关如何推进小岛屿地区的战略环评及基于环境可持续能力的评价方法的综合研究较为缺乏。为帮助填补这一研究空白，本研究拟通过对小岛屿地区的战略环评实践和程序整体发展态势进行评价，判断小岛屿战略环评是否能够进一步改善。

为实现这一研究目标，本研究选取葡萄牙亚速尔群岛和苏格兰奥克尼群岛作为研究案例，并借鉴尹（2009)[⑦] 提出的研究方法对群岛地区的战略环评进行了探索性案例研究。同时，为深入理解国情对群岛地区战略环评的影响，本章对葡萄牙和苏格兰本土环境进行了比较分析和评价。研究数据收集主要通过一种定性方法——内容分析法[⑧]完

---

① Adrianto，L.，Matsuda，Y.，2002. Developing economic vulnerability indices of environmental disasters in small island regions. Environmental Impact Assessment Review，22：393-414.

② Newitt，M.，1992. Introduction. In：Hintjens，H. M.，Newitt，M. D. D.（Eds.），The Political Economy of Small Tropical Islands：The Importance of Being Small. University of Exeter Press，Exeter.

③ Montaño，M.，Oppermann，P.，Malvestio，A. C.，Souza，M. P.，2014. Current state of the sea system in Brazil：a comparative study. Journal of Environment Assessment Policy Management 16，1450022.

④ Noble，B. F.，Gunn，J.，Martin，J.，2012. Survey of currentmethods and guidance for strategic environmental assessment. Impact Assessment and Project Appraisal 30：139-147.

⑤ Morrison - Saunders，A.，Arts，J.（Eds.），Assessing Impact：Handbook of EIA and SEA Follow - Up. Earthscan，London，pp. 224-247.

⑥ van Doren，D.，Driessen，P. P. J.，Schijf，B.，Runhaar，H. A. C.，2013. Evaluating the substantive effectiveness of SEA：towards a better understanding. Environmental Impact Assessment Review 38：120-130.

⑦ Yin，R. K.，2009. Case Study Research：Design andMethods. 4th ed. SAGE Publications，Inc.，Thousand Oaks，California.

⑧ Krippendorff，K.，2003. Content Analysis：An Introduction to Its Methodology. 2nd ed. Sage Publications Inc，Thousand Oaks，California.

成。数据来源于 43 份环境评估报告，其中 7 份来自亚速尔群岛、14 份来自葡萄牙本土、5 份来自奥克尼群岛、17 份来自苏格兰本土。为确保分析结果有效性，研究人员在大量比较借鉴有关战略环评体系、评价实践及评价程序的文献基础上，制定了定性内容分析框架。

本章第 5.2 节对葡萄牙和苏格兰战略环评体系特征进行了简单描述，为下一步的研究建立研究背景；第 5.3 节对研究设计，包括研究案例选择（亚速尔群岛和奥克尼群岛）、数据收集和分析过程中定性内容分析准则制定等内容进行了阐述和说明；第 5.4 节主要介绍了实证研究中得到的有关结果和结论；第 5.5 节对本章选取的两个研究案例——亚速尔群岛和奥克尼群岛的综合研究结果做了跨案例分析；最后一节重点介绍了优化小岛屿战略环评探索及实践的可行路径。

5.2　葡萄牙和苏格兰战略环评体系

葡萄牙和苏格兰的战略环评体系必须遵循欧盟战略环评指令。但与研究人员设想所不同的是，葡萄牙和苏格兰的战略环境评估体系之间存在结构性差异。2001 年 6 月 27 日，欧盟通过了战略环境评价指令，要求欧盟各成员国必须在 2004 年 7 月 21 日前实施该指令，但直至 2007 年葡萄牙才颁布第 232/2007 号法令转换成最新的欧盟指令。此外，亚速尔群岛和马德拉群岛作为葡萄牙自治区，享有特别行政区地位。因此葡萄牙政府允许自治政府通过立法议程对葡萄牙本土法令做适当调整。在此背景之下，2010 年亚速尔群岛自治政府通过第 30/2010/A 号地区法令对战略环评法令进行了修改调整①。

葡萄牙地处西经 9°10′—6°9′，北纬 36°58′—42°8′之间，位于欧洲伊比利亚半岛的西南部。东邻同处于伊比利亚半岛的西班牙，葡萄牙的西部和南部是大西洋的海岸，地形北高南低，多为山地和丘陵。北部属海洋性温带阔叶林气候，南部属亚热带地中海式气候。平均气温 1 月 7~11℃，7 月 20~26℃。年平均降水量 500~1 000 毫米。葡萄牙海岸线长 832 公里，除了欧洲大陆的领土以外，大西洋的亚速群岛和马德拉群岛也是葡萄牙领土。葡萄牙首都里斯本以西的罗卡角是欧洲大陆的最西端。

葡萄牙战略环评国家法令和地区法令主要有两处区别。地区法令第 3 条第 3 款将小区域的临界面积界定为不超过 25 公顷（0.25 平方千米）。此外，地区法令还引入了气候灾害应对计划或规划的环境影响评价，以此克服全球气候变化对地方和区域一级气候灾害应对计划或规划产生的潜在影响，并对气候变化应对适应与缓解策略进行评价与内化。

为协助葡萄牙战略环评法令的实施，葡萄牙环保管理部门——环境署（APA）和葡萄牙空间规划和城市发展总局（DGOTDU）编写了实施导则来为战略环评提供评价纲

① Polido, A., Ramos, T. B., 2015. Towards effective scoping in strategic environmental assessment. Impact Assessment and Project Appraisal 33: 171-183.

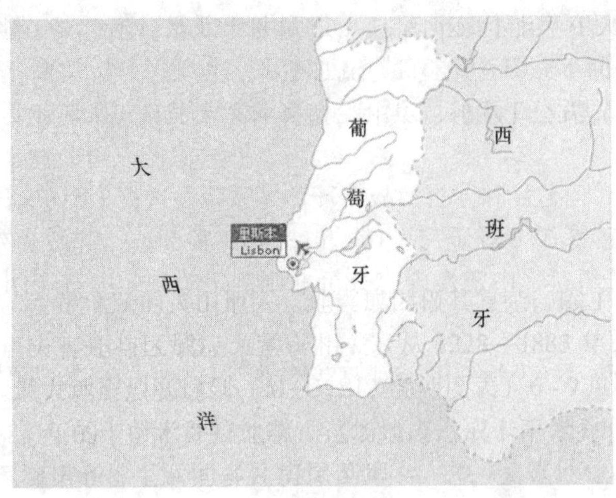

图 5-1 葡萄牙地理位置

要。APA 编写的实施导则应用范围广泛，并于 2012 年进行了修订更新[①]。DGOTDU 编写的实施导则[②]则专门用于指导区域空间规划（如城市总体规划）的战略环境评价。亚速尔群岛地区环境局将 APA 编写的战略环评实施导则引为本地区战略环评导则，这预示着亚速尔群岛的战略环评将主要受外部机构影响，而非受区域和地方机构影响。

苏格兰位于欧洲西部、不列颠岛北部，南接英格兰和爱尔兰海，东濒北海，东北与西北分别与挪威、丹麦、冰岛隔海相望，西临大西洋。南北长 441 千米，东西宽 248 千米。面积 77 169 平方千米，约占大不列颠岛面积的 1/3，若包括有人定居的岛在内，面积为 7 8772 平方千米。近海海域有设得兰群岛、奥克尼群岛、赫布里底群岛和许多小岛，西海岸多峡湾。气候温湿，因受北大西洋暖流影响，冬季较同纬度地区温和，为温带海洋性气候。

为适时实施欧盟战略环评指令，苏格兰政府于 2004 年出台第一部战略环境评价条例[③]。但苏格兰当局希望成为战略环境评价的世界“领导者”，并为此举行了数次磋商和研讨会以期进一步完善战略环境评价条例。2006 年，苏格兰《环境评价法》（2005 年）成为强制性法规，在所有地区强制执行，但并未针对不同地区/岛屿做具体调整。可以说苏格兰的战略环评发展轨迹与葡萄牙截然不同。

《环境评价法》（2005 年）进一步扩大了适用范围，不仅包括欧盟战略环评指令适

① Partidário，M. R.，2012. Strategic Environmental Assessment Better Practice Guide—Methodological Guidance for Strategic Thinking in SEA. Agência Portuguesa do Ambiente e Redes Energéticas Nacionais，Lisboa.

② DGOTDU（Direcção-Geral do Ordenamento do Território e Desenvolvimento Urbano），2008e. Environmental Assessment Guidance for Local Spatial Plans [in Portuguese]. DGOTDU，Lisbon.

③ Jackson，T.，Illsley，B.，2007. An analysis of the theoretical rationale for using strategic environmental assessment to deliver environmental justice in the light of the Scottish Environmental Assessment Act. Environmental Impact Assessment Review 27：607-623.

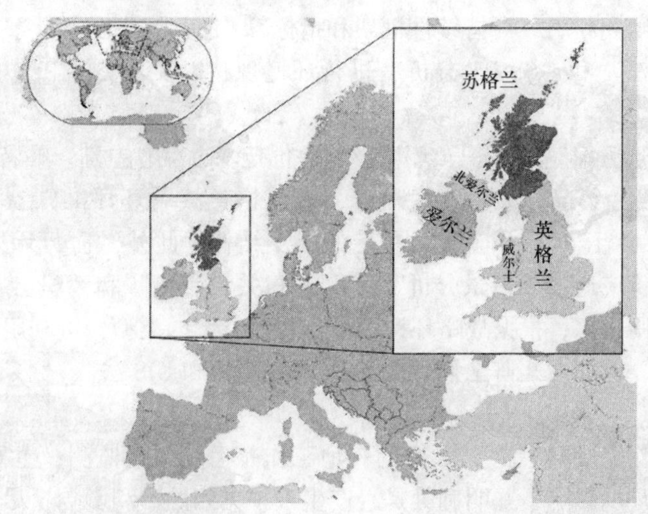

图 5-2　苏格兰地理位置

用的计划或规划，还将战略纳入了环境影响评价范畴，几乎涵盖了苏格兰所有现行政策制定形式①。除此之外，麦克劳克兰和若奥（2012）② 曾指出，苏格兰的战略环境评价拥有一个特殊流程——预筛查。预筛查阶段，主管部门将根据《环境评价法》（2005年）第一部分第 7 条第 1 款规定，决定某些计划或规划是否要开展战略环境评价。对环境没有影响或仅产生极小影响的计划或规划，由主管部门登记为“无需环评”。

为指导、协助环评从业人员开展战略环境评价，苏格兰行政院发布了一套带有详细流程指引的战略环评工具箱③，里面有战略环评的全部流程和程序。2013 年，战略环评工具箱被《战略环境评价指引》所替代。

曾有一系列研究人员和学者对苏格兰和葡萄牙环评流程和程序框架准则进行比较研究，研究结果表明两国之间同样存在差别。例如，葡萄牙环评指引将综合环境问题作为重点评价对象，而苏格兰的环评侧重于对战略环评指令规定的或与环评目标相关的环境问题的评价。

尽管有所差别，但这两类战略环评对象均能够成为衡量本国计划、规划或战略（Plan，Programme，Strategy，PPS）评价落地程度和环评流程、方法及技术综合程度的重要准绳。葡萄牙和苏格兰的环评准则间接表明，具有情境性的“定制化”环评技术足以胜任对不同计划、规划或战略进行战略环境评价。但在战略环评实践中，葡萄牙和

① Kelly，A. H.，Jackson，T.，Williams，P.，2012. Strategic environmental assessment：lessons forNew South Wales，Australia，from Scottish practice. Impact Assessment and Project Appraisal 30：75-84.

② McLauchlan，A.，João，E.，2012. The inherent tensions arising from attempting to carry out strategic environmental assessments on all policies，plans and programmes. Environmental Impact Assessment Review 36：23-33.

③ Scottish Executive，2006. Strategic Environmental Assessment Tool Kit. Scottish Executive，Edinburgh.

苏格兰的环评准则会利用“可持续性框架和指标”[①] 进行战略环评背景与目标设定，并利用“趋势分析法”和“SWOT 分析”进行环境现状以及未实施 PPS 情况下的环境演变趋势分析。

两国对“备选方案”的认识及环境影响评价技术也存有差别。帕特达利[②]提出应用“战略选择”替代“备选方案”这一概念，而苏格兰战略环评准则默认“备选方案”制定应参照“影响矩阵”，并应遵循一定的层次结构。此外，葡萄牙战略环评准则指出，环境影响评价应通过“情景分析”、“利益相关者参与”和“机会与风险评估”完成。而苏格兰准则指出，根据战略环评目标与替代方案的类型，可利用不同方法组合进行环境影响评价，例如“矩阵法和评分法”、“叠图法和 GIS 法”、“核查表法”和“环境主题法”等。

战略环评工作完成并实施 PPS 后的一项工作是后续跟进监测，主要是评价 PPS 实施后实际产生的环境影响，并明确其是否产生未预见到的不利影响。尽管跟进监测是战略环评的强制性执行流程，战略环评法令却并未对其做具体实施规范。但为确保环评报告的形成阶段，监测措施实施成效能够得到反馈，监测进度预测和计划不可或缺。适用范围比国家法令和地区法令更为广泛的葡萄牙和苏格兰战略环评准则，为战略环评的监测与评价流程提供了有效引导。例如，葡萄牙环评准则提到 3 个后续监测维度：效益、一致性和不确定性[③]；技术和指标利用[④]；利益相关者参与。而苏格兰环评准则侧重于对效益、不确定性和信息发布的监测，而评价指标主要为监测技术。

利益相关者参与是战略环评中的一个关键性问题。利益相关者应在环评早期阶段参与，成员则应包括与 PPS 有利益联系或受 PPS 实施影响的人。欧盟战略环评指令明确规定，为使决策更透明、环评结果更为全面可靠，环评过程必须咨询相关环境管理机构和公众。该指令还规定，环评咨询机构必须由成员国指定。参与战略环评的利益相关者则由成员国根据具体情况决定。

为解决利益相关者参与问题，葡萄牙法令提供了一份环境保护责任主体的责任清单。环保责任主体包括葡萄牙环境署、葡萄牙自然和森林保护研究所、区域协调与发展委员会、卫生部和地方政府。而苏格兰战略环评法令明确指定了环评咨询机构，包括苏格兰行政院（苏格兰政府）、苏格兰环境保护局和苏格兰自然遗产署。

欧盟战略环评指令强制性规定，战略环评中的范围审查阶段和环评报告形成阶段必须咨询相关管理机构。虽然欧盟战略环评指令（2001/42/EC）的第 6 条第 2 款指出

---

① UNEP（United Nations Environment Programme），2009. Integrated Assessment：Mainstreaming into Policymaking（A Guidance Manual）. UNEP，Geneve.

② Partidário，M. R.，2012. Strategic Environmental Assessment Better Practice Guide—Methodological Guidance for Strategic Thinking in SEA. Agência Portuguesa do Ambiente e Redes Energéticas Nacionais，Lisboa.

③ Partidário，M. R.，Fischer，T. B.，2004. Follow - up in current SEA understanding. In：Morrison - Saunders，A.，Arts，J.（Eds.），Assessing Impact：Handbook of EIA and SEA Follow-Up. Earthscan，London，pp. 224-247.

④ Fischer，T. B.，2007. Theory & Practice of Strategic Environmental Assessment：Towards a More Systematic Approach. Earthscan，London.

“应尽早、高效地安排公众参与环评阶段”，但对公众参与的明确要求只体现在环评报告形成阶段。这一阶段不仅需要咨询相关管理机构和公众，还需在环评报告中纳入公众意见并公开信息。但葡萄牙和苏格兰战略环评准则提出在范围审查阶段，除应咨询法定管理机构之外，也应适当开展利益相关者咨询。

对于利益相关者参与途径，葡萄牙和苏格兰的两个战略环评准则均未提供建议。但由苏格兰政府发布的《战略环境评价指引》为早期阶段利益相关者参与提供了一些策略，例如召开研讨会、创建社交网络或组建公民咨询团。此外，葡萄牙准则提出要在战略环评过程中加入一个“治理架构”，用于识别不同的利益相关者及其之间的相互关系，并明确其在战略环评过程中承担的相应责任。

与利益相关者参与联系密切的一个问题，也是深受欧盟战略环评指令关注的一个问题是信息公开，即将环评信息公开给环境管理机构和公众。然而，在葡萄牙本土案例分析过程中，研究人员发现信息公开平台不够简洁明了，各种需要公开的信息分散在葡萄牙环境署的各个环保分管部门及政府机构网页上，公众需要花费大量时间搜索信息。在亚速尔群岛地区，环评公开信息主要分散在亚速尔地区环保局的各个部门网站。此外，与研究人员预期的可用环境评估报告数量相比，葡萄牙环境署提供的环境评估报告数量少、代表性差。这间接反映出，目前葡萄牙仍缺乏能准确统计战略环评已完成量的可靠方法①。

苏格兰政府在其战略环评网站上公布了所有进行中或已完成的战略环评信息，公众可以随时查询战略环评相关信息。战略环评各阶段的相关文件及相关管理机构咨询意见也在网站进行公开。麦克劳克兰和若奥（2012）② 指出，尽管苏格兰《环境评价法》（2005）并未对“信息公开”做出明文规定，但对“成为世界战略环评领导者”的承诺，激励着苏格兰政府通过战略环评网络数据库进行环评信息公开。

与此同时，苏格兰行政院还成立了战略环评门户团队，作为中央机构来集中收集整合环评信息，并履行环评提供指导和协调职责，确保战略环评的整体质量及成效③。此外，苏格兰政府还通过战略环评专用网站为气候、大气、土壤和水管理提供专门指导。苏格兰政府的所有举措都与其“成为世界战略环评领导者”的雄伟抱负密切相关。

5.3　研究方法

本研究属于探索性研究，主要研究方法为归纳法。研究内容包括基于嵌入式案例分析（亚速尔群岛和奥克尼群岛）的混合模型法和对 43 份战略环境评价报告（SEA ERs）

---

① Partidário, M. R., Nunes, D., Lima, J., 2010. Criteria Definition and Evaluation of Environmental Reports [in Portuguese]. Agência Portuguesa do Ambiente, Amadora.

② McLauchlan, A., João, E., 2012. The inherent tensions arising from attempting to carry out strategic environmental assessments on all policies, plans and programmes. Environmental Impact Assessment Review 36: 23-33.

③ SPCB (Scottish Parliament Corporate Body), 2005. Environmental Assessment (Scotland) Bill — Explanatory Notes (and Another Accompanying Documents). Scottish Parliament.

的定性内容分析。43份战略环评报告中还包含来自葡萄牙和苏格兰本土的报告，以便为下文的欧洲小岛屿案例分析提供研究背景。本节将对研究方法进行简单介绍和说明。在接下来的篇幅中，首先将介绍选择亚速尔群岛和奥克尼群岛作为研究案例的理由，并对两个研究区的特征进行简单描述。随后，阐述环境评估报告（Environmental Reports，ERs）选择理由。最后，将就如何进行环境评估报告内容分析进行说明。

5.3.1 双案例研究——亚速尔群岛和奥克尼群岛

案例研究是一种实证研究，在不脱离现实生活环境的情况下研究当前正在进行的现象，同时案例研究强调理解现象发生过程受背景影响及影响背景的机制。本研究依据尹(2009)① 提供的方法准则开展了嵌入式案例分析。研究案例选择遵循逻辑复制，目的在于确保存有一些差异但核心特征相似（例如面积狭小、地理隔绝、经济基础薄弱、资源匮乏、生态系统脆弱、易受外部生态环境影响等）的两个群岛研究案例能够产生类似的预测结果。接下来的篇幅将对选择亚速尔群岛和奥克尼群岛作为研究案例的理由及其各自的特征进行简单介绍。

5.3.1.1 研究案例选择

在本研究中，案例研究开展的必要前提是选择同时拥有完善战略环评体系和可用性环评报告的研究案例。费舍尔和奥扬戈（2012年）② 曾表明，欧盟（EU）成为战略环评项目最多的地区，可能得益于其完善的战略环评体系及欧盟战略环评指令。因此，案例选择的第一个标准即该小岛屿必须是欧盟成员国或欧盟成员国的一部分。

研究人员根据费舍尔和奥扬戈的研究发现葡萄牙的马德拉群岛和亚速尔群岛均为研究欧洲外延地区提供了难得机遇。在经过仔细比较之后，研究人员选择了亚速尔群岛。位于北大西洋中部、沿大西洋中脊分布的亚速尔群岛不仅拥有独特的地理位置，还拥有本地区战略环境评价的专项立法。

与此同时，费舍尔和奥扬戈还提出，欧盟的战略环评项目主要集中于英国。因此研究人员计划在英国选择个别研究案例。英国作为一个岛国，自身周围散落着大大小小各种的岛屿，但基于苏格兰政府拥有“成为世界战略环评领导者”的雄伟抱负，此外苏格兰的《环境评价法》（2005年）同时覆盖计划、规划和战略，适用范围更甚欧盟战略环评指令，研究人员决定选取苏格兰的一个或数个小岛屿作为英国战略环评发展现状研究的切入点。随后，研究人员经过对苏格兰地域制度的进一步分析，决定选择能够代表行政区的岛屿作为本研究案例。最终，苏格兰政府属下群岛行政区中，面积最小、人口密度最高的奥克尼群岛被选择为本研究中第二个研究案例。亚速尔群岛和奥克尼群岛

---

① Yin, R. K., 2009. Case Study Research: Design and Methods. 4th ed. SAGE Publications, Inc., Thousand Oaks, California.

② Fischer, T. B., Onyango, V., 2012. Strategic environmental assessment-related research projects and journal articles: an overview of the past 20 years. Impact Assessment and Project Appraisal 30: 253-263.

地理位置如图 5-3 所示。

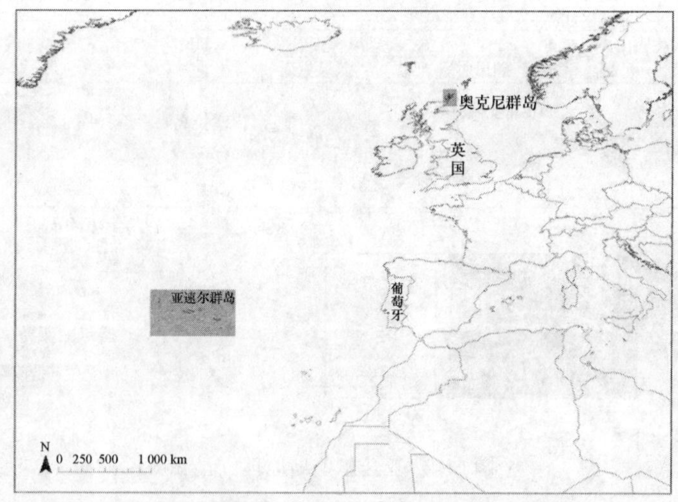

图 5-3　亚速尔群岛和奥克尼群岛地理位置

5.3.1.2　亚速尔群岛特征

亚速尔群岛，为葡萄牙共和国自治区，具有与葡萄牙本土行政区同等的地位，拥有独立立法机构（立法院）和政府。这一政治制度于 1976 年由葡萄牙宪法通过。亚速尔群岛自治区成立得益于其独特的地理、经济、社会、自然特征以及岛屿居民要求成立自治区的历史愿望。

亚速尔群岛由 9 个有居民岛屿组成（图 5-4），分为 3 组岛群。西北部岛群由弗洛雷斯、科尔武诸岛组成，中部岛群由法亚尔、皮库、圣若热、特赛拉、格拉西奥萨诸岛组成，东南部岛群由圣米格尔、圣玛丽亚诸岛组成。这片群岛绵延 640 多公里，专属经济区（EEZ）面积达到 984 300 平方千米，海岸线长 690 千米。亚速尔群岛为火山群岛，各岛屿沿大西洋中脊分布。大西洋中脊位于北大西洋洋盆中部，是板块构造和火山活动最活跃的地区。亚速尔群岛的首府是蓬塔德尔加达港，位于圣米格尔岛，距里斯本约 1 500 千米。亚速尔群岛中最小的岛是科尔武岛，面积仅 17 平方千米。科尔武岛上仅有一座城镇科尔武，人口 430 人。圣米格尔岛是亚速尔群岛中最大的岛，面积 745 平方千米，居民人口 137 830 人。亚速尔群岛陆地面积 2 322 平方千米，人口 246 746 人（2011 年）。

亚速尔群岛拥有高度的生物和地质多样性，岛上地方性物种多达 452 种，约 24% 的陆地面积被指定为保护区。亚速尔群岛的 9 个海岛自然公园范围内，共有 123 个陆地和海洋保护区。亚速尔群岛的海洋公园范围内有 11 个保护区，约占专属经济区面积的 11%。亚速尔群岛有 3 个生物圈保护区，分别为科尔武岛、弗洛里斯岛和格拉西奥萨岛，还有 2 处世界遗产地。

亚速尔群岛地区的经济高度依赖于公共部门，同时也依赖于农业、渔业等传统经济部门，尤其是畜牧业生产及其相关产业。近年来，旅游业逐渐成为亚速尔群岛的新兴经

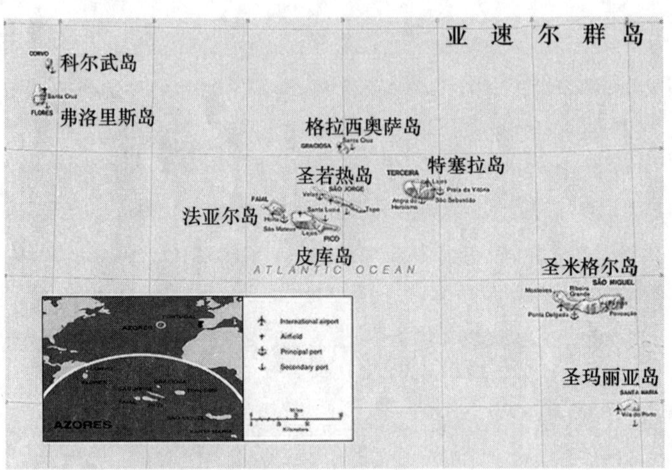

图 5-4 亚速尔群岛地理位置

济部门①。国家基金和欧洲结构基金是亚速尔群岛发展的重要经济支撑②。

5.3.1.3 奥克尼群岛特征

奥克尼群岛是苏格兰的议会区，位于苏格兰北方沿海 32 千米，由梅恩兰，霍伊，南、北罗纳德赛和巴雷等 70 多个岛屿组成（见图 5-5）。奥克尼群岛中只有 20 个岛上有居民。奥克尼群岛由大陆碰撞形成，主要由泥盆纪沉积物堆积而成。奥克尼群岛多山地、峭壁与古代冰川沉积物。

2011 年，奥克尼群岛总面积 990 平方千米，居民人口 21 349 人，海岸线长超过 980 千米。奥克尼群岛中人口最少的岛屿是小霍尔姆岛，居民人口仅为 1 人。人口最多的是奥克尼群岛中最大的岛屿——梅恩兰岛，居民人口 17 162 人。奥克尼群岛首府为柯克沃尔，位于梅恩兰岛北岸。

奥克尼群岛的生物和地质多样性同样极为丰富，岛上共有 73 个国际和国家自然保护区，其中包括 6 个特别保育区、13 个特别保护区、36 处具特殊科学价值地点、1 处拉姆萨尔湿地、1 个地区自然保护区和 16 处地质保育点（其中 12 个同时也是具特殊科学价值地点）③。此外，奥克尼群岛还拥有一处世界遗产地——新石器时代遗址，该遗址完好地呈现了 5 000 年前的史前文化面貌。

奥克尼群岛的经济发展依赖于旅游业，同时岛上的卫生与社会工作、批发和零售

① SRAF (Secretaria Regional da Agricultura e Florestas), 2011. Rural Development Programme of the Autonomous Region of the Azores — PRORURAL 2007-2013 [in Portuguese]. 5th ed. Secretaria Regional da Agricultura e Florestas, A-zores.

② Carvalho, N., Rege, S., Fortuna, M., Isidro, E., Edwards-jones, G., 2011. Estimating the impacts of e-liminating fi sheries subsidies on the small island economy of the Azores. Ecological Economics 70: 1822-1830.

③ Orkney Islands Council, 2012. Strategic Environmental Assessment of the Orkney Local Development Plan: Appendix B — Environmental Baseline Report. Kirkwall.

图 5-5　奥克尼群岛地理位置

业、建筑业、农业、林业和渔业部门就业比例较高①。此外，岛上的肉牛养殖、渔业、鲑鱼养殖和轮渡业也是经济发展的核心。

5.3.2　环境评估报告选择

战略环评报告选择主要依据研究范围。亚速尔群岛和奥克尼群岛环评报告选择标准如下：

（1）机构网页可用性（亚速尔政府网页和苏格兰战略环评数据库）；

（2）拥有完整环评流程以及最终报告书和/或环评总结；

（3）亚速尔群岛环评报告主要有关区域空间规划、特殊空间规划（环境保护相关规划）和部门计划、规划（PP）；奥克尼群岛环评报告主要有关以岛屿为空间单元开展并对议会区产生较大影响的计划、规划或战略（PPS）。

① Highlands and Islands Enterprise，2014. Orkney Area Profile. Inverness. Hildén，M.，Furman，E.，Kaljonen，M.，2004. Views on planning and expectations of SEA：the case of transport planning. Environmental Impact Assessment Review 24：519-536.

葡萄牙和苏格兰本土环评报告选择遵循的先决条件，是与两个群岛研究案例的环评报告相似，从而能够就岛屿背景环境与本土进行比较分析。但在葡萄牙本土的研究中，由葡萄牙行政特点所致，相关环保管理机构即为葡萄牙环境署。

环评报告样本收集从 2013 年 1 月持续至 7 月。共取得环评报告 43 份，其中 7 份来自亚速尔群岛，14 份来自葡萄牙本土；5 份来自奥克尼群岛，17 份来自苏格兰本土。表 5-1 罗列了用于定性内容分析的 43 份环境报告清单。

表 5-1 定性内容分析环境报告清单

编号	计划或规划名称
	亚速尔地区环境报告
A1	亚速尔群岛区域空间规划
A2	圣玛丽亚岛海岸带空间计划
A3	科尔武岛海岸带空间计划
A4	弗洛里斯岛海岸带空间计划
A5	格拉西奥萨岛海岸带空间计划
A6	皮库岛海岸带空间计划
A7	亚速尔群岛流域管理计划
	葡萄牙本土环境报告
PM1	特茹河流域空间规划
PM2	阿连特茹区域空间规划
PM3	诺特区域空间规划
PM4	里斯本区域空间规划
PM5	中部区域空间规划
PM6	阿尔加维流域管理计划
PM7	萨多米拉流域管理计划
PM8	瓜迪亚纳河流域管理计划
PM9	西部河流流域管理计划
PM10	塔霍河流域管理计划
PM11	米尼奥流域管理计划
PM12	杜罗河流域管理计划
PM13	奥德莱蒂河流域管理计划
PM14	蒙德戈角流域管理计划
	奥克尼群岛环境报告
O1	奥克尼群岛地区运输战略
O2	社区规划
O3	地区生物多样性保护行动计划

续表 5-1

编号	计划或规划名称
O4	可持续能源发展战略
O5	奥克尼发展计划
苏格兰本土环境报告	
SM1	格拉斯哥区域运输发展战略
SM2	丹弗里斯地区生物多样性保护行动计划
SM3	北艾尔郡区域运输发展战略
SM4	蓝夫鲁郡区域运输发展战略 2006
SM5	西邓巴顿郡区域运输发展战略
SM6	艾尔郡地区生物多样性保护行动计划
SM7	东邓巴顿郡计划
SM8	东洛锡安生物多样性保护行动计划 2008—2013 年
SM9	东伦弗鲁郡区域运输发展战略
SM10	高地沿海地区发展战略
SM11	邓巴顿郡生物多样性保护行动计划
SM12	高地局部发展计划
SM13	莫里郡区域运输发展战略
SM14	南拉纳克郡生物多样性保护行动计划
SM15	法夫社会发展计划 2011—2020 年
SM16	东艾尔郡社会发展计划
SM17	珀斯-金罗斯郡社会发展计划

5.3.3　定性内容分析

研究人员对亚速尔群岛、葡萄牙本土、奥克尼群岛和苏格兰本土战略环评报告中的数据收集主要通过定性内容分析法完成。内容分析法是一种对文献内容作客观系统的定量分析的专门方法，强调通过全面深刻的理解和严密的逻辑推理来传达文本内容。内容分析法取得的结果往往取决于受分析文本的质量和数量，这一不确定性极可能导致分析结果的可信度、真实性、代表性和可用性缺失①。但内容分析法具有的明显优势，就是能够满足探索性研究的灵活性，增强研究过程的透明度和客观性。

在开展定性内容分析之前，研究人员经文本读取提炼出其中的核心要素，并在此基础上建立了 5 个分析类目。同时，研究人员在内容分析框架中加入了分析目标，以明确分析边界。内容分析框架数据源即为 43 份环评报告，研究人员对其进行了读取和迭代

① Bryman, A., 2012. Social Research Methods. 2nd ed. Oxford University Press, New York.

分析。

表 5-2 对研究人员使用的内容分析框架进行了简单总结。分析框架主要包含用于引导制度和程序框架的战略环评准则；环境报告环评专题；评价技术和方法；后续跟进监测以及利益相关者参与。

表 5-2 定性内容分析框架：环境报告分析类目、动因及目标

类目	动因	分析目标
准则	帮助明确环境报告遵循的程序指导框架；帮助判断不同系统或大陆与岛屿地区的“定制化”SEA 是否有所差异	明确战略环评准则
环评专题	帮助判断岛屿地区环境报告涉及的环境/可持续性问题是否与大陆地区相似；为下一步小岛屿地区的典型可持续性问题研究奠定基础	明确环境报告中主要涉及的环境/可持续性问题； 明确小岛屿和大陆地区各自的典型可持续性问题
评价技术和方法	帮助分析环境报告中使用的不同评价方法并明确其适用阶段。帮助了解现行评价技术方法，并尝试将其应用于具有特殊情境性（大陆和岛屿）的 SEA 系统之中	明确评价方法（如趋势分析法、影响矩阵法等）； 明确各评价方法适用阶段（如影响预测与评价等）
后续跟进监测	后续跟进监测能够帮助衡量可持续性投入将如何影响决策执行。规划监测阶段能够确保职责落实和后续方案顺利进行。本研究主要为明确各群岛战略环评中的“后续跟进监测”阶段异同	明确后续监测类型； 判断其是否给出跟进监测责任主体（例如计划负责机构、利益相关者）
利益相关者参与	利益相关者参与是高效发展 SEA、提高小岛屿可持续能力的重要内容。了解小岛屿地区战略环评中的公众参与情况并与大陆进行比较分析，具有重要意义	明确利益相关者身份及参与情况； 明确利益相关者参与途径及方法（如公共论坛、专题网站、计划或规划主管部门出具的书面意见）

随后，研究人员对收集数据进行分析，按分析单元顺序，系统判断并记录各类目出现的客观事实和频数。按照预先制定的类目表格，进行数据分组和重组。对“战略环评准则”进行分析时，可以根据准则类型进行分组，例如国家准则、国际准则等。对“环评专题”的分析，同样可以根据相似类型进行聚类分析（见表 5-3）。对“评价技术和方法”进行分析时，应将内容分析结果按众所周知的类别进行分组，例如“可持续性框架和指标”、“主观评分法”、“趋势分析法”等。“后续跟进监测”主要分为四个方面：一致性、效益、不确定性和信息发布。

内容分析法的另一个重要步骤是将收集数据进行量化。桑德斯等（2009）① 曾表明，尽管内容分析是一种定性研究方法，但对内容分析得到的一些信息进行量化并非不

① Saunders, M., Lewis, P., Thornhill, A., 2009. Research Methods for Business Students. 5th ed. Prentice Hall, Harlow.

可行。研究中运用统计学方法对类目和分析单元出现的频数进行计量，不仅可以帮助研究人员对信息实体做精确的量化描述，以最简明扼要的方式描述研究结果，还可以帮助开展对岛屿和本土研究案例的比较和分析。

5.4 结果和结论

本节简单介绍了两个岛屿研究案例以及葡萄牙、苏格兰本土的战略环评报告定性内容分析的结果，以建立其战略环评情境。本节内容结构主要遵循内容分析类目展开：①战略环评准则；②战略环评专题——环境和可持续性问题；③评价技术和方法；④后续跟进监测；⑤利益相关者参与。

5.4.1 战略环评准则

研究人员通过对葡萄牙本土（Portuguese mainland，PT）的环评报告样本分析结果显示，14 份报告中有 10 份遵循国家准则或国家法令。对这 10 份报告的进一步分析发现，3 份（PM1、PM3 和 PM4）完全遵循葡萄牙环境署（APA）编写的环评准则；6 份（PM6、PM7、PM8、PM9、PM10 和 PM14）同时结合 APA 准则和国家环评法令；只有 PM13 遵循的是“近期国家环评成功案例和经验”而非 APA 准则。

14 份报告中的其余 4 份，同时借鉴了国际准则和国家准则。而 PM2 虽也遵循了葡萄牙本国环评法令，但在报告中只提及了国际环评准则。此外，PM5、PM11 和 PM12 的内容分析结果显示其遵循的准则不同于国家和国际环评惯用准则。

尽管亚速尔群岛地区环境局选择将葡萄牙环境署（APA）公布的准则作为本地区战略环评准则，但亚速尔群岛地区的战略环评报告并未完全遵循 APA 准则。A7 与 PM13 类似，遵循的是“近期国家环评成功案例和经验”。A7 也是唯一一份在亚速尔群岛专项环评法令生效之后形成的环评报告，因而对其有所遵循。A1、A6 与 PM5、PM11 和 PM12 类似，并未完全遵循国际和国家环评惯用准则。A2、A3、A4 和 A5 由同一个的战略环评团队完成，因此报告结果相似，使用的环评方法与葡萄牙本国环评法令接轨。

葡萄牙的战略环评报告内容分析结果与帕特达利（2012）① 的文献审查结论相似，葡萄牙战略环评报告中，大部分未遵循环境署编写的战略环评准则，而是以遵循国家和国际环评准则为主。此外，根据对葡萄牙的环评报告内容分析结果，研究人员发现由同一战略环评团队完成的环评报告中的准则和报告结构高度相似性。这间接表明真正决定战略环评技术和方法的并非待评价计划或规划的类型，而是取决于实施战略环评的团队。从整体来看，在亚速尔群岛的环评报告中，有 4 份利用了特定环评方法，而这 4 份环评报告的撰写者均是来自亚速尔大学的学术团队。

---

① Partidário，M. R.，2012. Strategic Environmental Assessment Better Practice Guide—Methodological Guidance for Strategic Thinking in SEA. Agência Portuguesa do Ambiente e Redes Energéticas Nacionais，Lisboa.

来自苏格兰的环评报告由于遵循准则及报告结构差异较小，并未能反映特定的战略环评情境。苏格兰本土的17份环评报告样本中，大部分遵循《环境评价法》（2005年），只有3份报告分析结果略有差异。SM8没有借鉴战略环评法令或模板，更多的是采用环评团队自创的环评方法。SM9和SM13遵循的准则来源于英国副首相办公室（ODPM），而非苏格兰环评法和环评工具箱。研究人员将这两份环评报告定义为对国家和国际准则的结合借鉴。研究人员对奥克尼群岛的战略环评报告样本进行内容分析后，发现所有环评报告采用的模板雷同，均由苏格兰政府提供。

5.4.2 环评专题

研究人员经对环评报告中的“环评专题”分析发现，不同的环评报告对相同类型问题的命名有所差异，因而报告中出现了大量相似的术语。为方便统计分析，研究人员尝试将相似的评价专题进行归纳统计（见表5-3）。研究人员大致将环评专题分为以下几种类别：①综合环评（第1类），例如在对专项规划进行战略评价的同时也评价生物多样性、动物和植物的环评报告；②战略可持续性评价（第2类），包括对PPS（计划、规划、战略）目标、相关国际或国家PPS目标以及利益相关者投入等方面的专题评价；③其他环评专题（第3类），包括不符合上述两类的其他环评专题。研究人员按环评专题对43份环评报告进行了具体归纳分类，分类结果如表5-3所示。

表5-3 环评专题类别（根据主题对环境报告中的相似术语进行分组）

编号	环评专题
第1类——综合环评	
T1.1	空气　空气质量　局地空气质量
T1.2	空气质量和气候因素
T1.3	空气、水和土壤
T1.4	生物多样性　生物多样性、植物群、动物群　生物多样性、生境、植物群、动物群　生物多样性和自然保护（动植物群）
T1.5	生物多样性、动植物群、景观
T1.6	生物多样性、动植物群、土壤和水
T1.7	气候因素和物质资产
T1.8	气候因素　气候　能源消耗（及气候变化）
T1.9	文化遗产　文化遗产及考古　历史环境
T1.10	地质与土壤　地质　土壤
T1.11	土地利用
T1.12	景观　自然景观与都市景观
T1.13	景观与地质
T1.14	物质资产

续表 5-3

编号	环评专题
T1. 15	噪声　噪声和振动
T1. 16	人口和人类健康　人类健康　人口
T1. 17	人口、人类健康和文化遗产
T1. 18	生活质量
T1. 19	废弃物
T1. 20	水　水环境
T1. 21	水、土壤和地质　水、土壤和地貌
第 2 类——战略可持续性评价	
T2. 1	可及性与灵活性　灵活性
T2. 2	生物多样性　生物多样性和自然保护　生物多样性和生态系统服务　自然资源和生物多样性结构和生态功能
T2. 3	竞争力　经济竞争力　经济发展　经济可持续性和竞争力　社会经济发展　社会经济可持续性　效率和竞争力
T2. 4	文化资源　非物质文化遗产
T2. 5	人口衰减/人口老龄化
T2. 6	沙漠化
T2. 7	能源和气候变化　气候变化　能源
T2. 8	环境质量　环境卫生
T2. 9	治理　治理和公民　治理和竞争力　规划和治理　治理和凝聚力
T2. 10	人类发展　人类潜能
T2. 11	自然和文化资源　自然、景观和文物价值　自然和宗教价值
T2. 12	自然资源
T2. 13	人口和社会凝聚力
T2. 14	农村发展/城乡关系
T2. 15	空间规划　领土分裂　领土演变　领土特殊性　领土和社会凝聚力　领土发展和竞争力　领土构建及重建
T2. 16	脆弱性和风险　自然和技术风险　自然和技术危害　风险（人类健康）
T2. 17	水资源
第 3 类——其他环评专题	
	不符合第 1、第 2 类的其他环评专题

注：评价专题分类及编码主要依据其内容及术语相似性，尽管个别编码极为相似，但代表的评估专题不同，为确保分析透明度，研究人员将其设置为不同编号。

内容分析结果表明，来自葡萄牙的环评报告主要围绕“战略可持续性”（第 2 类）评价，而苏格兰的环评报告主要围绕“综合环评”（第 1 类）。此外，分别有 4 份来自亚速尔群岛和4份来自苏格兰本土的环评报告围绕其他环评专题展开。亚速尔群岛的7份环评报告中，有4份报告（A2、A3、A4和A5）均由环评团队以自己创建的环评方法通过环评方案的既定流程完成。苏格兰本土的环评报告中，有4份报告拥有明确环评专题，分别为SM1、SM3、SM9和SM12。其中，环评报告SM1主要围绕“社会（犯罪和社会排斥）问题”，因而被归类为其他环评专题（第3类）。其他3份环评报告主要基于对战略环评目标的评价。

这与上文分析结果相一致，即葡萄牙的环评报告主要遵循国家和国际环评准则，而苏格兰的环评报告更多的是直接利用苏格兰政府提供的环评报告模板。由于环评团队采用的环评方法基本遵循环评指令，因此研究人员推测这些环评报告的环评主题也应基本符合环评指令的概括分类，但战略环评团队将环评专题进一步细分为生物多样性、动植物群、大气与气候因素、人口和人类健康等。

在葡萄牙本土的14份环境报告样本中，11份的评价主题与“脆弱性与风险（T2.16）”相关，10份与“空间规划（T2.15）”相关，8份与“生物多样性（T2.2）”、“社会经济可持续性与竞争力（T2.3）”和“治理（T2.9）”相关。

亚速尔群岛的7份环评报告中，3份报告的主题与第2类“战略可持续性评价”相符，分别为A1、A6和A7。其中，3份报告都涉及的普遍主题是“社会经济可持续性与竞争力（T2.3）”和“脆弱性与风险（T2.16）”。此外，3份报告中，有2份报告（A1和A7）涉及“能源和气候变化（T2.7）”、“环境质量和卫生（T2.8）”、“治理（T2.9）”和“空间规划（T2.15）”。

尽管亚速尔群岛的环境报告样本量较小，但仍可以发现相比葡萄牙本土的环评报告，亚速尔群岛的环境报告更偏向于以下几个环评主题：①气候变化和能源（葡萄牙本土报告样本中仅有4/14，分别为PM1、PM2、PM4和PM5）；②环境质量和卫生（葡萄牙本土报告样本中仅有2/14，分别为PM1和PM5）。此外，亚速尔群岛环评报告还涉及区域空间规划以及沿海管理，而葡萄牙本土的环评报告只涉及区域空间规划。

而苏格兰本土和奥克尼群岛环评报告样本中的环评主题尽管名称有所区别，但其本质全部相同，均出自欧盟战略环评指令。但研究人员经内容分析发现，奥克尼群岛的5份环评报告中全部涉及“气候因素（T1.8）”相关的环境问题，而苏格兰本土的13份环境报告中只有8份涉及。此外，苏格兰本土的13份环境报告中涉及“空气质量”相关环境问题的报告比例也较低，仅为4/13，而奥克尼群岛的5份环评报告中有3份涉及。但显而易见的是，奥克尼群岛环评报告样本数占苏格兰本土样本数的比例低于亚速尔群岛样本数占葡萄牙本土样本数的比例。

5.4.3 评价技术方法

葡萄牙的环评报告中，除PM4之外，均设有“评价背景和目标设置”环节。这些环评报告中最常用的评价方法为“可持续性框架和指标”。但研究人员发现，报告A2、A3、A4、A5、PM5、PM11、PM12和PM13还使用了一种配套方法——“专家或团队判断法”。亚速尔群岛的环评报告如第5.4.1节所述，主要由团队自创方法完成。而在苏格兰的环评报告中，只有 4 份来自苏格兰本土的环评报告（SM3、SM5、SM6 和 SM9）和 2 份来自奥克尼群岛的环评报告（O1 和 O3）中涉及“环评背景和目标”的内容。其中，报告 O1、O3、SM6 和 SM9 使用的环评方法为“可持续性框架和指标”，报告 SM3 和 SM5 在设置环评背景和目标时借助了“利益相关者参与”。

对于“环境现状及未实施 PPS 情况下的环境演变趋势”的分析，大多数环评报告应用“趋势分析法”完成。亚速尔群岛的 4 份环评报告（A2、A3、A4 和 A5）由环评团队自己创建的环评方法完成。环评报告 O5 作为环境影响后评价报告，并没有“环境现状及未实施 PPS 情况下的环境演变趋势”这一内容。另一份环评报告 SM7 基于影响矩阵的进行环境演变趋势分析，但其影响矩阵构建过程并未在报告中有所体现。部分来自葡萄牙本土的环境报告样本（PM1、PM3、PM4、PM9、PM10 和 PM14）将“SWOT（优势、劣势、机会和威胁）分析”作为附加方法加以运用，而在 2 份苏格兰本土报告样本（SM9 和 SM11）中，仅对“机会”和“威胁”（OT 分析）进行了分析。

对于“备选方案”的评价，研究人员指出在葡萄牙的报告样本中，只有 2 份来自葡萄牙本土的环评报告（PM9 和 PM10）将“利益相关者参与”作为备选方案评价标准。苏格兰的环评报告内容分析结果截然相反，22 份报告样本中，有 13 份以“影响矩阵法”为评价方法对“备选方案”进行比较。这 13 份报告中，有 6 份因未在报告中提供影响矩阵，仅对结果进行了简单描述，因而研究人员也将其评价方法假定为“影响矩阵法”。这 6 份报告分别为 O2、O4、SM6、SM7、SM9 和 SM12。在这 13 份报告中，4 份来自奥克尼群岛。换而言之，在奥克尼群岛的全部 5 份报告样本中，只有 O5 未对“备选方案”进行比较评价。而来自苏格兰本土的环评报告样本中，有 4 份未对“备选方案”进行比较评价，分别是 SM2、SM8、SM15 和 SM16。此外，4 份来自苏格兰本土的环评报告（SM1、SM3、SM4 和 SM5）主题为运输战略，因此报告采用的“备选方案”评价标准为苏格兰交通评价指南（Scottish Transport Appraisal Guidance，STAG）。

研究人员经统计发现，在环境影响评价阶段，评价方法种类繁多，这一现象在葡萄牙环评报告中尤为明显。“影响矩阵法”作为最常用的评价方法，在所有的葡萄牙报告样本中，只有 6 份报告未加以运用，分别为 A1、A7、PM1、PM3、PM4 和 PM5。此外，一部分环评报告运用了附加技术来支撑分析评价，例如报告 A2、A3、A4 和 A5 运用的“专家判断法”和“利益相关者参与”；以及有 7 份报告（A1、A7、PM2、PM5、PM9、PM10 和 PM14）运用了“特设专家判断法”；“SWOT 分析”应用相对较少，只在报告 A1 和 A6 中有所体现；而更为简单的“OT（机会和威胁）分析”应用更广，在 9 份环评报告中有所应用，包括 A7、PM1、PM3、PM4、PM5、PM9、PM10、PM11 和 PM12。

研究人员还发现，为进一步优化环评成效，一部分环评报告中运用了矩阵相容性分析和情景分析来支撑环评：葡萄牙本土的 14 份环评报告样本中，有 9 份进行了相容性评价，分别为 PM1、PM3、PM4、PM6、PM7、PM8、PM11、PM12 和 PM13；亚速尔群岛的 7 份环评报告中有 2 份，分别为 A6 和 A7；苏格兰本土的 17 份环评报告中有 8 份，分别为 SM1、SM3、SM4、SM9、SM12、SM13、SM14 和 SM17。情景分析只出现在来自葡萄牙的 5 份环评报告中，分别为 A7、PM1、PM4、PM9 和 PM10。

研究人员经分析发现，在“后续跟进评价”阶段，环评人员首选的评价技术为“指标法”。关于这一阶段的具体分析结果，将在后文进一步展开。

综合来看，就战略环评技术而言，葡萄牙（包括本土和亚速尔群岛）环境评估报告主要采用“可持续性框架和指标”来描绘和呈现战略环境评价的背景和目标，“环境现状及未实施 PP 情况下的环境演变趋势”分析主要采用“趋势分析法”，“后续跟进评价”阶段分析则主要运用“指标法”。但亚速尔群岛和葡萄牙本土的环评报告仍存在些微差异。例如亚速尔群岛环评报告在评估环境影响时主要通过构建“影响矩阵”，而葡萄牙本土的环评报告则根据具体情况选择“影响矩阵”“SWOT 分析”“相容性分析”中的一种或几种。“备选方案”由于葡萄牙环评法令所明文规定，因此环评报告中未单独对其进行比较评价。

而根据研究人员对苏格兰环评报告的内容分析结果来看，报告中所使用的评价技术相似度更高，无论是奥克尼群岛还是苏格兰本土，环评报告中对“环境现状及未实施 PPS 情况下的环境演变趋势”的分析均通过“趋势分析法”完成；而“备选方案”则通过构建“影响矩阵”进行比较选择；关于“环境影响评价”这一部分内容，奥克尼群岛和苏格兰本土环评报告不约而同地选择了构建“影响矩阵”，但有小部分苏格兰本土的环评报告同时构建了“相容性矩阵”来支撑环境影响评价。在报告中出现“后续跟进评价”部分内容的前提下，研究人员归纳出的主要评价技术为“指标法”。

从研究人员对所有 43 份环评报告评价技术和方法的分析结果来看，所有环境评估报告在整个评估过程中使用的都不是同一方法，而是一套方法的混合使用。决定评价技术和方法使用类型的主要因素是战略环评体系及其将被应用于哪一环评阶段。

5.4.4 后续跟进监测

如果引用帕特达利和费舍尔（2004）① 提出的后续跟进评价维度———致性、性能、不确定性和信息发布，将有可能对本研究中 43 份环评报告中的不同跟进评价模式加以区分。如上一节所述，当环境评估报告拥有后续跟进评价步骤及框架时，研究人员通常采用的评价方法为“指标法”。从研究人员的分析结果来看，43 份环评报告中，有 34 份报告利用“指标法”进行了“效益”跟进评价。只有 SM13 借助“指标法”进行了“不确定性”跟进评价。有一部分环评报告同时开展了多角度跟进评价：在葡萄牙环评报告中，有 6 份报告（A7、PM1、PM5、PM11、PM12 和 PM13）在进行“效益”跟进评价的同时还进行了“一致性”跟进评价；A1 和 A6 则涵盖了全部 4 个方面的跟进评价。而在苏格兰的环评报告中，SM10 和 SM12 中出现了“效益”和“不确定性”跟进评价的内容；SM11 进行了“效益”和“信息发布”跟进评价；SM17 同期开展了“效益”“不确定性”和“信息发布”跟进评价。总体而言，只有 4 份亚速尔群岛环评报告（A2，A3，A4 和 A5）和 2 份苏格兰本土环评报告（SM5 和 SM8）没有提供后续

① Partidário, M. R., Fischer, T. B., 2004. Follow - up in current SEA understanding. In: Morrison - Saunders, A., Arts, J. (Eds.), Assessing Impact: Handbook of EIA and SEA Follow-Up. Earthscan, London, 224-247.

跟进监测框架，而奥克尼群岛的环评报告则只提供了“效益”跟进评价框架。

研究人员发现，在葡萄牙环境评价报告和苏格兰环境评价报告中，跟进评价框架中的责任划分存在较大差异。在葡萄牙本土的 14 份环评报告样本中，除报告 PM2 和 PM14 之外，均给出了主管部门之外的责任主体清单。这份责任主体清单与葡萄牙环评准则中提出的“治理架构”密切相关。“治理架构”同时也与战略环评过程中的利益相关者有部分交织与重合。“治理架构”通常包括一些政府机构、利益相关者以及公众。在给出责任主体清单的 12 份葡萄牙本土环评报告中，有 8 份将“治理框架”作为后续跟进评价的责任主体。在亚速尔群岛的环境评价报告中，只有 2 份报告（A1 和 A7）提议将“后续跟进评价”作为环评的强制性流程，但这些环评报告中均未附加应承担跟进评价责任的责任主体清单。

在苏格兰本土的 17 份环评报告样本中，只有 4 份（SM2，SM6，SM9 和 SM12）提供了“主管部门”之外的责任主体及其责任归属清单。而在奥克尼群岛的 5 份环评报告中，有 3 份（O1、O2 和 O3）对责任主体及其相应责任进行了具体的解释，这些第三方责任主体通常负责对特定指标的跟进评价。

从对 43 份环评报告样本的整体分析结果来看，14 份葡萄牙本土环评报告中的 10 份、7 份亚速尔群岛环评报告中的 3 份、17 份苏格兰本土环评报告中的 10 份以及 5 份奥克尼环评报告中的 4 份有望进一步确定未来战略环评中后续跟进监测阶段的行动框架草案。

5.4.5　利益相关者参与

从环评报告分析结果整体来看，13 份葡萄牙环评报告中附有“治理架构”或应承担相应环保责任的责任主体清单，其中 12 份来自葡萄牙本土（除 PM2、PM5 之外），1 份来自亚速尔群岛（A6）。尽管未能提供“治理架构”或环保责任主体清单，但报告 A1、A7 和 PM5 在环评报告形成阶段纳入的咨询意见，间接提供了参与意见咨询的利益相关者名单。苏格兰环评报告普遍在环评过程中同时对管理机构和公众进行了咨询。研究人员发现，来自苏格兰本土的环评报告 SM2 在环评过程中将计划指导小组和执行伙伴也被作为利益相关者进行了咨询，并参与了不同环评阶段的咨询活动。

如第 5.2 节内容所示，葡萄牙法令提供了环评咨询主体的说明性清单，因此不同环评报告中的环保责任主体数量和组合差别较大。这与苏格兰《环境评价法》（2005 年）中仅有的 3 个“咨询机构”截然不同。除此之外，研究人员根据对葡萄牙环评报告的分析发现，除承担相应环保责任的组织之外，其余组织在环评过程中的参与度也相比苏格兰要高得多。表 5-4 给出了部分环评报告在咨询阶段回应咨询的利益相关者类型数量。表 5-4 中只有 1 份环评报告来自苏格兰，因为它是唯一一份在报告中纳入除指定“咨询机构”之外的利益相关者意见的环评报告。

表 5-4 战略环评报告咨询阶段回应咨询利益相关者类型数量 单位：个

	环保责任主体	公共组织或民间组织	非政府组织和其他公民组织	个体	回应总数
A1	14	2	1		17
A6	3				3
A7	2	1			3
PM5	29	2	18	4	53
PM6	13	2	1		16
PM7	12	7			19
PM8	15	6	1		22
PM9	15	2	1		18
PM10	33	1	1		35
PM11	9	2			11
PM12	23	3			26
PM13	12	3			15
PM14	23	1			24
SM13	3	2			5

环评过程中与利益相关者交流的最常用方式是召开咨询会。在咨询会上公众不仅可以充分了解环评信息，还被邀请对环评报告发表意见。也有环评报告提及了其他公众咨询形式。例如在葡萄牙本土的 3 份水框架指令战略环评报告（PM11、PM12 和 PM13）中，战略环评团队利用了部门研讨会和区域论坛等公众参与形式。此外，在亚速尔群岛的环评报告 A1 形成过程中，环评团队以 3 次公开会议的形式对计划和战略环评进行了讨论，而 A2、A3、A4 和 A5 则选择举办公共论坛。在苏格兰环评报告中，除对“咨询机构”进行咨询之外，只有 2 份来自苏格兰本土的环评报告（SM2 和 SM5）借鉴了指导小组和合作伙伴会议、区域公共论坛和研讨会等公众意见咨询形式。麦克劳克兰和若奥（2012）也曾指出，苏格兰的战略环评过程中往往缺少利益相关者和公众的参与。总体而言，苏格兰本土和奥克尼群岛的战略环评公众参与情况均不甚理想。

需要强调的是，本研究中所分析的信息全部来自环评报告。但有关利益相关者参与的内容并未充分体现在环评报告中，必要时研究人员将通过额外搜索文献或开展调查来了解利益相关者参与的全过程。

5.5 跨案例综合分析和讨论

葡萄牙（包括亚速尔群岛）战略环评体系所遵循的准则类型更为多样化，而苏格兰战略环评体系则由国家准则及基于国家法规的环评方法处于主导地位。单一遵循某一类型的环评准则必然会对环评主题、评价技术和方法的选择产生限制。诺波尔等(2012)[①] 曾提出，战略环评遵循的环评准则、环评主题、评价技术和方法并非取决于待评价计划、规划或战略的类型，而是取决于环评团队。

此外，麦克劳克兰和若奥（2012)[②] 经研究发现，由相同环评团队撰写的环评报告在格式和内容上往往雷同，这与本章研究人员对环评报告的内容分析结果相吻合，由相同环评团队完成的环评报告无论是评价方法、环评主题还是评价指标均高度重复。这可能是由于环评从业人员固态思维严重，在环评实践中缺乏批判性思维，也可能是由从业人员的环评技能薄弱或环评过程受时间和资源限制所致。但这些原因无一例外地表明，战略环评中的评价方法取决于从业者的知识和能力水平，而非战略环评的背景。这一现象在人口稀少、战略环评专门知识和经验缺乏的独特领土（例如小岛屿地区）可能更为明显[③]。这一结论与近期有关强化小岛屿可持续发展理念的话题不谋而合。尽管就目前而言，已有一些积极信号证明小岛屿等独特领土的环评能力建设已初显成效，例如由亚速尔大学环评团队完成的优质环评报告，但各国家地区仍应继续加强本国独特领土的战略环评能力建设。

遵循的环评准则不同，意味着环评报告的环评主题也将出现较大差异。在本章研究中，来自葡萄牙的环评报告的评价主题与苏格兰环评报告的评价主题存在明显区别。因为两者遵循的环评准则、评价方法和利益相关者参与方式均有较大区别。如拉莫斯等(2009) [④]所建议，战略环评的评价主题选择应考虑是否适用于小岛屿地区。尽管在本章研究案例中缺少有关小岛屿优先领域的战略环评报告，但应该注意的是，小岛屿的战略环评主题应更多地围绕小岛屿地区的优先领域和固有问题展开，这也正是国际社会所关注的层面。

此外，诺波尔等（2012)[⑤] 经研究提出，来自葡萄牙和苏格兰本土和岛屿地区的环评报告中涉及的方法以定性方法为主，如“专家判断法”和“SWOT 分析”，“影响矩阵”也更偏向于定性方法。研究人员指出，葡萄牙战略环评报告的不同部分使用的评价方法极为多样，“环境影响评价”一块内容使用方法更为广泛，而苏格兰的环评报告涉及的技术方法较为单一，通常每个评价阶段只采取一种技术方法。研究人员通过对环评报告中的技术方法分析证实，小岛屿地区的战略环评方法缺乏情境针对性。这一发现

---

① Noble, B. F., Gunn, J., Martin, J., 2012. Survey of currentmethods and guidance for strategic environmental assessment. Impact Assessment and Project Appraisal 30：139-147.

② McLauchlan, A., João, E., 2012. The inherent tensions arising from attempting to carry out strategic environmental assessments on all policies, plans and programmes. Environmental Impact Assessment Review 36：23-33.

③ Crossley, M., Sprague, T., 2014. Education for sustainable development：implications for small island developing states（SIDS）. International Journal of Educational Development 35：86-95.

④ Ramos, T. B., Caeiro, S., Douglas, C. H., Ochieng, C., 2009. Environmental and sustainability impact assessment in small islands：the case of Azores and Madeira. International Journal of Environmental Technology and Management 10：223-240.

⑤ Noble, B. F., Gunn, J., Martin, J., 2012. Survey of current methods and guidance for strategic environmental assessment. Impact Assessment and Project Appraisal 30：139-147.

也呼应了拉莫斯等曾提出的建议，即小岛屿地区的战略环评技术和方法不应直接套用大陆地区等，而应该根据小岛屿的具体环境和阈值进行变量配置和加权。然而，需要注意的是，近年来的环评法例和准则给出的迹象表明，未来的战略环评涉及的技术方法将更为多样化，如气候防护（亚速尔群岛区域法例 30/2010/A）和生态系统保护①等。这与最新的战略环评技术方法发展趋势相吻合，如注重抗灾能力建设及生态系统服务保护等。

值得注意的是，尽管在本章分析的环评报告样本中，除“环评背景和目标”设置阶段外，大部分环评阶段都没有明确提及“指标法”，但不可否认的是“可持续性框架和指标”以及“后续跟进评价”阶段的技术方法中有涉及评价指标。此外，在整个评价过程中，环评团队构建了不同指标来支撑“影响矩阵”、“趋势分析”等技术方法的运用。斯佛尔（2004）② 曾表明，指标构建主要取决于战略环评主题和目标，而费舍尔(2007)③ 曾提议指标法可以直接作为评价技术加以应用。本章研究结论与上述两位学者的结论相一致：指标能够描述和监测环境基准以及预测战略实施的环境影响，因而适用于各种环评情境及战略环评阶段。本章所分析的环评报告中，信息通常不够清晰和系统化，导致研究人员难以理解报告中各个指标的含义及相应的技术方法。在大多数报告中，环境基准的描述指标通常也是后续跟进评价阶段重点监测的核心指标。除此之外，由于环评涉及的评价指标具有跨领域特征，且对整个环评流程具有显著影响，因此唐纳利等（2006）④ 提出，为确保战略环评的成效，应从环评早期对评价指标进行审议和质量把控。

指标构建也经常出现在跟进评价阶段。研究人员通过对报告样本中后续跟进评价阶段的分析发现，大多数报告拥有专门的评价框架，框架中最常见的技术方法即为“指标法”。但研究人员发现，大陆地区和岛屿地区的环评报告中的跟进评价框架并没有太大区别。尼尔森等（2009）⑤ 曾提议，跟进监测评价措施制定应取决于 PPS（计划、规划、战略）背景，同时纳入适当的指标和技术方法。因此，研究人员认为有必要针对小岛屿环境制定特殊的跟进监测评价措施。尼尔森等还曾提出，有必要建立一个系统框架，来对战略实施产生的直接环境影响和间接的长期环境影响加以区分，并对战略实施

---

① Scottish Government, 2013. Strategic environmental assessment guidance. Scottish Government with the Support and Input from the Scottish SEA Forum Members, Including Scotland ' s SEA Consultation Authorities—Scottish Natural Heritage. Edinburgh, Scottish Environment Protection Agency and Historic Scotland.

② Therivel, R., 2004. Strategic environmental assessment in action. Earthscan, London and Sterling, VA. http://dx. doi. org/10. 1017/S1466046606230151.

③ Fischer, T. B., 2007. Theory & Practice of Strategic Environmental Assessment: Towards a More Systematic Approach. Earthscan, London.

④ Donnelly, A., Jones, M., O'Mahony, T., Byrne, G., 2006. Decision-support framework for establishing objectives, targets and indicators for use in strategic environmental assessment. Impact Assessment and Project Appraisal 24: 151-157.

⑤ Nilsson, M., Wiklund, H., Finnveden, G., Jonsson, D. K., Lundberg, K., Tyskeng, S., Wallgren, O., 2009. Analytical framework and tool kit for SEA follow-up. Environmental Impact Assessment Review 29: 186-199.

产生的环境累积影响加以明确。

此外，尼尔森等曾强调在跟进监测评价阶段运用参与式方法的重要性。参与式方法可以帮助环评从业人员有效获取有关环境影响评价的专门知识和经验。而在本章研究中，只有葡萄牙本土环评报告中附加的“治理架构”对环评跟进监测阶段的利益相关者及其相应责任进行了说明。这些分析结果凸显了进一步完善跟进评价框架、加强利益相关者参与、考虑战略环评背景的必要性。

利益相关者参与是战略环评中的一个跨领域问题。诺波尔（2004）① 曾提出环境评价应充分利用利益相关者的知识和价值。此外，费舍尔（2007）② 指出，利益相关者能够有效识别计划、规划、战略制定的不同价值。这几位学者的论点与亚速尔群岛的 4 份环评报告相吻合。这 4 份环评报告使用了环评团队自创的评价方法，其中包括专家判断法和利益相关者参与，该团队还为利益相关者制定了明确的参与战略。波利多等（2014）③ 曾提出，小岛屿地区应加强社区环保意识和社区赋权。此外，有学者经研究证实，尽可能并尽早地安排利益相关者和公众参与环评过程能够有效提高小岛屿的战略环评成效。这意味着，利益相关者参与可以作为整个环评阶段的评价标准之一，而不仅仅适用于特定战略环评阶段，例如在战略环评报告草案发布之后对其进行评价。此外，本章研究结果表明，亚速尔群岛的参与式方法可以有效推动利益相关者参与环评流程并提供意见，相比之下，奥克尼群岛环评报告的咨询意见主要来自“咨询机构”。但根据贝斯和达拉尔·克莱顿（1995）④ 以及祖贝尔等（2011）⑤ 的建议，小岛屿地区的利益相关者参与形式应从政府层面加以规范。

5.6　借鉴与启示

本章研究旨在以葡萄牙亚速尔群岛和苏格兰奥克尼群岛作为研究案例，对欧洲小岛屿的战略环评现状进行深入剖析，同时分析应如何优化这类特殊区域的战略环评。尽管本章属于探索性研究，且亚速尔群岛和奥克尼群岛的战略环评报告样本数量有限，但本章研究结果仍为特殊情境下的战略环评应用研究提供了参考背景。

---

① Noble，B. F.，2004. Strategic environmental assessment quality assurance：evaluating and improving the consistency of judgments in assessment panels. Environmental Impact Assessment Review 24：3-25.

② Fischer，T. B.，2007. Theory & Practice of Strategic Environmental Assessment：Towards a More Systematic Approach. Earthscan，London.

③ Polido，A.，João，E.，Ramos，T. B.，2014. Sustainability approaches and strategic environmental assessment in small islands：an integrative review. Ocean & Coastal Management 96：138-148.

④ Bass，S.，Dalal-Clayton，B.，1995. Small Island States and Sustainable Development：Strategic Issues and Experience，Environment Planning Issues. International Institute for Environment and Development，London.

⑤ Zubair，S.，Bowen，D.，Elwin，J.，2011. Not quite paradise：inadequacies of environmental impact assessment in the Maldives. Tourism Management 32：225-234.

5.6.1 战略环评需要高素质环评队伍

整体而言，尽管大量有关战略环评的文献强调了针对特殊情境和特殊区域采取“定制化”环评方法进行环评的重要性，但从本章选取的环评报告分析结果来看，小岛屿地区的环评报告与大陆地区并没有明显区别。战略环评中，遵循准则、环评主题、评价技术和方法环评报告的整体结构等主要取决于环评团队，而非计划、规划或战略的实施背景。由此凸显的一个亟须解决的问题，是环评从业人员应提高自身的战略环评知识水平和能力，探索创建“定制化”的环评方法。此外，在运用以可持续发展为切入点的评价方法对小岛屿这类具有特殊背景的区域进行战略环评时，应充分发挥决策者、环评从业人员、利益相关者及公众各自的能力。

5.6.2 参与式方法应列为战略环评标准

本章研究还发现，在小岛屿这类特殊区域制定环评方法时，参与式方法在不同环评阶段均起着关键性作用。因此，参与式方法应被作为一种评价标准在环评报告中加以体现。研究人员认为，应从范围审查阶段开始实行公众参与，并与其他评价工具和技术结合使用。制定和完善公众参与式评价，推动利益相关者和公众参与环评，有助于国家和区域/地方政府做出全方位的环保承诺。这可以通过制定和实施支持参与式评估的工具或过程，包括公众在内的不同利益相关者，来促进国家和地区/地方政府的深入承诺。

5.6.3 小岛屿发展需要加强战略环评

加强小岛屿网络建设、推动小岛屿之间的知识和经验交流、与国际机构合作，均可以有效集成这些独特领土的特征，从而创建独属于岛屿的特殊情境和背景。而进一步发展、完善小岛屿“定制化”环评方法，则需要改进战略环评方法。

第6章　大西洋沿海障壁岛生境管理优化研究

——以美国阿萨提格岛为例

保护环境是人类有意识地保护自然资源并使其得到合理的利用，防止自然环境受到污染和破坏；同时对受到污染和破坏的环境做好综合的治理，以创造出适合于人类生活、工作的环境，协调人与自然的关系，让人们做到与自然和谐相处。自19世纪60年代起，环保运动已渐渐令大众更重视身边的各种环境问题。海洋环境保护是全球范围内人们的共同责任，公众成为海洋环境保护的主要力量，因此，公众参与制度成为现代民主国家海洋保护环境的重要制度①。加强政府海洋管理，保护海洋环境和海洋生态，规范海洋开发，保障海洋经济的可持续发展已成为政府的重要职责，即海洋经济的发展引起了政府社会治理与公共管理范围的扩大，这也就赋予了政府新的角色②。环境保护预期成果的实现，需对环境状态和变化趋势进行严格测量与把关，并将测量结果传达给所有的资源管理者、科学家和广泛公众。然而，在现行环境管理中，生态系统响应监测与环境长期管理战略决策之间明显脱节。本研究的演示如何将历史监测数据进行整合并应用于未来规划和决策中，从而缩短管理的反馈周期。为对当前的生境状态进行评价与量化，本研究工作人员通过各种手段，收集跨越多个时空尺度的不同数据集。研究结果主要说明美国马里兰州和弗吉尼亚州共有的阿萨提格国家海岸③如何通过参照生态系统状态来进行监测，确定高脆弱性区域与具有管理优化潜力的区域，从而制定综合资源管理决策。本研究采用的生境状态评价法还为日后评价有关岛屿生境状态的管理决策成效提供有效框架。同时，也能够例证如何将不同的监测数据纳入环境自适应管理周期。

6.1　ASIS生境科学管理手段

利用监测信息对自然资源状态进行明确、可量化的评价，能够提高管理者管理和高效运转资源的能力④⑤。环境综合评估过程中常用的重要工具包括环境记分卡或报告卡。

---

① 梁亚荣，吴鹏．2010. 论南海海洋环境保护公众参与制度的完善［J］．法学杂志，(1)：22-24，28.

② 崔旺来，李百奇．2009. 海洋经济时代政府管理角色定位［J］．中国行政管理，(12)：55-57.

③ 阿萨提格国家海岸（Assateague Island National Seashore)，位于马里兰州与弗吉尼亚州的中间，是一个全美为数极少，遍地野马自由漫步的独特岛屿，也称阿萨提格国家海岸公园，或简称为阿萨提格岛。

④ Fancy, S. G., Gross, J. E., Carter, S. L., 2008. Monitoring the condition of natural resources in US national parks, Environmental Monitoring and Assessment.

⑤ Carruthers, T. J. B., Carter, S. L., Lookingbill, T. R., Florkowski, L. N., Hawkey, J. M., Dennison, W. C., 2012. A habitat-based framework for communicating natural resource condition. ISRN Ecology, 13.

环境记分卡不仅能够识别生态系统的变化，还能将监测数据应用于生态系统管理之中①。在环境记分卡的基础上进行仔细度量，并利用一个强大的框架来将不同时空尺度的环境度量结果加以联系，可以帮助判断自然资源状态变化趋势，体现资源状态与不同压力源之间的联系。尽管在全球、国家和大区域尺度均已成功开展过大规模的资源状态评价②③④⑤，但区域层面资源状态评价多集中于几种特定资源，目前尚未能开展全面的生境状态评价。

位于美利坚合众国中东海岸的沿海障壁岛——阿萨提格岛，面临着一系列地方和区域层面的威胁。但至今未有学者对阿萨提格岛生态系统进行科学、综合的评价，也未对生态系统监测与战略管理规划结合趋势加以研究。本项目通过对阿萨提格岛（Assateague Island National Seashore，ASIS）自然资源状态进行评价，演示如何将历史监测数据进行整合并应用于未来规划和决策中。

研究评价目的主要包括：

（1）通过编译现有的数据集、机构知识和观测信息，以生境评价法来量化和评价重要自然资源现状；

（2）建立一个有效框架以整合可用数据，并记录每一种重要自然资源评价信度及其自然资源演变趋势。其次，通过信息组合对各生境及 ASIS 整体生境状况进行描述分析；

（3）明确识别资源评价数据缺口或数据需求，以加强后续整体资源状况评估的有效性；

（4）制定管理策略和建议，并建立管理措施有效性评价框架。

6.2 研究区概况

6.2.1 阿萨提格岛资源状态及管理现状

阿萨提格岛位于美国首都华盛顿以东 227 千米，是一个沿着海岸的狭长障壁岛，横跨马里兰州和弗吉尼亚州（图 6-1）。阿萨提格岛是各种野生动物的天堂，包括各种水鸟和野马。阿萨提格岛海域还盛产海鲜，尤其是生蚝和贝类。岛上丰富的生态系统和物

① U. S. EPA，2002. A Framework for Assessing and Reporting on Ecological Condition：an SAB Report. Environmental Protection Agency. Science Advisory Board. Washington，D. C. EPA-SAB-EPEC-02-009.

② Ferreira，J. G.，2000. Development of an estuarine quality index based on key physical and biogeochemical features. Ocean and Coastal Management 43：99-122.

③ Kiddon，J. A.，Paul，J. F.，Buffum，H. W.，Strobel，C. S.，Hale，S. S.，Cobb，D.，Brown，B. S.，2003. Ecological condition of US mid-Atlantic estuaries，1997—1998. Marine Pollution Bulletin 46：1224-1244.

④ Turner，L.，Tracey，D.，Tilden，J.，Dennison，W. C.，2004. Where River Meets Sea：Exploring Australia' s Estuaries. Cooperative Research Centre for Coastal Zone，Estuary，and Waterways Management，Brisbane，p. 294.

⑤ Williams，M.，Longstaff，B.，Llanso，R.，Buchanan，C.，Dennison，W. C.，2009. Development and validation of a spatially-explicit index of Chesapeake Bay health. Marine Pollution Bulletin 59（1-3）：14-25.

种，能够满足人类的不同用途。阿萨提格岛受小潮和波浪作用显著，每年的沿岸泥沙流向南部供应了大量沉积物①②。在障壁岛的塑造过程中，温带东北风及飓风等大型风暴发挥着重要的作用。

阿萨提格岛勾勒出了马里兰州和弗吉尼亚州的一系列沿海港湾。汇入这些沿海港湾的水域共分为 6 个小流域，北部起源于特拉华州，中部贯穿马里兰州，南部延伸至弗吉尼亚州，总面积 453 平方千米（图 6-1）。流域内主要包括森林（38.4%）、农地（33.3%）、湿地（16.3%），以及面积逐渐扩张的住宅、商业和城市区（10.4%）。长达 59.5 公里的阿萨提格岛及其周边河口、海域由 3 个不同的政府机构共同保护和管理。其中，美国国家公园管理局（The National Park Service，NPS）负责管理阿萨提格国家海岸的自然资源，同时提供一些与环境相协调的娱乐方式。阿萨提格国家海岸范围主要包括阿萨提格岛属于马里兰州的部分、邻近一些沼泽岛、马里兰东部大西洋高水位线以内 0.8 千米海域以及海湾西侧 0.18~1.5 千米河口水域，共占地 16 381 公顷。

6.2.2 阿萨提格岛主要特征

6.2.2.1 物理特征

阿萨提格岛受自然作用影响不断发生形态变化，岛屿形态结构主要由风暴活动作用而成③。风暴引起的大型海浪不断冲刷岛屿导致其砂蚀或淤积以及海湾的形成或消失，海浪冲刷作用还导致海湾内形成新的沼泽。

6.2.2.2 生态系统特征

全球罕见的由泥沙冲刷形成的生境为濒危水鸟和笛鸻提供筑巢地点④。阿萨提格岛海滩的高潮线和原生沙丘之间的沙丘还曾发现全球罕见的濒危物种——矮苋，又称海蓬子。阿萨提格国家海岸是许多候鸟的落脚点，也是白尾鹿、梅花鹿和野马的重要生存场所⑤。但岛上能够供这些动物饮用的淡水极其有限。阿萨提格岛拥有独立的地下水系

① Fisher，J. J.，1967. Origin of barrier island shorelines：middle Atlantic states. Geological Society of America，Special paper 115：66-67.

② Krantz，D. E.，Schupp，C. A.，Spaur，C. C.，Thomas，J. E.，Wells，D. V.，2009. Dynamic systems at the land-sea interface（Chapter 12）. In：Dennison，W. C.，Thomas，J. E.，Cain，C. J.，Carruthers，T. J. B.，Hall，M. R.，Jesien，R. V.，Wazniak，C. E.，Wilson，D. E.（Eds.），Shifting Sands：Environmental and Cultural Change in Maryland's Coastal Bays. IAN Press，University of Maryland Center for Environmental Science，Cambridge，MD，pp. 211-248.

③ Stauble，D. K.，Garcia，A. W.，Kraus，N. C.，Grosskopf，W. G.，Bass，G. P.，1993. Beach Nourishment Project Response and Design Evaluation：Ocean City，Maryland，Report 1，1988—1992. Technical Report CERC-93-13. USACE Waterways Experiment Station，Vicksburg，Mississippi.

④ IUCN，2010. IUCN Red List of Threatened Species. Version 2010.3. downloaded on 27 September 2010. www.iucnredlist.org.

⑤ Keiper，R. R.，1985. Are sika deer responsible for the decline of white-tailed deer on Assateague Island，Maryland? Wildlife Society Bulletin 13：144-146.

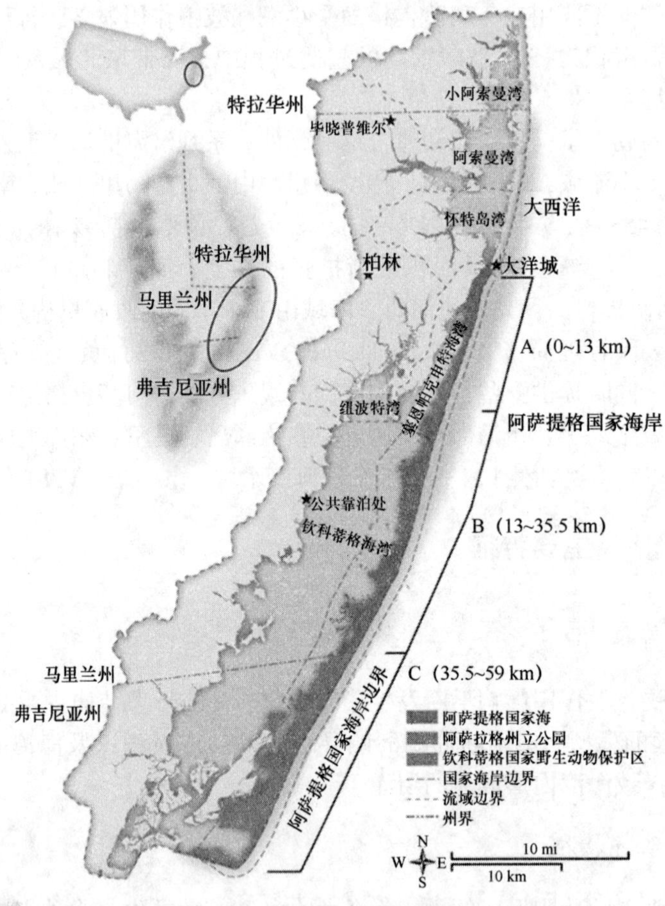

图 6-1 阿萨提格岛地理位置

统，淡水透镜体位于岛屿中央距地面 6 ~ 7 米处，且距岛屿两侧海岸的距离不足 1 米①。地下水的迁移过程极其缓慢，需 50 年以上。

6.2.2.3 人类利用特征

每年有超过 200 万的游客通过不同方式对阿萨提格国家海岸的资源进行利用②。其中，多数人的资源利用形式为前往海滩和海湾进行休闲、游泳、冲浪、划船、钓鱼、挖蛤、观鸟、徒步或驾车。马里兰州沿海港湾和大西洋近海渔业为商业渔业发展提供了重要基础。在海滩和海湾钓鱼对于游客而言最具吸引力。观赏价值、与海滩的深入接触以及岛上独特的动物群（包括野生马群）是吸引游客观光阿萨提格国家海岸的主要原因。阿萨提格国家海岸内还包括美国大西洋海岸未开发岸线中的最长部分，能够满足人们的

① Hall, S. Z., 2005. Hydrodynamics of Freshwater Ponds on a Siliciclastic Barrier Island, Assateague Island National Seashore, Maryland. Master of Science thesis, University of Maryland Eastern Shore, Princess Anne, Maryland.

② ASIS, 2007. Visitor Survey. National Park Service Report, Assateague Island National Seashore, Berlin, MD.

探险欲望。为保护和管理白尾鹿与梅花鹿，阿萨提格国家海岸管理部门出台了禁捕计划①。

6.2.3 阿萨提格岛资源面临威胁

阿萨提格国家海岸（ASIS）自然资源面临的威胁和压力主要来源于3个尺度：ASIS内部（164平方千米）、周边水域（453平方千米）以及中大西洋（310 000平方千米）。同时需要关注的是这3个尺度之间的相互作用。由野马、白尾鹿和梅花鹿种群引起的植被结构变化和沙丘侵蚀日益显著。梅花鹿与白尾鹿的摄食习性及食物竞争逐渐改变了阿萨提格国家海岸内的森林和灌丛分布特征②。此外，阿萨提格国家海岸内出现了许多外来植物物种，包括能产生入侵性菌株的芦苇，这些外来植物改变了湿地地表高度和水文条件，并逐步替代了原生湿地。这些外来物种扩散形成的大量单一作物，对于湿地栖息物种而言毫无栖息价值。在沙地行驶的车辆也对海滩和沙丘产生了明显的影响。分布密集的病媒蚊滋生沟渠也对涉水水鸟和河口水质③产生了不良影响。

历史上的人类活动也间接改变了岛屿及其生态系统。20世纪50年代，人类曾沿着整个岛屿构筑人工沙丘用于保护私人土地。该沙丘遗迹保持至今，极大程度地阻碍了泥沙冲刷过程。而其中一段约6千米长的沿岸沙丘被保留下来以对阿萨提格和国家公园内的基础设施进行保护。影响更为明显的是，1934年人类曾于马里兰州大洋城入口构建了长达700米的码头，其中伸入海洋的部分约400米。该码头的构筑增加了海湾内的海水盐度和海水冲刷作用，显著改变了沿岸海湾的特征；同时该码头中断了沿岸泥沙输送过程，从而减少了阿萨提格岛的沉积物传输量，岛屿北部的泥沙侵蚀由此进一步加剧。为此，当地政府开展了一个长期项目来恢复阿萨提格岛近岸的沉积物传输，以期恢复到码头建立前的沿岸输沙率，约110 096 米^3/年。阿萨提格岛沿岸及邻近海湾受邻近流域的人类活动、农业发展和大规模动物饲养影响，出现大面积的水质退化和海草绝迹④。

美国大西洋中部地区分布着人口密度最大的一些地区，由此造成一些区域尺度的压力，例如空气质量下降。在过去的一个世纪中，大西洋中部地区的海平面相对上升平均速度为3～4 毫米/年，几乎达到全球平均水平的2倍，预计到2030年将进一步加剧。

---

① ASIS，2010b. General hunting regulations. National Park Service，Assateague Island National Seashore. http：//www. nps. gov/asis/upload/09-10%20ASIS%20Hunt%20Plan. pdf.

② Hall，M. R.，Cain，C. J.，Casey，J. F.，Tarnowski，M. L.，Wazniak，C. E.，Wells，D. W.，Wilson，D. E.，2009. Chapter 10：history and the future. In：Dennison，W. C.，Thomas，J. E.，Cain，C. J.，Carruthers，T. J. B.，Hall，M. R.，Jesien，R. V.，Wazniak，C. E.，Wilson，D. E.（Eds.），Shifting Sands：Environmental and Cultural Change in Maryland's Coastal Bays. IAN Press，University of Maryland Center for Environmental Science，Cambridge，MD，pp. 149-174.

③ Koch，F.，Gobler，C. J.，2009. The effects of tidal export from salt marsh ditches on estuarine water quality and plankton communities. Estuaries and Coasts 32（2）：261-275.

④ Wazniak，C. E.，Hall，M. R.，Carruthers，T. J. B.，Sturgis，B.，Dennison，W. C.，Orth，R. J.，2007. Linking water quality to living resources in a mid-Atlantic lagoon system，USA. Ecological Applications 17（5S）：64-78.

海平面相对上升造成的沿海地区洪水泛滥，加快了海岸地貌变化进程。近年来，有学者对阿萨提格的海岸线进行了分析评价，结果表明60%的海岸线具有高度的气候变化脆弱性[①]。

6.3 评价方法

本研究主要采用生境评价框架来对阿萨提格岛自然资源状态进行评价。基于目前的生态分类系统的分类标准多以植被群落或土地覆盖为主，本次评价采用了“国际自然与自然资源保护联盟生境分类系统”[②] 来为生境分类奠定基础。

阿萨提格国家海岸的马里兰州范围内生境划分主要根据1993年的植被分类法，而弗吉尼亚州范围内生境主要根据1995年的植被分类法[③]。研究过程中采用的GIS图层来自遥感影像，每个多边形代表一种可能的植物组合。所有图像合并后共同组成这两个州的植被，基于种特异性的分类可进一步归纳为更普遍的土地覆盖分类，例如混交林和草地。含外来草本物种的多边形与相近的土地覆盖类型合并。这些土地覆盖类型进一步概括为7个生境组合（图6-2）：海湾潮下带和滩涂、盐水沼泽地、内陆湿地、森林和灌丛、沙丘和草地、海滩和潮间带以及大西洋潮下带。

本章采取的自然资源状态评价方法，是先确定能够充分反映生境现状（图6-3）的指标，并为每个指标建立参照条件（表6-1），以百分比形式表达生境现状的实现水平，然后进行生境状态评价。为呈现阿萨提格岛环境现状，本章基于一系列能够反映每个生境现状的指标（图6-4~图6-10），构建了一个概念框架来示意每个生境的理想状态和退化状态。研究中确定的部分理想指标没有现成数据时，以浅灰色来表征数据缺失。

生境样点数量、时间和空间范围能够增加生境状态评价指标的信度，而生境变化趋势主要通过统计分析或定性描述（表6-1）。表6-1中给出了生境度量指标、参照条件和实现度百分比以及生境现状和变化趋势。计算得到每项生境状况指标实现情况后，计算其不加权平均值以确定每个生境的现状，随后将各个指标求和以对公园整体生境状态做出评价（图6-11）。最后，研究人员与公园的自然资源管理者会面并提供研究结果，探讨生境状态对公园资源和管理的影响。在此基础上，双方共同制定公园管理建议，并基于每个生境的研究发现来确定下一步的研究方向。

---

① Pendleton, E. A., Williams, S. J., Thieler, E. R., 2004. Coastal Vulnerability Assessment of Assateague Island National Seashore (ASIS) to Sea-level Rise. U. S. Geological Survey, Open-File Report 2004-1020.

② IUCN, 2010. IUCN Red List of Threatened Species. Version 2010. 3. downloaded on 27 September 2010. www. iucnredlist. org.

③ ASIS, 2010a. Assateague island national seashore data repository. National Park Service Natural Resource Information Portal. Online database. https: //nrinfo. nps. gov/Home. mvc (accessed December 2010).

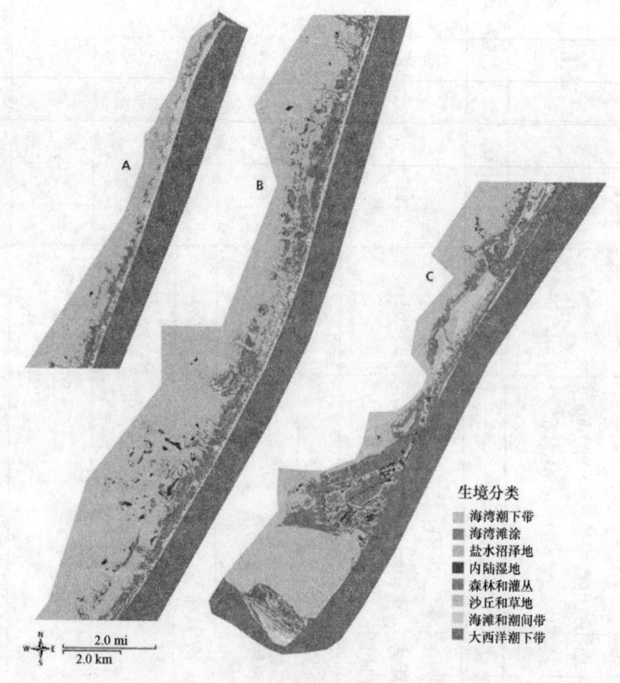

图 6-2　阿萨提格岛的七种生境组合

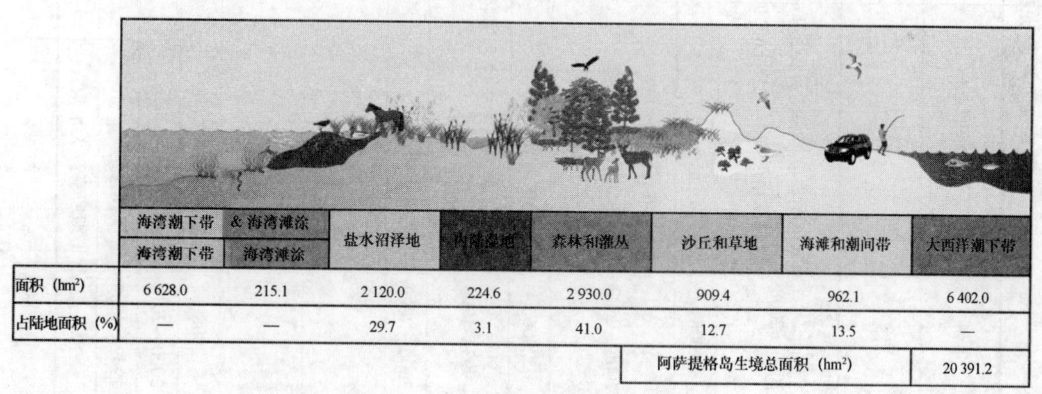

	海湾潮下带 & 海湾滩涂		盐水沼泽地	内陆湿地	森林和灌丛	沙丘和草地	海滩和潮间带	大西洋潮下带
	海湾潮下带	海湾滩涂						
面积 (hm²)	6 628.0	215.1	2 120.0	224.6	2 930.0	909.4	962.1	6 402.0
占陆地面积 (%)	—	—	29.7	3.1	41.0	12.7	13.5	—
					阿萨提格岛生境总面积 (hm²)			20 391.2

图 6-3　阿萨提格岛陆生和水生生境

6.4　阿萨提格岛生境与资源环境描述

阿萨提格岛包含多种陆生和水生生境，其总面积达到 20 391 公顷，潮下带生境约占总生境面积的 64%，其中大西洋海岸范围内 6 402 公顷，钦科蒂格海湾和塞恩帕克申特海湾内 6 628 公顷。阿萨提格岛上共有陆生和潮间带湿地生境 7 361 公顷，其中陆地区域最丰富的生境依次为森林和灌丛（39.8%）、盐水沼泽地（28.8%）、海滩和潮间带（13.1%），以及沙丘和草地（12.4%）。

表 6-1 阿萨提格岛生境评价

生境度量指标	取样场址	取样点	年份	参照条件	平均值	实现水平（%）	现状	变化趋势
海湾潮下带和滩涂生境								
海草分布面积	2	18	2000—2008	塞恩帕克申特海湾≥1226 hm^2；钦科蒂格海湾≥8 256 hm^2	塞恩帕克申特海湾 738~923 hm^2；钦科蒂格海湾 1 874~6 616 hm^2	61	好	退化*
蛤蜊密度	163	163	2008	≥1. 34 ind/m^2	0. 16 ind/m^2	7	严重退化	无趋势
水质指标（WQI）	18	612	2006—2008	TN <46 μmol；TP <1. 2 μmol；Chl a <15 μg/L	TN = 33. 1 μmol；TP = 1. 61 μmol；Chl a = 6. 15 μg/L	63	良好	退化*
细菌数量	3	3	2006	<10^4 MPN/100 ml	43. 65 MPN	99	极好	不详
沉积污染物	12	12	1993，1996	沉积污染物中含 9 种金属将引起阈值效应	数种	77	良好	改善*
马蹄鲎	3	10	2006—2009	维持丰度	0. 13 只/m^2	86	极好	不详
海湾潮下带和滩涂整体状况						66%	良好	
盐水沼泽地生境								
芦苇	海岸公园	1	2008	盐水沼泽地内<2%	1. 46%	100	极好	改善
野马	海岸公园	11	2000—2010	80~100 匹	151 匹	31	退化	改善*
盐沼侵蚀	5	5	1942—1989	海岸线稳定	-0. 2 m/a	0	严重退化	不详
蚊虫滋生水沟	海岸公园	1	2003	填埋所有露天水沟	仍有 48 276 m 露天水沟	10	严重退化	改善

续表 6-1

生境度量指标	取样场址	取样点	年份	参照条件	平均值	实现水平（%）	现状	变化趋势
盐水沼泽地整体状况						35%	退化	
内陆湿地生境								
芦苇	海岸公园	68	2008	水塘内无芦苇	有芦苇水塘达 12 hm^2	82	极好	改善
野马	海岸公园	11	2000—2010	80~100 匹	151 匹	31	退化	改善*
水体 pH 值	11	231	2003—2004	6.5≤pH 值≤8.5	4.8≤pH 值≤8.0	54	一般	不详
硝酸盐湿沉降	海岸公园	1	2003—2007	<1 kg/（hm^2·a）	4.5 千克/公顷·年	0	严重退化	改善*
内陆湿地整体状况						42%	一般	
森林和灌丛生境								
芦苇	海岸公园	1	2008	森林和灌丛内<2%	5.9%	0	严重退化	改善
野马	海岸公园	11	2000—2010	80~100 匹	151 匹	31	退化	改善*
鹿种群密度	海岸公园	4	2003—2006	<8 只/km^2	15.2	0	严重退化	无趋势
不透水面	海岸公园	1	2004	<10%	0.15%	100	极好	不详
臭氧浓度	海岸公园	1	2003-2007	≤60×10^{-9}	83×10^{-9}	0	严重退化	不详
森林和灌丛整体状况						26%	退化	
沙丘和草地生境								
芦苇	海岸公园	1	2008	沙丘和草地内<2%	2.8%	0	严重退化	改善
野马	海岸公园	11	2000—2010	80-100 匹	151 匹	31	退化	改善*

续表 6-1

生境度量指标	取样场址	取样点	年份	参照条件	平均值	实现水平（%）	现状	变化趋势
冲刷作用	海岸公园	1	1993，2003，2004	冲刷作用可及生境占比	79%	79	良好	改善
沙丘海拔变化	3	6	2002，2005，2008	沉积层	北区：0.57 m/a 开发区：0.15 m/a	67	良好	无趋势
臭氧浓度	海岸公园	1	2003—2007	$\leqslant 60\times10^{-9}$	83×10^{-9}	0	严重退化	无趋势
不透水面	海岸公园	1	2004	<10%	2.6%	100	极好	不详
沙地车道	海岸公园	1	2006	禁设车道的沙丘和草地面积占比	99%	99	极好	改善
沙丘和草地整体状况						54%	一般	
海滩和潮间带生境								
美丽虎纹天牛	44	193	2001—2009	数量保持稳定	数量下降明显	44	一般	无趋势
笛鸻繁殖力	海岸公园	11	2000—2010	每对笛鸻孵化幼崽数量 5 年滑动平均值≥1.19	每对笛鸻每年离巢幼雏 0.4~1.9 只	54	一般	无趋势
海蓬子	海岸公园	10	2000—2009	3 年滑动平均值保持稳定	1 489 株植株	67	良好	改善*
海滩岸线变化速率	2	469	1849—2008	与 1849—1908 年历史水平（-0.986 m/a）相比，标准偏差<1	北区 1997—2008 年：-0.840 米/年	100	极好	无趋势
沙地车道	海岸公园	1	2006	禁设车道的海滩和潮间带长度占比	45%	45	一般	无趋势
光污染	海岸公园	6	2009	>21.5 mag sq-arc-sec^{-2}	21.7 mag arc-sec^{-2}	100	极好	不详

续表 6-1

生境度量指标	取样场址	取样点	年份	参照条件	平均值	实现水平（%）	现状	变化趋势
海滩和潮间带整体状况						68%	良好	
大西洋潮下带生境								
细菌浓度	8	48	2000—2006	$<10^4$ MPN/100 ml	7.8 MPN	99	极好	无趋势
大西洋浪蛤	调查 & 模型	9	2000—2008	捕捞死亡率 0.15/a	捕捞死亡率 0.02/a	100	极好	退化
光污染	海岸公园	6	2009	>21.5 mag sq-arc-sec $^{-2}$	21.7 mag arc-sec^{-2}	100	极好	不详
大西洋潮下带整体状况						100%	极好	

注：具有统计学意义的变化趋势以 * 标注。

海湾潮下带和滩涂

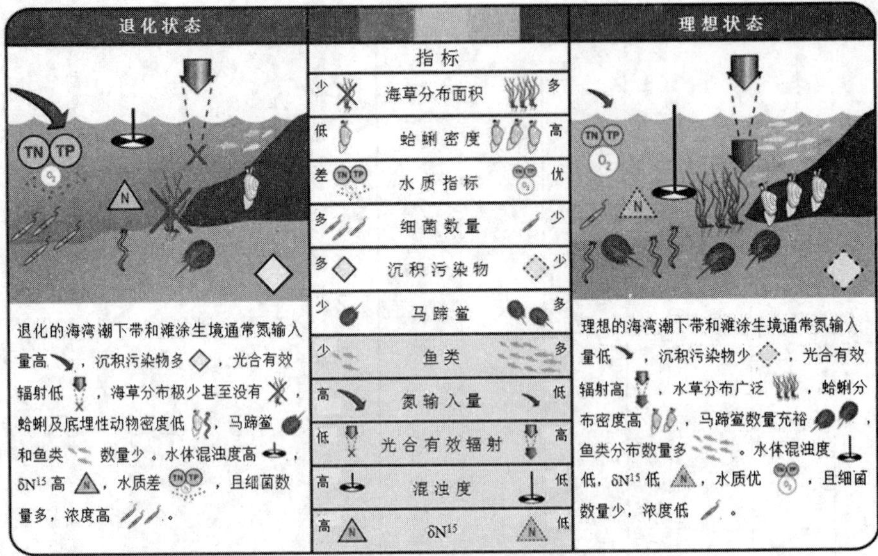

图 6-4 阿萨提格岛海湾潮下带和滩涂生境评价指标

盐水沼泽地

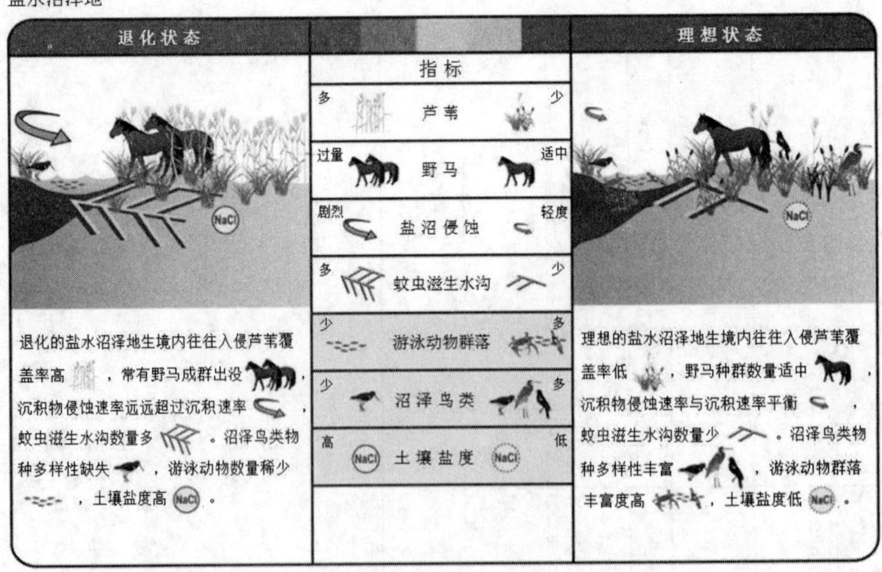

图 6-5 阿萨提格岛盐水沼泽地生境评价指标

内陆湿地

图 6-6　阿萨提格岛内陆湿地生境评价指标

森林和灌丛

图 6-7　阿萨提格岛森林和灌丛生境评价指标

沙丘和草地

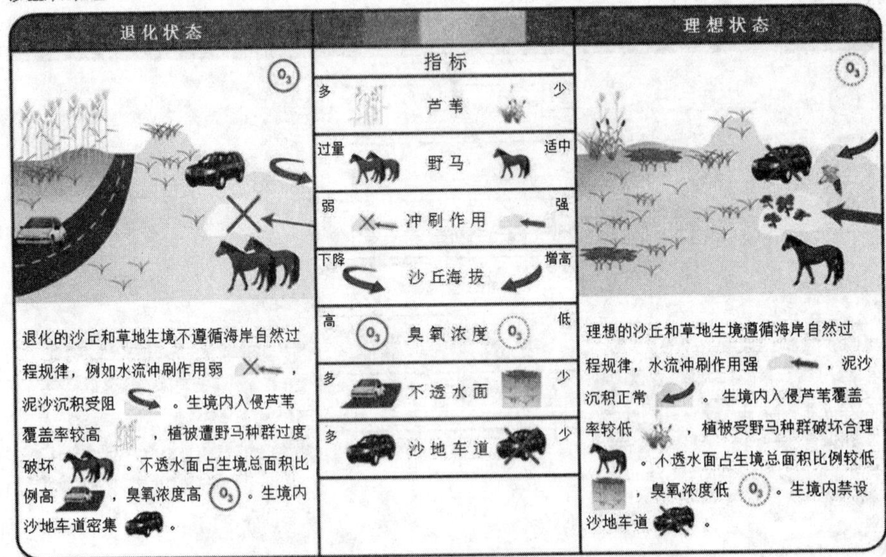

图 6-8 阿萨提格岛沙丘和草地生境评价指标

海滩和潮间带

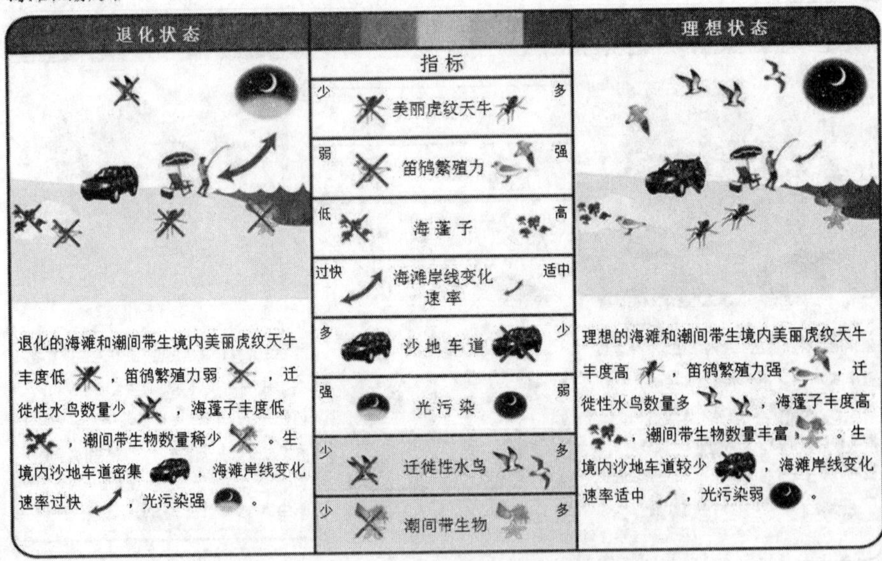

图 6-9 阿萨提格岛海滩和潮间带生境评价指标

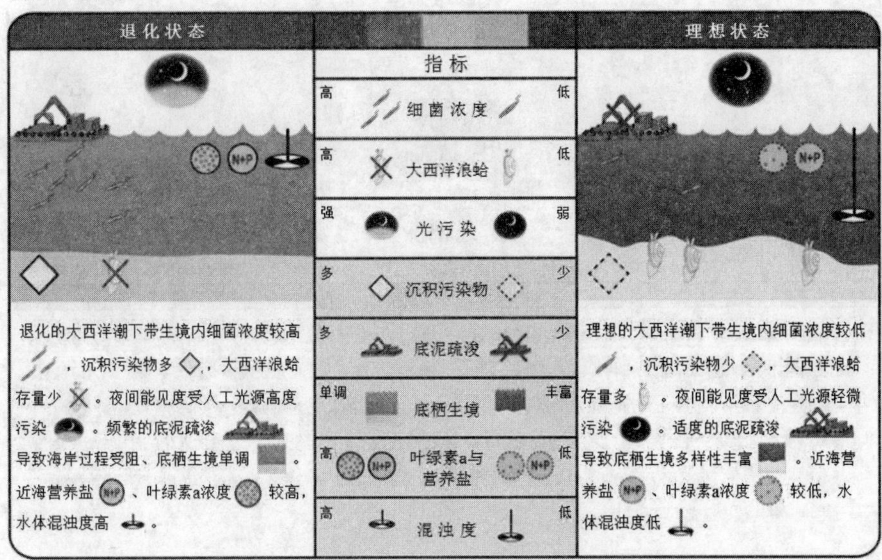

图 6-10　阿萨提格岛大西洋潮下带生境评价指标

6.5　生境评价与管理建议

6.5.1　海岸整体状况

研究人员通过信度合理的取样，对阿萨提格国家海岸的自然资源进行了评价，结果表明海岸整体生境状态一般，达到理想参照条件的 56%（图 6-11）。

6.5.2　海湾潮下带和滩涂生境

阿萨提格国家海岸的海湾潮下带和滩涂生境状况良好，达到参考水平的 66%（图 6-12）。由于生境评价指标的相关数据量丰富，生境评价结果信度较高。阿萨提格国家海岸内及邻近的钦科蒂格海湾和塞恩帕克申特海湾的水质评价结果为良好。但从长期来看，其水质相比 21 世纪初明显下降①。来自净化系统的营养输入可能会对局部水质产生一定影响，但钦科蒂格海湾和塞恩帕克申特海湾的水体氮含量大量增加，被认为与周边流域大规模家禽养殖有关。浅滩流域面积相比水面面积小，因此水中空气含量也是生境评价的重要指标。过去 10 年间，底栖生物群落数量的减少，例如海草和蛤蜊数量下

① Wazniak, C. E., Hall, M. R., Carruthers, T. J. B., Sturgis, B., Dennison, W. C., Orth, R. J., 2007. Linking water quality to living resources in a mid-Atlantic lagoon system, USA. Ecological Applications 17 (5S): 64-78.

从生境整体情况来看，入侵芦苇 数量明显减少，蚊虫滋生水沟 被大量填埋。冲刷作用 为各生境内的物种生长发育提供了良好的条件，包括海蓬子 、滨鸟——笛鸻 以及美丽虎纹天牛 。为确保自然冲刷过程正常进行，历史上人为修筑的沙丘被移除 。较小的人工光源污染使得夜间可见度更高 。海滩岸线变化速率与历史水平相当 。空间质量下降 导致了植被生境和水生生境的退化。目前来看，海湾水质状况良好 ，但呈现下降趋势。过量的野马 、原生白尾鹿 和外来梅花鹿 严重践踏了脆弱生境，并对植被造成了严重破坏。

实现水平：	0%~20%	20%~40%	40%~60%	60%~80%	80%~100%
生境状况：	严重退化	退化	一般	良好	极好

生境	参照条件实现水平	现状	评价信度
海湾潮下带和滩涂	66%	良好	高
盐水沼泽地	35%	退化	一般
内陆湿地	42%	一般	低
森林和灌丛	26%	退化	一般
沙丘和沼泽地	54%	一般	高
海滩和潮间带	68%	良好	高
大西洋潮下带	100%	极好	极低
阿萨提格国家海岸	**56%**	**一般**	**高/一般**

图 6-11 阿萨提格岛各生境及国家海岸整体生境现状

降，在某种程度上与水质状况恶化相关。为保护这些重要的底栖动物群落，管理者应注意保持或改善水质，同时也应继续执行现行的采蛤禁令。此外，应持续进行底栖生物群落监测，并建议采用标准化方法来监测生态系统内其他重要物种的商业化发展情况，河口鲭鱼类及马蹄蟹渔业。

6.5.3 盐水沼泽地生境

阿萨提格国家海岸的盐水沼泽地正处于退化状态，仅达到参考水平的35%（图 6-13）。而由于样本数据有限，盐水沼泽地生境评价信度一般。值得庆幸的是，区域和公园内常见的入侵物种芦苇在盐水沼泽地中覆盖率较低，因此研究人员建议采取适当措施来对芦苇种群进行控制和监测，防止新物种入侵以继续保持芦苇目前的低覆盖率。海湾一侧海岸的侵蚀过程，不仅导致盐水沼泽地生境面积缩减，还会导致潮下带和滩涂生境内沉积物堆积和营养过剩，从而导致生境退化。人类构建的沙丘和护堤残骸导致泥沙冲刷受阻，因而海湾一侧海岸侵蚀持续加剧，而海平面上升将进一步加剧这一现象。为改善公园内盐水沼泽地的自然资源状态，研究人员建议继续填埋蚊虫滋生水沟，并对填埋行为的生态影响进行评价。此外，还建议清除阻碍自然冲刷过程的障碍物以为新的沼泽地形成提供充足的沉积物。尽管公园管理者已通过使用避孕用具控制目前的野马种群规模，使其接近理想状态，但过量放牧的野马及其对土地的践踏仍对沼泽地生境产生显著的不利影响。为进一步优化对盐水沼泽生境状态的评价，下一步研究人员将增加能够反映游泳动物群落、沼泽鸟类、沉积物堆积速率、土壤盐度状况的一系列指标。对盐水沼泽地游泳生物群落和沉积物堆积的监测目前正在进行，但因数据不够充分未能加以有效分析。

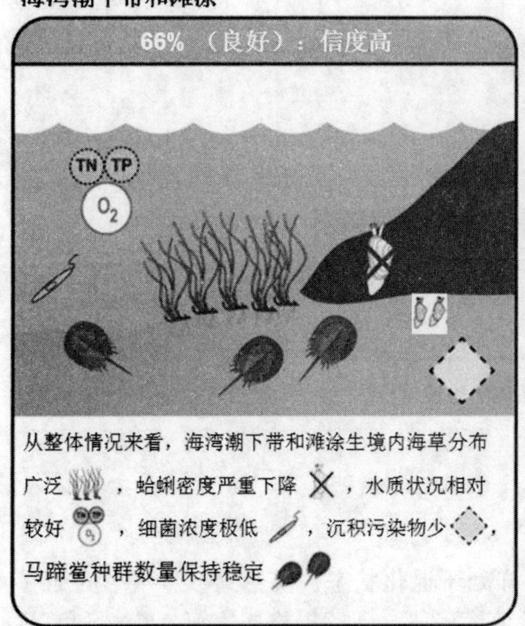

图 6-12　阿萨提格岛海湾潮下带和滩涂生境现状

盐水沼泽地

35%（退化）：信度一般

从整体情况来看，盐水沼泽地生境内入侵芦苇覆盖率低，野马种群数量过多。生境内盐沼侵蚀剧烈，蚊虫滋生水沟分布密度较高。

图 6-13　阿萨提格岛盐水沼泽地生境现状

6.5.4　内陆湿地生境

阿萨提格国家海岸的内陆湿地生境处于一般状态，达到参考水平的 42%（图 6-14）。由于可用样本数据较为匮乏，生境评价信度处于中等水平。入侵芦苇的低覆盖率以及适当的 pH 值表明该生境处于较理想状态。但极易导致湿地生境退化的一个因素是糟糕的空气质量。糟糕的空气导致湿地氮和硫酸盐沉积率过高、pH 值下降和养分浓度增加，从而易引起湿地生境退化。此外，大规模马群的践踏及其造成的水体富营养化，均对淡水生境构成严峻的威胁。考虑到正在施行的野马种群数量控制尚未使其降低到可接受水平，公园管理者应采取其他方式控制其涉足已出现退化迹象的淡水池塘。内陆湿地生境极其容易受到气候变化产生的一些影响，尤其是海平面上升引起的盐度增加等。因此，着眼于盐度、地下水状况、生物指标（如爬行动物、两栖动物和昆虫）等能够优化下一步的生境状态评价，并且有利于快速识别气候变化可能引起的生境退化迹象。

图 6-14 阿萨提格岛内陆湿地生境现状

6.5.5 森林和灌丛生境

阿萨提格国家海岸的森林和灌丛生境同样处于退化状态，仅达到参考水平的 26%（图 6-15）。由于样本数据有限，该生境评价信度一般。阿萨提格国家海岸森林和灌丛生境内的不透水面占生境总面积比例较小，这能够很好地保障生境完整性。但仍有一些外来压力导致该生境的质量下降。目前，森林和灌丛生境内入侵芦苇覆盖率较高，因此研究人员建议加强对芦苇进行识别和处理，预测通过使用除草剂或焚烧手段处理芦苇将对生态系统产生的影响。同时，阿萨提格国家海岸内数量众多的野马和鹿群持续践踏植被，极可能破坏幼苗的栽种，从而影响森林更新。值得庆幸的是，公园制定的管理目标，即将野马种群数量控制在 80~100 匹之间，将有利减轻畜群对森林和灌丛生境的负面影响。但对公园内原生白尾鹿和外来梅花鹿进行数量控制相对较难，首先需要研究人员将鹿群植食行为对植物群落健康的影响进行量化，并掌握鹿群密度指数，方能制定科学合理的管理目标。此外，森林和灌丛生境中的大量物种对臭氧浓度极为敏感，而环境中的周期性高臭氧浓度在极大程度上导致了生境退化。目前能够反映森林重要资源状态的数据相对有限，例如植物群落状况，包括植被多样性和入侵物种等；例如鸟类群落状况；生态影响因素的相关信息也极为匮乏，例如地下水水位及水质。在接下来的研究中，这些数据空缺的补充将显著改善森林和灌丛生境资源状态的评价质量，并服务于公园未来的管理决策。

6.5.6　沙丘和草地生境

阿萨提格国家海岸的沙丘和草地生境处于一般状况，达到参考水平的 54%（图 6-16）。由于选取指标适当且数据量丰富，该生境的评价信度很高。沙丘和草地生境中拥有很多有利的指标，例如不透水面占生境总面积比例小、沙地车道及行驶车辆少、泥沙冲刷过程良好以及岛屿海拔增高。通过控制沙地车辆行驶范围以及拆除部分护堤以促进风暴期间泥沙冲刷将有利于进一步保持这些有利指标。生境中存在显著负面影响的因素为入侵芦苇的大面积覆盖。因此，研究人员给出了与森林和灌丛生境相似的建议，即加强对芦苇进行识别和处理，同时预测通过使用除草剂或焚烧手段处理芦苇将对生态系统产生何影响。此外，糟糕的空气质量，例如臭氧浓度过高，会导致沙丘和草地等开放生境内的敏感植物物种发生退化。公园内过量的野马种群导致的践踏和营养物质增加，也使草地生境遭受严峻威胁。因此，研究人员建议通过持续管理维持稳定的野马种群数量。

森林和灌丛

26%（退化）：信度一般
从整体情况来看，森林和灌丛生境内入侵芦苇覆盖率高，不透水面占生境总面积比例较小，野马和鹿数量过多，臭氧浓度高。

图 6-15　阿萨提格岛森林和灌丛生境现状

沙丘和草地

图 6-16　阿萨提格岛沙丘和草地生境现状

6.5.7 海滩和潮间带生境

阿萨提格国家海岸的海滩和潮间带生境处于良好状况，达到参考水平的68%（图6-17）。由于选取指标适当且数据量丰富，该生境的评价信度同样很高。值得注意的是，海滩与潮间带海蓬子数量的不断增加，可见海蓬子管理成效极为显著。但公园管理者仍希望进一步加强管理，以期将该物种从美国渔业和野生生物服务处的濒危物种恢复计划名单中除名。另一个积极的现象是输沙设施管理干预有力地降低了海滩岸线变化速率，使之逐渐接近历年的自然变化率。因此，研究人员建议，继续执行输沙项目以为阿萨提格岛的泥沙输运提供充足泥沙。从动物物种来看，海滩与潮间带生境内美丽虎纹天牛丰度极低，且存在逐年下降的趋势。因此，研究人员建议控制海岸范围内的车辆行驶，以保护美丽虎纹天牛种群。在大多数年份中，公园内笛鸻幼雏离巢成功率相对稳定。但笛鸻成功繁育的重要前提是拥有能够满足其特定需求的生境，主要为由泥沙冲刷形成的特殊生境。因此，为确保该物种能够续存，管理者应尽量拆除一些会对自然风暴冲刷形成不良影响的人工构筑物。过量的野马种群也会在某些层面上威胁到该生境状态，例如其植食行为会对海蓬子造成显著不良影响。在海滩与潮间带生境未来的发展中，添加更多的合理指标，例如系列能够反馈并量化潮间带生物多样性和丰度、迁徙性水鸟丰度、海滩不同区域的游客行为对敏感物种构成的威胁等信息的指标，将能够进一步优化生境评价结果质量。

海滩和潮间带

68%（良好）：信度高

从整体情况来看，海滩和潮间带生境内美丽虎纹天牛丰度低，笛鸻繁殖力强，海蓬子丰度高。海滩岸线变化速率适中，沙地车道分布合理，光污染弱。

图6-17 阿萨提格岛海滩和潮间带生境现状

6.5.8　大西洋潮下带生境

阿萨提格国家海岸向大西洋一侧的潮下带生境被认为处于相当良好的状态，达到参考水平的 100%（图 6-18）。但由于该生境评价过程中缺乏合适的指标以及基准环境信息，生境评价结果信度较低。阿萨提格岛的夜间能见度较好，但向美国东海岸一侧质量逐渐下降。因此研究人员建议阿萨提格国家海岸与区域合作伙伴以及地方政府建立合作，共同保护这一资源特征。大西洋潮下带生境是研究人员认为最为不足的一个生境，但生境调查过程中获取的有限数据表明，水质和底栖渔业处于理想状态。目前，有研究人员正针对该生境进行底栖生境表征和测绘调查，并尝试建立并监测一些能够反馈生境状况的关键指标。

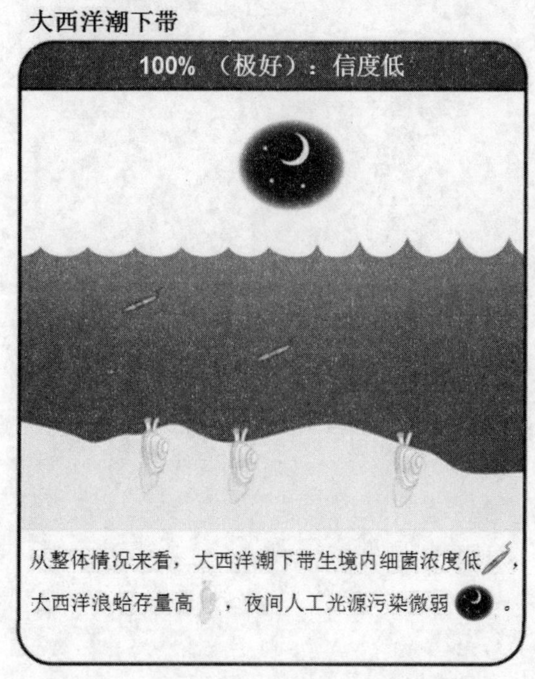

图 6-18　阿萨提格岛大西洋潮下带生境现状

6.6　结论

本章以阿萨提格国家海岸为研究对象，成功地演示了如何在地方尺度建立生境综合评价体系框架并整合不同时间和空间尺度的现有数据，来对公园的自然资源、生境和整体状态分别加以评价。阿萨提格国家海岸生态系统状态在整体上处于中等水平，评价结果信度为中到高度，其中每个生境状态评价结果和信度水平各有差异。通过这一新的生境评价框架所得到的主要研究发现和管理建议，将有助于集中有限的人员和资金资源，促进生态系统健康状况、生态系统恢复指导和监测工作等方面的改善强化，同时还能为后续开展相关研究以改善未来的资源状况评价提供借鉴。此外，这一新的评价框架还可以用于评价管理者当前和未来管理措施的成效，从而制定对策改善或保持生境状态。该框架还演示了如何将不同的监测数据集纳入到一个自适应管理循环，以同时适用于多尺度下具有不同数据密度的生境的状态评价。

第7章　气候变化应对中的社会资本问题研究

——以小岛屿国家为例

气候变化作为人类面临的最严峻挑战，给自然生态系统和社会经济系统带来严重冲击，如何适应气候变化已成为当前全社会普遍关注的问题。应对气候变化是国际社会的共同任务，也是中国社会经济科学发展的内在要求。中国政府高度重视应对气候变化问题，把绿色低碳循环经济发展作为生态文明建设的重要内容，主动实施一系列举措，并取得了明显成效。积极应对气候变化，不仅是我国保障经济、能源、生态、粮食安全以及人民生命财产安全，促进可持续发展的重要方面，也是深度参与全球治理、打造人类命运共同体、推动共同发展的责任担当。中共中央政治局常委、国务院总理李克强指出，中国是一个发展中国家，必须加大政府对生态环保等公共产品和基础设施投入，探索政府与社会资本合作等投融资新机制。中国将积极开展多边和双边国际磋商，特别是进一步加大气候变化南南合作力度，建立应对气候变化南南合作基金，在资金、技术和能力建设上为小岛屿国家、最不发达国家和非洲等发展中国家提供力所能及的帮助和支持，共同推动形成公平合理、合作共赢的全球气候治理体系，共同建设人类美好家园①。本章在实证案例研究的基础上，建立了一个分析框架，尝试通过循序渐进的方法帮助分析岛屿社会资本在其气候变化适应过程中发挥的作用。全部步骤包括社会资本评估、风险图绘制以及政治与经济能力分析。此外，该体系还提供了上述各步骤中较为适用的分析方法。

7.1　应对气候变化的逻辑起点

相比多数大陆地区，小岛屿更容易受气候变化影响。但密集的社会网络所带来的资源，例如集体行动、规范和信任，使小岛屿拥有高度抗灾能力。因此，我们有理由认为，这些通常被称作社会资本的资源，与小岛屿对气候变化的适应密切相关。

气候系统的大多数变化对海岛生态系统的影响极其缓慢，可能长达数十年、数百年，而人类活动对海岛生态系统的影响则相对更直接、更迅速。近百年来，全球气候系统正经历着以全球变暖为主要特征的显著变化，以海平面上升、水温升高、海水酸化、极端天气等因素为主要驱动力的气候变化正对海岛生态环境系统产生严重影响。海岛作

---

① 李克强．实施应对气候变化国家战略［DB/OL］．新华每日电讯，（2015年6月13日）［2017年1月9日］．http：//news. xinhuanet. com/mrdx/2015-06/13/c_ 134322843. htm.

为生态脆弱区已成为气候变化的最直接承受者，气候变化对其造成的影响尤为严重。为此，急需掌握海岛开发、利用、保护和治理策略，并探明影响开发、利用、保护和治理策略选择的因素，这对于制定有效的海岛开发、利用、保护和治理政策极为关键。小岛屿是典型的生态脆弱区，气候变化作为小岛屿生态环境恶化的最根本自然诱因，与不合理的人类活动相互叠加，使海岛植被资源退化、水资源锐减、水土流失加剧、生物多样性减少等。当前，急需辨明海岛所选择的气候变化适应策略及影响其策略选择的关键因素，以便寻求更有效的气候变化适应策略，减轻海岛的生态脆弱性。

海岛开发应当从减少气候变化的不利影响和提高海岛地区的气候变化适应能力着手，制定气候变化适应政策。具体来说就是应采取各种措施增强海岛保护与治理中的社会资本和金融资本，建立多元化信贷机制、提高物质资本转化能力等来增强海岛保护与治理的金融资本，以便提高海岛适应气候变化的能力。目前有关社群社会资本的作用研究涵盖了许多不同层面，如地方性知识、经济发展和政治能力。但对气候变化进行有效适应，必须借助整体评分法来充分理解社会资本在适应气候变化过程中所发挥的作用。

7.2 小岛屿国家应对气候变化的困境

全世界小岛屿国家的居民有 6 300 多万人，每年其温室气体排放总和还不到全球总排放量的 1%。研究显示，到 2100 年，全球变暖可能使海平面最高上升 2 米，导致许多小岛屿发展中国家，尤其是在太平洋地区的小岛屿国家无法居住。只有全部转向绿色经济，才能保证所有受海平面上升威胁的国家有持久繁荣的未来①。纯净的海滩、一碧万顷的海水、温暖的阳光，马尔代夫一直被人们视为度假天堂。但你能想象，这样美丽的地方可能会在 2100 年彻底变成一片汪洋吗？事实上，如果人类再不控制碳排放，改善与自然的关系，这样的悲剧会早日上演。面临被海水淹没命运的国家不只马尔代夫一个，这些海洋岛国已经开始为自己的生存奔走呼号，但由于没有政治话语权，它们的努力收效甚微。如果各国再不重视对岛屿国家的援助，它们的消失，或许只是时间问题②。

7.2.1 小岛屿国家成为气候变化的最大受害者

从哥本哈根到墨西哥坎昆再到南非德班，历次国际气候会议上，小岛屿国家都在强调“全球升温必须控制在 1.5℃”，而不是其他国家所认可的 2℃。在哥本哈根会议上，南太平洋岛国图瓦卢提议，如果会议不能达成一份更强硬的新协议，大会应该暂停所有谈判。主要目标是到 2050 年将气温上升的幅度控制在 1.5℃，这一目标比京都议定书

① 倪红梅，裴蕾．联合国呼吁关注受气候变化影响的小岛屿国家［DB/OL］．新华网，（2014 年 6 月 5 日）［2017 年 1 月 9 日］．http：//news. xinhuanet. com/world/2014-06/05/c_ 1110990241. htm.

② 李汉森．小岛屿国家：气候变化中的无奈挣扎［DB/OL］．非常识，（2011 年 12 月 7 日）［2017 年 1 月 9 日］．http：//news. cntv. cn/special/uncommon/deban2/.

的 2℃的目标更加强硬。但最终出台的《哥本哈根协议》则没有考虑小岛屿国家的呼声，其主要目标是将全球应对气候变化的中期目标设定为将工业化以来温度上升幅度控制在 2℃以内；将在 2016 年考虑重新审查是否有必要将升温幅度控制在 1.5℃内。2016 年再谈升温幅度，对于小岛屿国家来说，恐怕是为时已晚。

全球变暖，海平面上升，种种气候变化的始作俑者并非小岛屿国家，世界银行发布的《2010 年世界发展报告：发展与气候变化》称，1/6 的高收入国家排放了 2/3 的温室气体，但发展中国家不得不承受因气候变化引起的 75%~80%的损失。联合国最不发达国家和小岛屿发展中国家高级代表曾指出，气候变化给小岛屿国家带来了种种灾难性的后果：干旱和洪水的发生频率和严重程度增加；基础设施损坏；土地损失、土地盐化，危及农业和食物保障；包括珊瑚、红树林、海草、近海鱼类等沿海财富的损失；细菌传播疾病和水传疾病增加；旅游业受到影响等。

对小岛屿国家来说，未来升温 2℃意味着“国破家亡”。坎昆会议上，世界小岛屿国家联盟副主席利马称：“我们不想被遗忘，不想成为 21 世纪的牺牲品。”因而 43 个来自于加勒比海沿岸、非洲和太平洋地区的国家组成了上述小岛屿国家联盟，英语叫做“AOSIS”，乍一看，会被当成国际求救信号“SOS”。在科学家眼里，图瓦卢可能是最先没入海面的国家。有数据显示，在 20 世纪的最后 10 年里，上升的海平面已经使图瓦卢失去了 1%的领土。2001 年 11 月，图瓦卢政府宣布应对海平面上升努力失败，图瓦卢人将放弃自己的家园。几天以后，美国华盛顿地球政策研究所在一份报告中，对图瓦卢的前途表达了相同的绝望，并建议图瓦卢人另觅国土。可以说，别国吵架，目的在于自己能少花几亿美元；而小岛屿国家所奔走的，却是自己的“命”。

7.2.2　小岛屿国家应对气候变化捉襟见肘

气候变化常常给小岛屿国家带来不期而遇的伤害，2004 年，飓风“伊万”横扫格林纳达。该国 90%的基础设施和房屋被毁，经济损失高达 8 亿美元，相当于其 GDP 的 2 倍。但这个岛国一直被认为是处于飓风带以外的。应对气候变化需要庞大的资金，小岛屿国家显然无力承受。世界银行提供的数据显示，受到金融危机影响，发展中国家目前每年的气候融资为 100 亿美元，当前用于适应和减排的资金还不到 2030 年年需资金的 5%。另外，各种新能源技术的开发利用，同样需要巨额的资金支持。到 2013 年为止，欧盟计划投资 1 050 亿欧元用于绿色经济；美国能源部最近投资 31 亿美元用于碳捕获及封存技术的研发。小岛屿国家无力开发，更无法支付高昂的专利转让费用。

国际气候谈判始终由 3 种力量主导：欧盟、以美国为首的伞形集团、“77 国集团+中国”。欧盟依然想发挥领头羊作用，美国试图树立其在气候变化问题中的霸主地位，以基础 4 国（中国、印度、巴西、南非）为主的新兴经济体在谈判中的作用逐步凸显，使欧盟等发达国家感到恐慌。但小岛屿国家联盟共有 39 个成员国（还有作为观察员的 4 个属地，两个小岛屿），这些国家地理面积总和约为 77 万平方千米，人口共 4 000 多万人。岛国的国际影响远远不及主要排放国，在气候谈判中的声音最小。最终，它们的要求被忽视，声音被掩盖。一切努力，只能“为他人作嫁衣裳”。

要是岛屿真被海水淹没，移民似乎是小岛屿国家得以“保命”的唯一选择。对大部分穷国来说，移民问题更是无比棘手，前文所提到的岛国图瓦卢，已经开始了“气候难民”的转移工作。但大规模移民始终是一件非常复杂的事情，牵扯到两个国家的生活水平、人口压力等敏感问题。所以，卢瓦图的近邻——地广人稀、经济发达的澳大利亚并不愿意接受。对于政治难民，所有国家都要视相关情况给予庇护，这在1951年的全球难民条约中早有规定。虽然如此，对于气候变化过程中产生的气候难民，尚无任何国际法律条款为他们“兜底”。马绍尔群岛前美国托管领土的居民可以自由出入美国工作或学习，但是他们要获得永居权，则要视具体情况而定。对于居民来说，那小小的岛屿才是真正的故乡，移民到更发达的国家，势必面临文化碰撞的新困境。

7.2.3 小岛屿国家发展需要加大国际救助

新能源技术已经付诸实践，但不足以自救。虽然无力购买其他国家的能源技术，但并不代表小岛屿国家已经放弃了相关努力。小岛屿国家联盟气候谈判科学顾问宾格就认为，并非只有石油才是经济发展的钥匙。各国已经开始研究廉价高效的新能源开发模式，OTEC（海洋温差能量转化）正是其中之一。该技术的原理十分简单，将海洋深处寒冷的海水抽到温暖的海面，形成热机作用，生成能量。这个原理和冰箱非常相似。但显而易见的是，这种“穷国科技”始终与世界先进水平想去甚远，只能满足岛屿国家很少一部分的能源需求，而对于如何遏制国土被淹等关键问题，小岛屿国家的办法并不多。

国际援助力度不大，小岛屿国举步维艰。就连宾格也承认，解决岛屿国家的一系列问题，技术只能起到辅助作用，关键还在于他国对这些国家的援助。宾格在采访中提到，小岛屿国家想向中国政府申请建立一个种子基金，启动资金大概在5 000万美元到1亿美元之间（中方还没有答应，所以这只是我们的策划）。用这笔钱，小岛屿国家可以引进中国的一些技术。这项基金可为提供硬件的中国中小型企业支付工资。一直以来，小岛屿国家的国际求助活动开展得并不顺利，根据联合国提供的数字，小岛屿国的外援在1990年达到其国民总收入的约2.6%，但到了2002年，这个数字却下降到了1%。因此，在多次国际气候大会上，小岛屿国家所提出的要求很多都与资金、技术援助有关，可以说，小岛屿国已经无法左右自己的命运，生死问题只能看他国脸色行事了。

虽然小岛屿国家拥有为数不多的话语权，但它们始终没有放弃为命运一搏的努力。哥本哈根会议上，图瓦卢的提议遇到了印度、南非等国家的反对，图瓦卢要求暂时休会，将谈判往后延迟。当天下午复会后，图瓦卢代表眼见其提议可能无果而终，遂退出会场表示抗议。这种岛国向大国公然开炮的事情并不新鲜，因此每每到了投票决议阶段，小岛屿国联盟经常反对大会决议，以“不同意我们的建议，我们就反对到底”的姿态来“对抗全世界”。谈判不行，小岛屿国家准备剑走偏锋，德西玛·威廉斯是小岛屿国联盟的主席，他说：“如果所有金融和外交手段都无济于事的话，我认为一些国家会开始寻求法律的手段。”但在可能的法律途径中，其中包括向国际法庭和权威组织提起诉讼，要求获得赔偿。但法律流程漫长、耗资巨大，多少小国耗得起呢？故此，好好安排可以在岛上“挥霍”的时光，或许是最好的选择。

7.3 基于社会资本视角的小岛屿气候变化应对研究综述

目前有关全球气候变化危险后果的争论，使小岛屿成为科学研究和公众所关注的焦点①——尤其是近期瓦努阿图遭飓风 Pam 席卷之后。目前海平面已大幅上升，且仍将进一步加剧——无论全球 CO_2 排放量能否降低②③④。受海平面上升影响最严重的地区是低纬度沿海及岛屿地区——尤其是小岛屿⑤。除了这些可预见的威胁之外，小岛屿经常被视为极度脆弱地区。除了环境压力之外，由于自然资源极度匮乏、社会分裂以及在世界经济市场中处于劣势地位等，小岛屿还受其他多种因素影响。

有一些学者认为，岛屿特有的社会文化适应能力与大陆地区有所区别⑥⑦。可预见的脆弱性甚至可能导致特定的经济和政治环境，以及岛屿特定的社会结构。我们认为，在小岛屿适应海平面上升、风暴潮频发等气候变化的过程中，不仅是适应新的责任义务，也是解决社会和政治瓶颈的关键时机，因此需要岛屿居民采取集体行动。海平面上升过程中，有效提升社会弹性的重要必备前提，是充分了解如何将社会特性融入地区决策和行动，切实把握集体记忆和公民社会在增强适应措施有效性和接受度中所起到的重要作用。

本章分析了在小岛屿国家自适应背景下，即社会资本作用。尽管“社会资本”这一概念缺乏普遍定义且饱含争议，但它为学者研究适应气候变化背景下不同尺度集体行动与公民社会的影响提供了一个独特视角。

---

① Kelman, I., Khan, S., 2013. Progressive climate change and disasters: island perspectives. Natural Hazards 69 (1): 1131-1136.

② Church, J., Gregory, J., White, N., Platten, S., Mitrovica, J., 2011. Understanding and projecting sea level change. Oceanography 24 (2): 130-143. http://dx.doi.org/10.5670/oceanog.2011.33.

③ Mimura, N., Nurse, L., McLean, R.F., Agard, J., Briguglio, L., Lefale, P., et al., 2007. Small islands. In: IPCC (Ed.), Climate Change 2007. Impacts, Adaptation and Vulnerability. Contribution of Working Group II to the Fourth Assessment Report of the Intergovernmental Panel on Climate Change. Cambridge University Press, Cambridge, pp. 687-716.

④ Nurse, L., McLean, R.F., Agard, J., Briguglio, L., Duvat, V., Pelesikoti, N., et al., 2014. Small islands. In: Barros, V.R., Field, C.B., Dokken, D., Mastrandrea, M., Mach, K.J., Bilir, T.E., et al. (Eds.), Climate Change 2014: Impacts, Adaptation, andVulnerability. Part B: Regional Aspects. Contribution of Working Group II to the Fifth Assessment Report of the Intergovernmental Panel on Climate Change. Cambridge University Press, Cambridge, New York, pp. 1-60.

⑤ Kelman, I., West, J.J., 2009. Climate change and small island developing states: a critical review. Ecological Environment Anthropolgy 5 (1): 1-16.

⑥ Campbell, J., 2009. Islandness. Vulnerability and resilience in oceania. Shima: Int. J. Res. Isl. Cult. 3 (1): 85-97.

⑦ Turner, R.K., Subak, S., Adger, W.N., 1996. Pressures, trends, and impacts in coastalzones: interactions between socioeconomic and natural systems. Environmental Management 20 (2): 159-173.

本章第7.3节主要论述有关岛屿脆弱性和弹性的不同观点，第7.4节则以社会资本概念为切入点展开讨论，第7.6节引用实证研究案例的初步结论，将岛屿弹性与社会资本纳入适应气候变化中集体行动的讨论框架，同时强调了这一结论对于研究课题的解释力。这些内容为分析社会资本在小岛屿应对海平面上升中发挥作用的分析体系奠定了基础。在本章最后的结论部分凸显了这一分析体系在实证案例研究中的重要价值。

研究过程中涉及有关小岛屿的定义时，往往会产生以下问题：同一灾害事件对大型和小型岛屿产生的影响是否有所区别？如何界定大型岛屿或是小型岛屿？是否有必要将小型岛屿与大型岛屿加以区分[①]？就本章研究内容而言，定义“小岛屿”极为简单。但有一些岛屿相关问题值得注意，例如“岛屿效应”——岛屿所共有的脆弱性以及社会经济弹性。在某些特定方面，岛屿通常被认为具有高度脆弱性。布莱克（1994）[②] 将脆弱性表述为“……影响个人或群体预测、处理、抵御自然灾害影响并恢复的能力的某些属性或处境”。

是什么因素导致岛屿如此脆弱呢？总的来说，岛屿脆弱性源于规模、地理位置等因素[③]。地理位置因素包括昂贵、落后的交通运输，以及对自然灾害的脆弱性。罗伊尔(2001)[④] 提议加强人员及货物的海空运输，摆脱“……地理隔绝引起的最显著而基本的限制”。岛屿的周边环境往往使得岛屿核心地区的创新转移复杂化。岛屿的隔离性使岛屿物种具有独特的基因特征，即易受干扰。与此同时，岛屿隔离性也使物种得以免受大陆威胁。金（1993）[⑤] 提出，隔离性也使岛屿免受一些社会层面的影响，例如大众旅游的干扰。但另一方面，人口规模不足导致的市场缺乏，使岛屿具备高度开放性[⑥]。

落后的区域经济导致岛屿高度依赖出口产品，外加出口种类有限，出口产品极为单一。因此，全球市场格局和价格变化正对岛屿构成严峻威胁[⑦]。自然资源匮乏决定了岛屿无法满足食品和燃料等物资的自给自足，必须依赖于进口。此外，岛屿缺乏足够的人力资源和能力来从空间上隔离“……在环境压力及其影响之间产生紧密反馈循环的活动。”[⑧]

---

① Logossah，K.，2007. Small developing islands：what specificity? Journal of Region Urban Economics 1：3-11.

② Blaikie，P. M.，1994. At Risk. Natural Hazards，People' s Vulnerability，and Disasters. Routledge，London.

③ Kerr，S. A.，2005. What is small island sustainable development about? Ocean and Coastal Management 48（7-8）：503-524.

④ Royle，S. A.，2001. A Geography of Islands. Small Island Insularity. Routledge，London，New York.

⑤ King，R.，1993. The geographical fascination of islands. In：Lockhardt，D. G.，Drakakis - Smith，D.，Schembri，J.（Eds.），The Development Process in Small Island States. Routledge，London，New York，pp. 13-37.

⑥ McElroy，J.，2002. Problems of environmental and social sustainability for small island development. Managing tourism in small islands. In：Hsiao，H. -H. M.，Liu，C. -H.，Tsai，H. -M.（Eds.），Sustainable Development for Island Societies. Asia-Pacific Research Program，Taiwan and the World. Taipei：，pp. 49-72.

⑦ Briguglio，L.，2002. The economic vulnerability of small island developing states. In：Hsiao，H. -H. M.，Liu，C. -H.，Tsai，H. -M.（Eds.），Sustainable Development for Island Societies. Taiwan and the World. Asia-Pacific Research Program，Taipei，pp. 73-89.

⑧ Kerr，S. A.，2005. What is small island sustainable development about? Ocean and Coastal Management 48（7-8）：503-524.

然而，小岛屿面临的最大问题，同时也可能是“最大的潜在威胁”，是全球气候变化及随之而来的各种后果。20世纪，已知的全球平均海平面上升20厘米已经导致许多海岛和沿海地区土地流失①；一旦海平面再上升数米，将对地势低平的岛屿的居民区和基础设施造成重大影响，例如最高海拔不足2米的马尔代夫和图瓦卢。海平面上升导致咸水入侵，淹没岛内的淡水湿地和宝贵的农业区②。气候变化还将导致风暴活动，这对小岛屿尤其不利③；气候变化还会引发降水变化，导致缺水的岛屿更为干燥，引起岛屿植物群和动物群变化。降水变化还会导致岛屿有限的流域面积缩减，从而造成岛屿大面积缺水④。海洋酸化和水温升高导致的珊瑚白化不仅对海洋动植物产生影响，也对海岸侵蚀和珊瑚造礁产生影响。

社会弹性被认定为社会系统应对这一系列挑战的潜能。弹性的定义是“人类或生态系统处理和适应环境变化的能力”⑤。那是什么塑造了岛屿的弹性，使得岛屿具备应对气候变化的能力呢？坎贝尔（2009）⑥ 选择性地针对小岛屿的弹性进行了深入研究，他认为脆弱性并不是岛屿社会系统和社群的显著特点，也就是说，岛屿并非具有内在脆弱性的区域。相反，岛屿是具有弹性的。岛民们在岛上生活了数个世纪，即使岛屿具有脆弱性，也为岛民提供了巨大的机会。岛民们成功解决了几个世纪以来的资源匮乏问题并且与世界上其他地区建立了有限的联系以及贸易关系。基于生活背景和经历受到太多限制，且身处于不断变化的环境之中，岛民们创造了许多传统而有效的适应性对策。与此同时，特纳（1996）⑦ 提出：“传统社会建立的支持、互惠网络发挥的作用远比最富裕国家的自然灾害应对系统更为强大。这些宝贵经验对岛屿，甚至世界的观念和技术发展都起到促进作用”。此外，其他学者同样指出通常能够从岛屿感受到强烈的认同感。紧密的社会网络和合作关系是岛屿弹性的一个重要因素。坎贝尔（2009）通过研究发现太平洋群岛的传统社区曾成功通过加强岛内和岛屿间合作保障粮食安全。因此，博德

---

① Forbes，D. L.，James，T. S.，Sutherland，M.，Nichols，S. E.，2013. Physical basis of coastal adaptation on tropical small islands. Sustainability Science 8（3）：327-344.

② Walker，L. R.，Bellingham，P.，2011. Island Environments in a Changing World. Cambridge University Press，Cambridge.

③ Byrne，J.，Inniss，V.，2002. Island sustainability and sustainable development in the context of climate change. In：Hsiao，H.-H. M.，Liu，C.-H.，Tsai，H.-M.（Eds.），Sustainable Development for Island Societies. Asia-Pacific Research Program，Taiwan and the World. Taipei，pp. 3-30.

④ Royle，S. A.，2001. A Geography of Islands. Small Island Insularity. Routledge，London，New York.

⑤ Marshall，N. A.，Marshall，P. A.，Tamelander，J.，Obura，D.，Malleret - King，D.，Cinner，J. E.，2009. A Framework for Social Adaptation to Climate Change. Sustaining Tropical Coastal Communities and Industries，Gland/Switzerland.

⑥ Campbell，J.，2009. Islandness. Vulnerability and resilience in oceania. Shima：Int. J. Res. Isl. Cult. 3（1）：85-97.

⑦ Turner，R. K.，Subak，S.，Adger，W. N.，1996. Pressures，trends，and impacts in coastal zones：interactions between socioeconomic and natural systems. Environmental Management 20（2）：159-173.

谢诺（2005）[①] 认为，小岛屿是最能凸显强大社会结构存在或缺失的场所，而黑尔（2013）[②] 指出社会发展对于增强岛屿弹性的重要意义。

7.4 社会资本界定

社会资本的概念适用于分析社会网络和公民社会对小岛屿的意义，不仅是在共同管理和决策过程中，也包括岛屿居民接受适应措施和信息的过程。社会资本的概念可以一直追溯至社会的形成，并且可以用来解释为何有些社会比其他社会发展得更好。因此，学者们在发展研究[③]和人文地理[④]等领域进行有关公共话语和体制政策的研究时，也曾运用社会资本这一概念，其中最为突出的例子即世界银行[⑤]。近年来，尤其是在资源管理和环境（气候）变化的背景之下，社会资本被认为是社会网络和集体行动增强社会弹性的最有力解释[⑥]，社会资本概念框架如图 7-1 所示。

何谓社会资本？本章又将如何运用这一概念呢？现今引用次数最多的是普特南（1993）[⑦] 对社会资本的定义，即“能够通过促进集体行为、提高社会效率的社会组织特点，例如信任、规范和关系网络等”。普特南还利用社会资本对意大利区域民主体制和美国的公民参与进行了研究。此外，布迪厄和科尔曼也对社会资本进行了讨论。与普特南不同的是，这两位学者更多地强调社会资本的个性特征，而非共同特征。布迪厄（1983）[⑧] 提出，所有能够从社会网络获取的潜在资源均可称为社会资本。这些潜在资源可用于保持某一个体的社会地位，甚至是获得更高的社会地位。在这样的背景之下，社会资本是互补互利的，并且可以转换成为其他形式资本，例如经济资本和文化资本。由于社会资本能够促进集体行动、保障共同及个人利益，科尔曼（2000）[⑨] 把社会资本

① Baldacchino, G., 2005. The contribution of ‘social capital’ to economic growth: lessons from island jurisdictions. Round Table 94 (378): 31-46.

② Hay, J. E., 2013. Small island developing states: coastal systems, global change and sustainability. Sustainability Science 8 (3): 309-326.

③ Narayan, D., Pritchett, L., 1999. Cents and sociability: household income and social capital in Rural Tanzania. Economic Developme and Cultural Change 47 (4): 871-897.

④ Bohle, H.-G., 2005. Soziales oder unsoziales Kapital? Das Sozialkapital-Konzept in der Geographischen Verwundbarkeitsforschung. Geographical Z. 93 (2): 65-81.

⑤ Dasgupta, P., Serageldin, I. (Eds.), 2000. Social Capital. A Multifaceted Perspective. World Bank, Washington, D. C.

⑥ Jones, N., Clark, J., 2013. Social capital and climate change mitigation in coastal areas: a review of current debates and identification of future research directions. Ocean and Coastal Management 80: 12-19.

⑦ Putnam, R. D., Leonardi, R., Nanetti, R., 1993. Making Democracy Work. Civic Traditions in Modern Italy. Princeton University Press, Princeton, N. J. Radcliffe, S. A., 2004. Geography of development: development, civil society and inequality e social capital is (almost) dead? Progress in Human Geography 28 (4): 517-527.

⑧ Bourdieu, P., 1983. Okonomisches Kapital, kulturelles Kapital, soziales Kapital. Translated by Reinhard Kreckel. In: Kreckel, R. (Ed.), Soziale Ungleichheiten. Gottingen: Schwartz (Soziale Welt Sonderband, 2), pp. 183-198.

⑨ Coleman, J. S., 2000. Social capital in the creation of human capital. In: Dasgupta, P., Serageldin, I. (Eds.), Social Capital. A Multifaceted Perspective. World Bank, Washington, D. C., pp. 13-39.

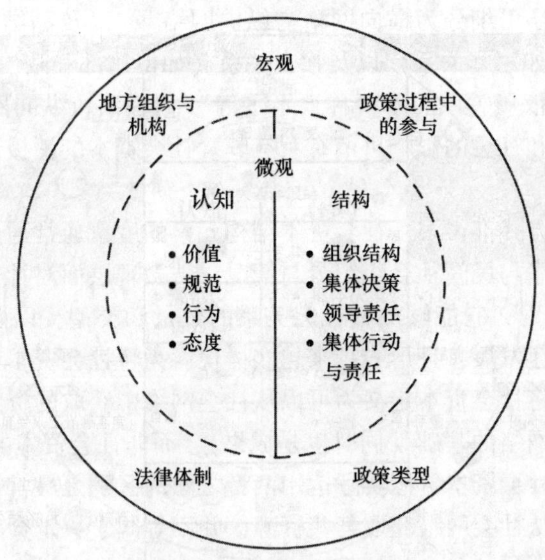

图 7-1　社会资本概念框架——社会资本层次和类型

视为社会个人主义和集体主义方法的结合。好比物质资本和人力资本，社会资本由所有能够帮助实现利益的资源组成。从可持续生计的视角来看，社会资本被看做是其他形式资本（人力、物质、文化资本）的补充。

佩灵（2011）① 认为，社会网络和社会资本的主要区别在于"社会资本一如既往的增长趋势"。根据对岛屿社会集体行动的研究，莫汉等（2002）② 认为，"相比具有排他性的社会网络……社会资本更像是所有人都能够利用的公共物品"。亨卡和格罗特(2011)③ 提出，从社群主义角度来看，集体性社会资本是一种社会的精髓。

但如何体现社会资本的存在呢？如何能够获取社会资本的相关资源呢？一般而言，能够通过认知元素、结构元素以及水平对社会资本加以区分。认知元素描述的是一个社会的互惠、团结、信任水平等特征。社会资本的结构元素主要包括所谓的"公民参与网络"。奥斯罗（2000）④ 曾例证协会中的公民参与网络，"即使协会本身并未在政治或经济发展中发挥作用，协会成员仍致力于提高政治效益和经济效益"。

---

① Pelling, M., 2011. Climate Change and Social Capital. Foresight Project. Government Office for Science. In: London (International Dimensions of Climate Change, volume. 5.

② Mohan, G., Mohan, J., 2002. Placing social capital. Progress in Human Geography 26 (2): 191-210.

③ Hunka, A., Groot, W. T. de, 2011. Participative environmental management and social capital in Poland. Society Geophysics 6 (1): 39-45.

④ Ostrom, E., 2000. Social capital: a fad or a fundamental concept? In: Dasgupta, P., Serageldin, I. (Eds.), Social Capital. A Multifaceted Perspective. World Bank, Washington, D. C., pp. 172-214.

此外，社会资本还可细分为横向网格与纵向网络①，以及黏结和弥合资本②。横向网络包括联结关系（如家庭关系）以及弥合关系（如俱乐部和政治组织），而纵向网络通常与“层次结构与依赖关系的不对称、不平等”相联系。纵向网络因极易引发排斥和剥削现象，对个体和社会的影响可谓有利有弊。社会资本的消极影响在目前研究中并不多见。

度量社会资本的方式有很多。社会资本结构元素的度量通常通过分析不同类型协会的成员身份及政策程序与民间社会组织参与情况。从微观层面对社会资本进行评估的方法称为“资源生成器”③，它能够测量社会关系的数量和类型，以及个人友谊。度量社会资本的手段正在迅速发展，且形式越来越多样化。为将社会资本与社会网络两个概念加以区分，一些学者将社会资本定义为可以从社会网络中获取的资源。与此相反，信任和互惠规范属于社会网络的基础（同时也是成果），而非社会资本的实际元素④⑤。

社会资本获取与社会资本资源实际运用两者之间的区别是最常被忽视的主要分析元素。个人或群体能够从社会网络获取某些资源，并不等同于一定会将这些资源用于实现特定的，或与之相关的目的⑥。总体而言，从个人层面对其社会资本的运用进行度量极其困难，因为涉及的影响因素太过广泛，例如个人技能及个体对合作必要性的认知。

本章的研究目的，并不是解释如何评估岛屿社会及其个体的社会资本水平，而是试着分析集体性社会资本功能的调动，及其如何在岛屿应对气候变化过程中帮助增强社会弹性。考虑到社会资本定义和特征的多种多样，本章着眼于小岛屿集体行动及其应对气候有关的社会资本功能：在此我们将社会资本视为公共利益，一种对岛屿社会有所裨益的潜在资源。因此，最重要的研究对象是社会资本的结构元素——制度化网络，以及这些结构元素所产生的、能够促进集体行动并增强社会弹性的影响。

---

① Putnam, R. D., Leonardi, R., Nanetti, R., 1993. Making Democracy Work. Civic Traditions in Modern Italy. Princeton University Press, Princeton, N. J. Radcliffe, S. A., 2004. Geography of development: development, civil society and inequality e social capital is (almost) dead? Progress in Human Geography 28 (4): 517-527.

② Adger, W. N., 2003. Social capital, collective action, and adaptation to climate change. Economic Geography 79 (4): 387-404.

③ van der Gaag, M., Snijders, T. A. B., 2005. The resource generator: social capital quantification with concrete items. Society Network 27 (1): 1-29.

④ Häuberer, J., 2011. Social Capital Theory. Towards a Methodological Foundation. Verlag für Sozialwissenschaften, Wiesbaden.

⑤ Jones, N., Clark, J., 2013. Social capital and climate change mitigation in coastal areas: a review of current debates and identification of future research directions. Ocean and Coastal Management 80: 12-19.

⑥ Lin, N., 2001. Social Capital. A Theory of Social Structure and Action. Cambridge University Press, Cambridge, UK, New York.

7.5　适应能力和社会资本的角色

在参考其他学者对锡利群岛①社会资本的文献回顾与定性、定量研究分析，以及巴哈马群岛②的社会-生态系统弹性研究结果的基础之上，本章研究内容主要包括应对气候变化、适应能力和社会资本。这些内容将为本章结论部分的研究框架实施奠定基础。

纳恩（2009）③ 将小岛屿国家应对气候变化的潜在适应措施分为两类：技术措施和管理措施。技术措施包括恢复生态系统（如红树林）、更换农作物（以应对气温变化）、改善基础设施、风暴潮期间的保护和迁移、生态系统自然保护，以及海平面上升时的搬迁安置与海岸保护。对于管理需求，纳恩建议制定国家战略计划和长远规划、风险图、农业管理计划、研究计划，以及加强海洋保护区建设的相关立法（图7-2）。

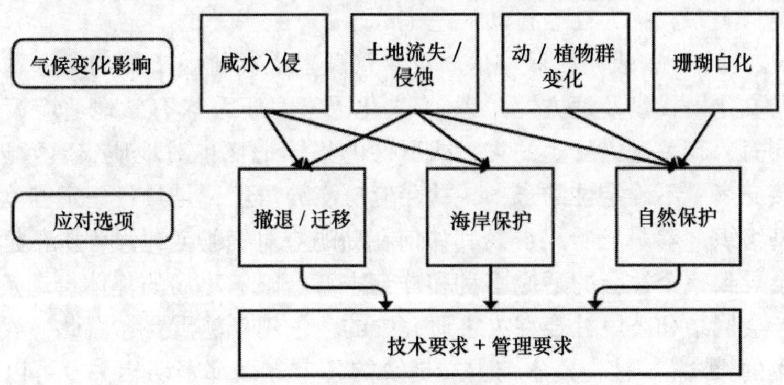

图7-2　气候变化影响及应对选项

对现行的必要适应措施的评估方法并不足以对适应能力进行分析。适应能力和弹性实则为对适应措施实施成效的表征。但首先应该区分弹性和适应能力的定义。适应能力，沃克和索特（2006）④ 称之为适应性，是影响社会-生态系统以使之适应变化的能力。换句话说，系统中主体的管理弹性的能力称为适应能力。那么有助于或影响小岛屿的气候变化适应能力的特性是什么？社会资本概念又对其有何促进作用？

为凸显岛屿社会适应能力之强，必须先了解气候变化引起的风险，主要体现为

① Petzold, J., 2014. Social capital and adaptation to sea-level rise on the Isles of Scilly, UK. In: Conference Proceedings. Islands of the World XIII. National Penghu University, Taiwan, 22-27. 10. 2014. International Small Islands Studies Association (ISISA).

② Holdschlag, A., Ratter, B. M. W., 2013. Multiscale system dynamics of humans and nature in the Bahamas: perturbation, knowledge, panarchy and resilience. Sustain. Sci. 8 (3), 407-421.

③ Nunn, P. D., 2009. Responding to the challenges of climate change in the Pacific Islands: management and technological imperatives. Climate Research 40: 211-231.

④ Walker, B. H., Salt, D., 2006. Resilience Thinking. Sustaining Ecosystems and People in a Changing World. Island Press, Washington, DC.

“区域地质灾害”。拉特尔（2013）①认为，区域地质灾害主要取决于特定地区的地理环境、灾害处理社会经验以及灾害集体处理传统。区域地质灾害与社会灾害、文化灾害相类似，解决这些灾害需构建兼具灵活性与适应性的管理结构。从这个角度来看，管理需兼顾治理、经济、文化、社会4个层面。

综上所言，应对气候变化所采取技术和管理措施的成效，主要取决于地方、国家和国际机构治理的有效性。近期，学者们将研究重点转向在国家和国际行为主体发挥主要作用的同时，如何在社会层面加强决策②。只有实现不同层级行为主体的合作，才可能在应对气候变化时赋权地方决策和集体行动。而社会中的治理体系作为社会决策的加工处理网络③，与高效的政府结构具有同样重要的地位。

其次，作为气候变化的受害者，同时也是环境影响和管理的主体，（渔业、交通/运输、建筑、农业与能源生产等）经济主体也不可忽视。经济主体可以通过建立公私伙伴关系或类似关系，扩大社会行动的范围。

拉特尔（2013）④曾表明，区域地质灾害管理也受文化因素影响。这意味着在应对环境变化时，文化模式以及地方性知识[1]等文化因素对于采取有效地适应策略具有重要参考价值。同时，有关过去发生的灾害或事件的集体记忆也对地质灾害管理产生影响。因此，为迎接充满了不确定性的未来，社会应扮演的角色，是具备一定程度灵活性和适应性的学习型组织（参见巴哈马群岛）。如果忽视这一关键点，不仅会浪费宝贵的地方性知识，也会导致整个社会的适应不良和冲突。

因此，社会网络和公民社会在灾害研究中的角色越来越重要，由此，我们将再一次回到社会资本的概念⑤。社会资本与上文提及的各个方面都密切相关，可以认为对适应措施的成功实施起着关键促进作用。

社会资本与贫困社区相互联系，贫困社区应对自然灾害的主要方式为合作与集体行动，例如阿亨尔（2013）⑥经研究发现的达卡贫民窟应对洪水灾害，又例如东非的自然资源（海岸带）管理⑦。社会资本与发达社区同样息息相关（如锡利群岛社区应对海平

---

① Ratter，B. M. W.，2013. Surprise and uncertainty--framing regional geohazards in the theory of complexity，Humanities 2（1）：1-19.

② Nunn，P. D.，2009. Responding to the challenges of climate change in the Pacific Islands：management and technological imperatives. Climate Research 40：211-231.

③ Chhotray，V.，Stoker，G.，2009. Governance Theory and Practice. A Cross-disciplinary Approach. Palgrave Macmillan，Basingstoke［England］，New York.

④ Ratter，B. M. W.，2013. Surprise and uncertainty--framing regional geohazards in the theory of complexity，Humanities 2（1）：1-19.

⑤ Adger，W. N.，2001. Social Capital and Climate Change. Tyndall Centre for Climate Change Research（Working Papers，8）.

⑥ Aßheuer，T.，Thiele-Eich，I.，Braun，B.，2013. Coping with the impacts of severe flood events in Dhaka’s slums. The Role of Social Capital. Erdkunde 67（1）：21-35.

⑦ Kithiia，J.，2015. Resourceless victims or resourceful collectives：addressing the impacts of climate change through social capital in fringing coastal communities. Ocean Coast. Management 106（0）：110-117.

面上升①)，与贫困社区所不同的是，发达社区能够通过促进信息流动、降低交易成本、促进决策中的公众参与，培育并提高社区的自我组织能力与学习、适应能力。发达社区所具备的这些因素，加强了政府机构与民众的相互交流与学习，提高了民众对采取适应措施所需支付的额外费用的接受程度。风险意识和机遇意识是社会弹性建设的一个重要组成部分。雅多嘉（2003)② 提出，“网络社会资本与协同管理机构增强了社区适应气候变化影响（具体体现为海洋表面温度周期性极端变化及海平面逐渐上升等）的能力”。伯克斯（2009)③ 提出，弥合型组织的作用包括促进解决冲突、结合科学与传统知识和建立信任关系。爱尔兰和托马拉（2011)④ 经研究发现，“集体行动为社会成员提供了发言、探讨和解决问题的舞台”。社会资本不但能够满足对地方传统知识的运用，也能在必要时借助联结关系或网络将外部专业知识和新信息纳入系统。此外，曾有学者指出，社会网络也可以通过联结不同主体增强社会弹性。若非社会网络的存在，不同社会主体不会相互联系，更不会建立信任关系⑤。在此背景之下，即便政府不采取适应策略，社会网络也能够有效提升社会集体的适应能力。

社会资本和适应能力连通性的决定因素是政府和社会的联系。从历史研究来看，公民社会网络与政府机构之间历来具有内在联系。尽管政府与社会公民的相互联系从机制上催生了适应性共管，但社会个体发挥的作用仍不可忽视。为对社会个体发挥的作用进行深入研究，应依据社会资本理论将弥合型组织作为重点研究对象，分析其在适应措施选择决策中发挥的作用，及其对个体知识水平、参与和行为的影响。弥合型组织的作用类似“节点”，将不同层级的主体联结起来，完成知识及财政、人力资本的交换与传输⑥。

总之，集体性社会资本与气候变化的适应能力息息相关，尤其对于地方性知识丰富、能进行适应性环境管理的社会而言，例如小岛屿国家。

---

① Petzold, J., 2014. Social capital and adaptation to sea-level rise on the Isles of Scilly, UK. In: Conference Proceedings. Islands of the World XIII. National Penghu University, Taiwan, 22-27. 10. 2014. International Small Islands Studies Association (ISISA).

② Adger, W. N., 2003. Social capital, collective action, and adaptation to climate change. Economic Geography 79 (4): 387-404.

③ Berkes, F., 2009. Evolution of co-management: role of knowledge generation, bridging organizations and social learning. Journal of Environmental Management 90 (5): 1692-1702.

④ Ireland, P., Thomalla, F., 2011. The role of collective action in enhancing communities' adaptive capacity to environmental risk: an exploration of two case studies from Asia. PLoS Curr. 3, RRN1279. http: //dx. doi. org/10. 1371/.

⑤ Walker, B. H., Salt, D., 2006. Resilience Thinking. Sustaining Ecosystems and People in a Changing World. Island Press, Washington, DC.

⑥ Wu, C.-C., Tsai, H.-M., 2014. A capital-based framework for assessing coastal and marine socialeecological dynamics and natural resource management: a case study of Penghu archipelago. Journal of Marine Island Culture 3 (2): 60-68.

7.6 结果与讨论：适应能力分析框架

基于社会资本对岛屿社会适应能力建设重要性的研究，本章提出了相应分析框架，尝试以循序渐进的方式来评估岛屿的脆弱性及适应能力。首先，应对当前的气候变化过程进行评估［图 7-3（1）］，基于当前区域尺度气候变化模拟不确定性程度较高，研究选择由擅长区域尺度气候变化预测的气候科学家对较为熟悉的各岛屿进行气候变化预测①。预测结果用于潜在威胁发生可能性评价［图 7-3（2）］，潜在威胁既包括缓慢型事件，例如海平面上升，也包括快速型事件，例如飓风。

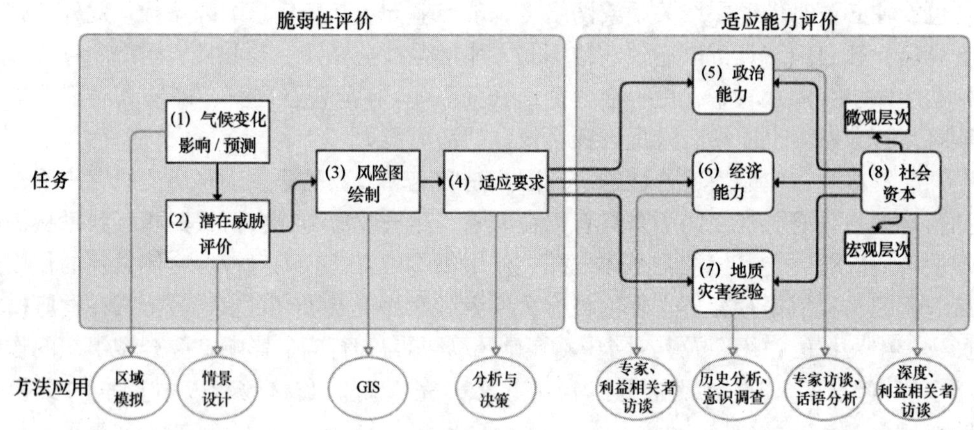

图 7-3　小岛屿地区地质灾害及适应能力分析框架

根据区域气候变化预测进行潜在威胁识别后，应进行风险图绘制和基础设施弹性分析，并明确当前基础设施和海岸保护风险最高处位于何处？当前基础设施弹性水平如何？我们所能采取的必要、可行且可控的改进和适应措施是什么？基础设施原先面临的问题是什么？风险图绘制可借助地理信息系统（GIS）完成。风险图绘制完成后，方可对适应要求和相应措施进行分析［图 7-3（4）］。适应措施包括各种形式的海岸防护、管理调整、沿海基础设施和住房迁移重建以及更多的自然保护措施。此类分析结果应转译成地方决策建议，决策范畴包括灾前适应、预防灾害管理和灾后恢复措施。

从社会学角度来看，本章研究重点为岛屿的适应能力。因此，分析框架的下一步侧重于对政治和经济背景的分析，以及对岛屿地区社会地质灾害经验的评价。政治和经济背景［图 7-3（5）和图 7-3（6）］与小岛屿地位——附属领地或独立岛屿国家，具有同样重要的意义。应由哪个管理机构负责当地环境管理和海岸保护？又由哪个部门负责决策？若有商业机构参与适应战略，应对其经济能力［图 7-3（6）］加以评价和调

① Kettle, N. P., 2012. Exposing compounding uncertainties in sea level rise assessments. Journal of Coast. Research 161-173.

整，并估算其能够发挥何种作用、取得何种潜在支持。适应能力不仅仅取决于经济主体是否能在危难时刻从容应对。

区域地质灾害经验的研究途径只有历史分析和广泛的民众意识调查［图 7-3（7）］。意识调查涉及的问题，包括岛屿社会是否经受过类似环境压力；岛屿社会应对环境压力的方式；民众对历史灾害事件如何认识；对灾难和潜在威胁的认知程度以及地方性知识与适应策略的结合程度。

社会资本在宏观以及微观层次发挥的作用有助于全面了解提升岛屿适应能力的先决条件：

从宏观层次［图 7-3（8）］分析——目前岛上有哪些正式组织、协会、俱乐部、合作企业或工会？由哪些（通过自身活动或与政府间的交互作用）在环境和灾害管理中发挥着积极作用？社会网络如何促进对灾害的适应？途径主要为增强信息交流、接受程度、信任还是促进集体行动？

从微观层次［图 7-3（8）］分析——哪些非正式社会网络或联结关系有助于应对缓慢型和快速型气候灾害事件？紧急情况下是否存在可提供帮助的互助系统？社会内聚或离散将如何影响社会团结程度？

对不同层次和不同类型社会资本的最佳分析方法，包括利益相关者访谈、深度访谈之类的定性方法，以及“资源发生器”之类的定量方法。大多数情况下，为对当前气候变化适应背景下的资源潜力和社会资本实际价值进行全面判断，研究中往往会将定性方法和定量方法进行结合。

岛屿社会通常存在一个有利于不同层级主体（从市级到联合国组织等国际政治机构，）之间进行政治联系的多层次系统。多层次系统同样存在于民间社会组织，从当地基层组织到国际性非政府环保组织。对社会资本和区域地质灾害经验的分析，必须考虑到社会、家庭和个人的水平，以合理评估信息传递、社会网络构建、地方性知识传承和运用等方面的情况。上述研究涉及多元化的研究方法以及跨学科合作，因此，最为理想的是采用跨学科研究的方法来对社会执行机构进行分析、评价、研究及整合。

7.7 借鉴与启示

7.7.1 社会资本对小岛屿地区气候变化具有影响

本章尝试将社会资本作为关键因素，考察小岛屿社会风险防范水平和灾害适应能力，以确定其能否应对气候变化产生的影响。但社会资本水平高并不意味适应能力更强、灾害应对效果更好，还取决于集体性社会资本和民间社会组织所发挥的作用，此外还需厘清宏观社会资本与微观社会资本之间的联系。个体的社会资本水平及个体的朋友、家庭网络决定其对气候变化的适应程度，也决定了集体行动过程的内在本质。对个体社会资本水平以及联结能力的研究，既是对弥合型组织制度性分析做出的极具价值的补充，也有助于充分理解社会网络对于适应能力的全部意义。

7.7.2 应对气候变化需要提高岛屿国家公民意识

经系列学者对小岛屿研究①②以及案例实证研究③④，结果表明，气候变化适应本质上讲不是一个技术问题，而更多属于社会问题。因此，对气候变化适应进行研究，需对岛屿国家社会民众的意识、经验和相互间联系有一个全面的了解。本章所提出的分析框架可以帮助对小岛屿气候变化适应和灾害管理的不同尺度和主体进行分析。但该框架尚缺少对治理和文化、社会背景之间内在联系的概述和解读，这对于全面评估区域适应能力和应变能力具有至关重要的影响作用。

7.7.3 应对气候变化需要有效提高社会弹性

由于演变过程具有不确定性，适应气候变化产生的影响并不等于灾害风险的减少。但现行风险管理方法可以作为提高未来突发事件处置能力的学习对象。只有通过了解社会特性（如当地社会网络和集体行动计划）在地方决策和规划中的融合情况以及集体记忆和公民社会所发挥的作用，才能提高适应措施的有效性及公民对其的接受程度，从而有效地提高社会弹性。下一步应该研究的主要问题，是小岛屿地区的集体记忆渗透程度和社会资本水平是否相比其他地区来得更高。要解答这一问题，需进一步利用相同的分析框架和方法，对多个岛屿地区进行比较研究，以及对非岛屿地区进行案例研究。

---

① Levine, A., Sauafea-Le´au, F., 2013. Traditional knowledge, use, and management of living marine resources in American Samoa: documenting changes over time through interviews with elder fishers. Pacific Science 67 (3): 395-407.

② Cullen, L. C., Pretty, J., Smith, D., Pilgrim, S. E., 2007. Links between local ecological knowledge and wealth in indigenous communities of Indonesia: implications for conservation of marine resources. International Journal of Interdisciplinary Society Science 2 (1): 298-299.

③ Petzold, J., 2014. Social capital and adaptation to sea-level rise on the Isles of Scilly, UK. In: Conference Proceedings. Islands of the World XIII. National Penghu University, Taiwan, 22-27. 10. 2014. International Small Islands Studies Association (ISISA).

④ Holdschlag, A., Ratter, B. M. W., 2013. Multiscale system dynamics of humans and nature in the Bahamas: perturbation, knowledge, panarchy and resilience. Sustainability Science 8 (3): 407-421.

第 8 章　海岛修复中的结构化决策应用研究

——以北墨西哥湾障壁岛为例

结构化决策指对某一决策过程的环境及规则，能用确定的模型或语言描述，以适当的方法产生决策方案，并能从多种方案中选择最优的决策。结构化决策问题相对比较简单、直接，其决策过程和决策方法有固定的规律可以遵循，能用明确的语言和模型加以描述，并可依据一定的通用模型和决策规则实现其决策过程的基本自动化。早期的多数管理信息系统，能够求解这类问题，例如，应用解析方法，运筹学方法等求解资源优化问题。随着计算机技术和管理科学的不断发展，决策支持系统（DSS）也日益引起人们的重视，并逐步由在管理信息系统（MIS）基础上固定模式的定量分析系统向在多库系统基础上灵活的定量、定性分析相结合的系统转化，其应用领域也逐步由主要解决结构化问题向主要解决半结构化、非结构化问题转变。[①] 实现以良好海洋环境、海洋生态系统为基础的海洋经济可持续发展模式是政府海洋管理的 基本职能。[②] 沿海生态系统的管理通常依赖于管理者对管理目标的理解，及其能否将系统环境的相关因素融入管理决策之中，使决策能够满足一系列具有潜在竞争关系的利益相关者目标。但在当前沿海系统管理研究中，尚缺乏必要手段来识别环境过程中最值得管理者制定决策时加以考虑的影响因素。较为典型的一个案例即沿海障壁岛修复，动态环境下的障壁岛修复项目时常面临瓶颈，外加项目应急资金有限，项目管理者缺乏必要手段来客观判断每一个决策将对项目结果产生何种影响，因而无法做出最优决策。

本章以北墨西哥湾障壁岛为例，尝试将由团队共同构建完成的结构化决策（structured decision-making，SDM）作为决策方法，同时将环境过程相关要素融入中期决策考虑范畴之内，分析比较每一种决策在环境过程作用下可能产生的结果，从而实现最优决策。船岛位于墨西哥北部湾，分为东、西二岛。本章以位于美国密西西比州的障壁岛——船岛作为重点研究对象，利用 SDM 建立一个透明决策框架来为船岛修复项目决策提供信息，即项目进行期间如何应对风暴，以防止风暴对船岛项目造成损害，最终影响项目预期目标。尝试识别制约障壁岛修复项目中期决策的关键不确定性因素，并尝试分析下一步如何对其进行改进，并用作区域尺度下资源长期适应性管理的重要组成内容。首次尝试应用 SDM 支撑障壁岛修复及建设中期决策制定，并首创性地将观察数据（主要指风暴天气下的障壁岛浸没几率）直接应用于决策支撑框架。船岛修复项目演示

---

① 苏衡，陈永昌，吴棣华．决策问题的结构化程度和决策支持系统［J］．技术经济，1996（4）：59-61.

② 崔旺来，李百齐．海洋经济时代政府管理角色定位［J］．中国行政管理，2009（12）：55-57.

了 SDM 如何在复杂的沿海动态环境下为障壁岛适应性管理提供支撑。此前，沿海地区障壁岛管理决策往往受砂粒、资金等资源限制，修复中期发生工程受损时，难以在立即修复或工后全面修复二者之间做出最佳决策。

8.1 研究区概况

障壁岛是一种狭长形的高出海水面的砂岩体，与海岸平行分布，与海岸之间常有潟湖相隔，对潟湖起屏障作用，能保护海岸免受海浪侵蚀。简言之，障壁岛即狭长的与海岸平行的沙岛，而且障壁岛并非远在极地。同时障壁岛为海龟和海鸟等物种提供了重要的栖息地。跨越海岸的障壁岛在形态上由几个部分组成，包括被海浪和潮汐周期性浸没的前滨；偶尔被小型风暴浸没的高海拔海滩；只有在极端风暴天气下会被浸没的高达数米的沙丘；以及由后滨和沼泽栖息地组成的障壁坪等。受海浪和潮汐作用影响，前滨形态几乎每天都发生演变，而大多数情况下高海拔海滩和沙丘的演变速度要慢得多。但暴风雨期间的水平面上升，也可能导致海滩和沙丘形态急剧改变①。多次风暴的累积作用可能导致障壁岛整体沿岸或跨海岸迁移，而陆上形态仍保持不变。但沉积物供给不足、海平面上升、人为改造和风暴等气候变化，会显著增强障壁岛的脆弱性，使其面临巨大的岛体及价值灭失风险②。基于这一现实情况，各沿海国家地区管理人员逐步将面临威胁的障壁岛锁定为修复目标，以保护其自然和人工价值。

新的研究证明，哪里有适当的沿岸平地、沙泥、海浪、哪里就存在海平面上升，哪里就有障壁岛。全球 12.7%（共 272 座）的障壁岛集中于北极地区，随着气候变暖等系列环境变化，障壁岛正在不断变小。有近岸障壁岛或沙嘴包围，仅存单一或多个通道与大海相连，障壁岛或沙嘴之内为潟湖。根据一份新的考察报告，全球有 2 149 座障壁岛，跨越海岸线 20 783 千米（12 914 英里）。在北半球发现了其中 74%的岛屿，但这不足为奇，因为世界上 2/3 的岛群都在赤道北部。海冰和冻土层的出现很多年来帮助保护了北极障壁岛。但是一旦冰山褪去，冻土消融，那么强风、海浪、淡水洋流将从四面八方袭击岛屿，使岛屿相对于在其他自然环境中，变得更圆更小。北极地区的障壁岛长（5 千米）是全球平均长度（10 千米）的一半。北极地区气候的整体解冻变暖以及海平面逐渐上升，使得这些岛屿比起地球上其他任何地方都消逝得更快。关于北冰洋周围障壁岛的新发现和新分类仍然是令人惊讶的。任何地方，哪里有挨着海岸的一小片平整陆地，适当的沙子供应，能推动沙子或底泥之类的足够海浪，造成弯曲海岸线的海平面上升，就有障壁岛的存在。

---

① Stockdon, H. F., Fauver, L. A., Sallenger, A. H., Wright, C. W., 2007. Impacts of hurricane rita on the beaches of western Louisiana. In: Farris, G. S., Smith, G. J., Crane, M. P., Demas, C. R., Robbins, L. L., Lavoie, D. L. (Eds.), Science and the Storms: the USGS Response to the Hurricanes of 2005, pp. 119-123. USGS Circular 1306.

② Stutz, M. L., Pilkey, O. H., 2011. Open-ocean barrier islands: global influence of climactic, oceanographic, and depositional settings. J. Coast. Res. 27 (2), 207-222.

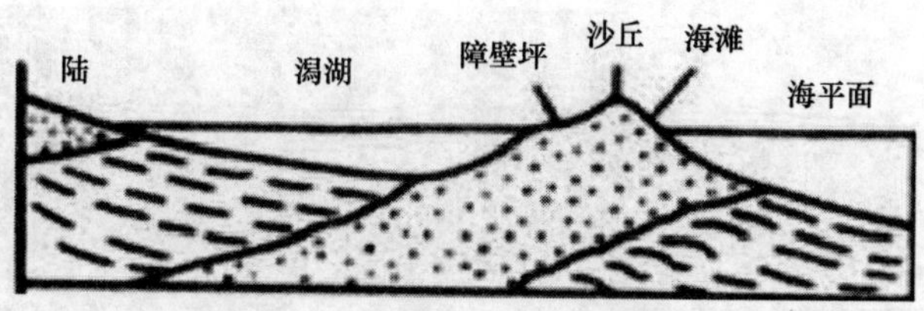

图 8-1　障壁岛剖面示意图

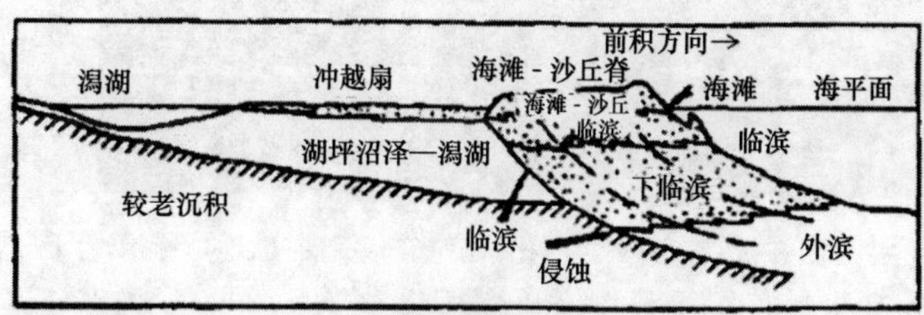

(a) 垂直岸线剖面

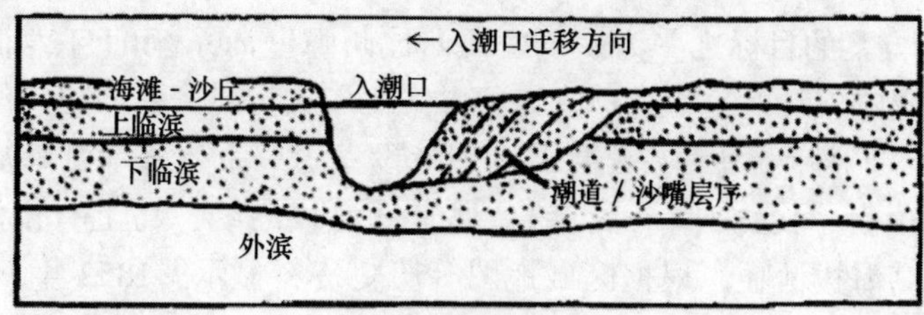

(b) 平行岸线剖面

图 8-2　障壁岛岸线剖面图

美国密西西比州的障壁岛（图 8-3）是密西西比州与墨西哥湾之间的第一道防线，也是受威胁物种——墨西哥湾鲟鱼、滨鸟以及濒危物种海龟的重要栖息地①。密西西比州的障壁岛与北墨西哥湾其他岛屿情况相似，因受高频率风暴、海平面相对上升以及沉积物供给减少等因素影响②，正经历陆上面积变化和生境变化。长期持续发生的障壁岛灭失导致密西西比州的大陆海岸带及湿地生境日益暴露于盐水入侵和热带暴风雨灾害之中，对极富生产力的密西西比湾河口生态系统构成了严峻威胁。

2009 年，亚拉巴马州莫比尔县和美国陆军工兵部队（USACE）以及其他联邦、州级机构联合设计了密西西比海岸修复方案（Mississippi Coastal Improvements Program,

① U. S. Fish and Wildlife Service（USFWS），2015. Biological Opinion. Mississippi Coastal Improvements Program, the Comprehensive Barrier Island Restoration Project，Mississippi Sound. Hancock，Harrison，and Jackson Counties，Mississippi and Mobile County，Alabama. Version dated June 26，2015. 195pp.

② Byrnes，M. R.，Rosati，J. D.，Griffee，S. F.，Berlinghoff，J. L.，2013. Historical sediment transport pathways and quantities for determining an operational sediment budget：Mississippi Sound barrier islands. In：Brock，J. C.，Barras，J. A.，Williams，S. J.（Eds.），Understanding and Predicting Change in the Coastal Ecosystem of the Northern Gulf of Mexico，J. Coast. Res.，vol. 63，pp. 166-183. Special Issue No.

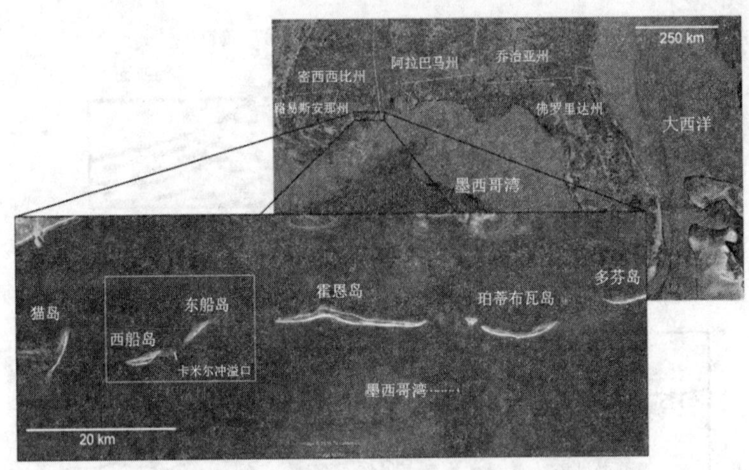

图 8-3 美国密西西比州障壁岛系统谷歌地球影像

注：自西向东依次为猫岛、西船岛、东船岛、霍恩岛、珀蒂布瓦岛和多芬岛

MsCIP）。该修复方案的目标之一为恢复密西西比州障壁岛系统的自然能力，降低飓风对障壁岛的不利影响。针对这一目标，修复方案工作人员对密西西比州的障壁岛系统进行了深入调查①。针对障壁岛调查结果，管理者设立了一系列海岸带修复工程项目，其中包括船岛修复项目。1848 年前后，船岛属于低海拔岛屿，岛上有沼泽地间断分布，岛屿两端分布着高海拔沙丘。根据区域地图等历史资料显示，1852 年一场名为“Great Mobile”的飓风过境之船岛出现一系列小规模冲溢口，但在船岛东部沿岸泥沙输运系统作用下，这些冲溢口因获得充足沉积物得以自愈，船岛仍保有其完整形态。随后，1947 年一场飓风登陆并导致船岛形成一个新的大型冲溢口，直至 1967 年飓风“卡米尔”登陆前不久该冲溢口同样因自愈而消失。但飓风“卡米尔”过境后，船岛受风暴作用被一分为二，形成东、西两岛。尽管 20 世纪 90 年代中期登陆的飓风“乔治”使得两岛之间的卡米尔冲溢口规模有所减小，但至今未能完全愈合、重新组成完整岛屿，且在之后的数场飓风作用下（飓风“乔治”，1988；飓风“伊万”，2004；飓风“卡特里娜”，2005），卡米尔冲溢口的宽度被扩大至 5 800 米。与此同时，随着土地重度流失，船岛的面积迅速缩小。仅 1848 年至 2008 年，岛屿面积流失超过 64%。1986 年至 2005 年间，岛屿面积平均流失速率达到 8.5~22.4 公顷/年②③。

① Wamsley, T. V., Godsey, E. S., Bunch, B. W., Chapman, R. S., Gravens, M. B., Grzegorzewski, A. S., Johnson, B. D., King, D. B., Permenter, R. L., Tillman, D. H., Tubman, M. W., 2013. Mississippi Coastal Improvements Program; Evaluation of Barrier Island Restoration Efforts. U. S. Army Corps of Engineers, Engineering Research and Development Center. ERDC TR-13-12.

② Morton, R. A., 2007. Historical Changes in the Mississippi-Alabama Barrier Island Chain and the Roles of Extreme Storms. U. S. Geological Survey. Open-File Report 2007-1161.

③ Morton, R. A., 2008. Historical changes in the Mississippi-Alabama barrier island chain and the roles of extreme storms. J. Coast. Res. 24 (6), 1587-1600.

结构化决策（SDM）适用于在多个预期目标发生潜在冲突时，制定一系列连串行动[①②]。在这一系列连串行动中，问题分析、目标制定、行动方案设计、行动结果模拟、结果权衡与最终决策，均通过名为 PrOACT 的正式程序完成。PrOACT 程序主要依据决策分析理论开发完成，能够通过有效避免心理偏误而杜绝最终决策的价值至上。PrOACT 程序中，最关键的一个步骤，也是能够确保决策分析框架能够切实解决现实问题的一个步骤，是构建结构化的定性问题，也就是一系列有关问题分析、目标制定、行动方案设计、行动结果模拟、结果权衡与最终决策的问题。在协同决策分析框架内实施结构化决策（SDM），能够有效联合利益相关者，增加决策透明度[③]。结构化决策的主要作用包括假设系统响应、识别不确定性因素，并评估通过监测和研究不确定性因素可能降低的程度。因此，结构化决策分析可以作为一个适应性管理框架，同时也可以作为一种管理战略，即如何在采取管理措施后，对系统进行监测，并利用监测结果指导后续行动的战略。目前，协同结构化决策（SDM）已成功应用于环境规划、恢复及适应性。通常情况下，应用于早期项目规划和管理的协同决策完成迅速，只有当系统未按预期对已完成项目做出响应时，才会开展长期适应性策略分析。在本章中，障壁岛的自身演变动态性和不确定性，结合障壁岛修复项目的阶段性，使障壁岛成为项目中期决策中的结构化决策实证理想对象。

8.2 船岛修复项目概况

船岛位于墨西哥北部湾，属于美国密西西比州的障壁岛，分为东、西二岛。船岛修复项目拟对卡米尔冲溢口进行修复，并在东船岛堆积存放大量沙粒，通过沿岸自东向西的净泥沙输移向西船岛提供充足沉积物以增强岛屿修复能力。该修复方案的目标除保护密西西比州海岸免受海浪侵蚀外，还包括为滨鸟和海龟修复陆上栖息地供其筑巢。但由于障壁岛不断发生动态演变，同时障壁岛面临极端风暴时的高度脆弱性，这些因素极可能导致修复项目进行期间发生工程受损。因此，项目管理者和工程师必须针对这种可能发生的情况设计受损工程修复决策。是立即对受损工程随破随修，还是工后全面修补，这两种不同决策极可能影响已竣工工程部分的弹性，从而影响修复项目预期目标——即密西西比海岸保护和栖息地修复的实现。此外，有限的沙粒和资金等项目资源同样对项目中期的受损工程修复决策构成严重限制。

---

① Gregory, R., Failing, L., Harstone, M., Long, G., McDaniels, T., Ohlson, D., 2012. Structured Decision Making: a Practical Guide to Environmental Management Choices. John Wiley & Sons, West Sussex.

② Runge, M. C., Cochrane, J. F., Converse, S. J., Szymanski, J. A., Smith, D. R., Lyons, J. E., Eaton, M. J., Matz, A., Barrett, P., Nichols, J. D., Parkin, M. J., 2011a. An Overview of Structured Decision Making, Revised Edition. U. S. Fish and Wildlife Service, National Conservation Training Center, Shepherdstown, West Virginia, USA.

③ Thorne, K. M., Mattsson, B. J., Takekawa, J., Cummings, J., Crouse, D., Block, G., Bloom, V., Gerhart, M., Goldbeck, S., Huning, B., Sloop, C., Stewart, M., Taylor, K., Valoppi, L., 2015. Collaborative decision-analytic framework to maximize resilience of tidal marshes to climate change. Ecol. Soc. 20 (1), 30.

船岛修复项目预计耗时两年半，共分为5个阶段：

（1）B1阶段——初步修复卡米尔冲溢口（为期15个月）：在此阶段中，拟用459万立方米的中沙（0.30 mm）在卡米尔冲溢口修建高5英尺①、宽500英尺的沙坝。此外，拟在东船岛堆放69万立方米砂粒以为沙坝提供沉积物。

（2）B2阶段——扩建沙坝（为期10个月）：B1阶段完成之后，拟用413万立方米的中沙扩建沙坝，使其高度增加至7英尺，宽度增加至1 000英尺。

（3）B3阶段——完善沙坝功能（为期5个月）：B2阶段后，拟将84万立方米的细砂（0.21 mm）堆积于沙坝顶部形成沙丘，为沙丘植被种植提供基础。

（4）E阶段——增强对东船岛泥沙供给（为期7个月）：B3的并行阶段，拟在东船岛南部海岸堆放421万立方米的中沙，作为沙坝沉积物供给源。通过沿岸泥沙输运进一步扩大并巩固B1阶段初步建立的沙坝。

（5）V阶段——沙丘植被种植（为期7个月）：在障壁岛新建沙丘部分种植植被，恢复稳定的沙丘栖息地。目前这一阶段的具体实施计划尚未敲定。

船岛修复项目预算为38 220万美元，其中应急预算12 230.4万美元，超预期成本的32%。剩余的修复项目资金可用于投资密西西比海岸修复方案中的其他项目。1907年至2005年，从密西西比州东部的霍恩岛疏浚的沙粒总量多达1 682万立方米②，这一数量被认为正好与沿岸泥沙输运系统损失的砂沙数量相吻合。研究人员提出将这些沙粒用于船岛修复项目。1 682万立方米沙粒中包括沙坝修复工程预期使用的1 369万立方米中颗粒沙料、84万立方米细颗粒沙料和229万立方米应急沙粒。应急沙粒主要拟用于修复建设中期受损工程。

8.3 研究方法

8.3.1 决策分析框架构建

本章采用的两个决策分析框架（decision-analytic frameworks，DFS）由密西西比海岸修复方案项目团队共同构建而成。团队成员包括船岛项目决策者——美国陆军工兵军团及密西西比海岸修复方案首席工程师；其他利益相关者——美国陆军工兵军团业务工程师和美国国家公园管理局生态学家；还包括障壁岛系统领域技术专家。在项目团队召开的一系列研讨会中，由一位决策分析师对上文所述PrOACT程序进行简单介绍，并提供以往应用案例供团队成员进行熟悉。研讨会期间，决策分析师尝试进行问题构建并与团队成员进行讨论，由此团队成员全程参与决策分析框架构建并充分提出自己的反馈建

① 1英尺=0.304 8米

② U.S. Army Corps of Engineers（USACE），2009. Mississippi Coastal Improvements Program（MsCIP），Comprehensive Barrier Island Restoration Hancock. Harrison，and Jackson Counties，Mississippi. Draft Supplemental Environmental Impact Statement.

议。经一次次由决策分析师带领下的面对面研讨，团队成员共同构建完成第一个决策分析框。在此过程中，团队也对 PrOACT 程序有了更深层次的认识。在接下来的研讨会中，由分析师带领的团队以相同方式构建了第二个决策分析框架，以探索 SDM 在船岛修复项目建设中期决策中的信息反馈与决策参考应用。

8.3.1.1　问题定义

针对两个决策分析框架，决策分析师与团队成员共同拟定了数个问题，这些问题主要涵盖一些可能影响下一步决策的关键要素。第一个决策分析框架的核心问题为——MsCIP（密西西比海岸修复方案）合作伙伴应如何优化船岛修复方案相关决策及其成效？项目进行期间如何采取监测和适应性管理方案克服预算、风暴影响和系统响应等方面的不确定性？第一个决策框架重点为是否应在 B2 阶段修复沙坝工程发生的严重损坏提供决策参考。第二个决策分析框架的核心问题主要提炼为——为使船岛修复项目效益最大化，MSCIP 合作伙伴应在什么时间修复工程削弱事件（如沙坝工程发生沉降或坝体缩小）？第二个决策分析框架主要围绕如何应对可能发生的大规模工程损坏。

8.3.1.2　目标和影响因素

密西西比海岸修复方案技术顾问小组通过对补充环境影响声明（SEIS）的提炼，确定了船岛修复项目的目标（表 8-1）[①]。尽管节约成本并不是利益相关者的主要目标，但考虑到利益相关者所体现出的以节约资金投资密西西比海岸修复方案其他项目为动因的资金保护倾向，研究人员将节约资金确立为项目目标之一，并对决策与成本之间的相互影响进行了量化。研究人员曾设想将“为受威胁和濒危物种制定保护法规”也作为目标之一，但事实上这一点并未被考虑在内。

顾问小组的技术专家认为，风暴是导致项目期间工程受损的主导因素。有研究表明，风暴对障壁岛的影响主要体现为水位上升导致沙丘抬升[②]，浸没则属于外部影响因素。

在沿岸泥沙输送作用下，本章研究中采用的沙坝工程侵蚀速率基本合理。现实环境中的沙坝因受高能波作用以及修复期间使用的沉积物粒度差异影响，实际侵蚀速率可能更高。在第一个决策支撑框架中，研究人员将沿岸输沙率确立为一个外部影响因素，并将控制输沙率作为抵消项目期间东船岛泥沙堆积速率过快的一项管理措施。但技术专家经分析发现在决策节点计算沿岸输沙率并不可行，因此在第二个决策分析框架中将沿岸输沙率排除在了影响因素列表之外。

---

① U. S. Army Corps of Engineers (USACE), 2009. Mississippi Coastal Improvements Program (MsCIP), Comprehensive Barrier Island Restoration Hancock. Harrison, and Jackson Counties, Mississippi. Draft Supplemental Environmental Impact Statement.

② Sallenger Jr., A. H., 2000. Storm impact scale for barrier islands. J. Coast. Res. 16 (3), 890-895.

表 8-1　决策模型中的船岛修复项目最终目标

最终目标[1]	分目标	度量指标	利益相关者关注事项	基准目标	基准目标实现情况	
					理想结果	不理想结果
	盐度	密西西比湾盐度水平	盐度偏离正常值将对海洋生物物种和种群产生不利影响	17~38	符合目标范围	超出目标范围
密西西比河湾生态完整性						
	鲟鱼栖息地	船岛周边浅水区栖息地面积	项目施工造成的鲟鱼栖息地丧失将对鲟鱼种群产生不利影响	栖息地丧失比例为0%	低于0%	高于0%
	滨鸟栖息地[1]	冲刷带栖息地面积[3]	项目竣工后滨鸟采食栖息地丧失速率高于预期值将对滨鸟种群产生不利影响	栖息地丧失比例不超过23%	低于23%	高于23%
海滩栖息地完整性						
	海龟筑巢栖息地	前滨栖息地面积[4]	项目竣工后的海龟筑巢栖息地丧失速率高于预期值将对海龟种群产生不利影响	栖息地丧失比例不超过23%	低于23%	高于23%
波浪衰减	—	墨西哥湾与密西西河湾的波高差[5]	项目导致的波高衰减率减小将对密西西比州沿海一带产生不利影响	项目竣工后测算波高衰减率[3]	衰减率相对施工前增大	衰减率相对施工前减小
格尔夫波特航道浅化	—	格尔夫波特航道浅化速率	浅化速率超过历史水平[6]将导致疏浚成本增高	$19\times10^4\ m^3/a$	低于 $19\times10^4\ m^3/a$	高于 $19\times10^4\ m^3/a$
节约成本[2]	—	为其他 MsCIP 项目节约成本	足够的节余资金将有利于在大陆沿海地区开展其他高优先级的 MsCIP 修复项目	节余成本达 3 900 万美元	节余成本超过 3 900 万美元	结余成本低于超过 3 900 万美元

注：项目组最终将 7 个最终目标整合为 5 个以降低第二个决策框架的重复计算率。

1 除格尔夫波特航道浅化率应以最小为佳之外，其余最终目标理想结果均以最大为佳；

2 在第一个决策框架中，保护滨鸟栖息地和节约成本并非项目目标；

3 冲刷带栖息地为海滩海拔为 0~3 ft 的区域；

4 前滨栖息地为海滩海拔大于 3 ft 的区域；

5 波浪衰减率由计算船岛向墨西哥湾一侧和向密西西比河湾一侧的波高差得到；

6 浅化速率历史水平为 $11\times10^4\ m^3/a\pm7.6\times10^4\ m^3/a$（年际变化）。

8.3.1.3　潜在危害与对策

水流对沙坝的潜在危害主要体现于，当水流冲击沙坝底部时可能导致沙坝体积缩减；当水位以波浪爬高（冲刷）、风暴潮和潮汐（浸没）等形式越过沙坝顶部时，水流冲刷导致沙坝泥沙被带走，从而导致其高度下降或出现孔隙、裂口。此外，沙坝或沙丘的跨海岸宽度也被认为是影响风暴作用下障壁岛系统响应的因素之一①，但这一因素影响正在逐渐弱化。

密西西比海岸修复方案（MsCIP）技术顾问小组内的技术专家最终将水流作用下的工程沙坝潜在危害确立如下。

（1）严重损坏。严重损坏包括因沉积物大量流失形成严重裂口或冲溢口修补竣工后再次被水流冲刷而形成裂口。

（2）轻微损坏。轻微损坏影响项目目标的方式可分为两种：直接和间接。直接影响体现为破坏栖息地或消耗修复成本；间接体现为加剧工程脆弱性，导致其将来更易遭受严重损坏。轻微损坏主要包括：

①沙坝轻微或中度开裂。沙坝的细微裂口可能会在后续风暴作用下逐渐扩大，例如东、西船岛之间的卡米尔冲溢口形成前同样只是一个细微裂口；

②沙坝沉降。沙坝高度与水位之间的关系可能造成沙坝损坏，水流冲刷或浸没则可能引起沙坝和沙丘沉降，从而导致其脆弱性增加，未来遭受严重损坏的风险随之增加；

③沙坝体积缩减。在高频率的中度风暴作用下，一部分沙坝可能会出现体积缩减现象；

④东船岛泥沙流失。东船岛上堆积的沙粒为受威胁和濒危物种提供了重要的栖息地，同时也是西船岛海滩维护的重要泥沙输送来源。如果水流作用导致东船岛出现严重的泥沙流失，这两个功能均可能遭到损害。

第一个决策分析框架的核心问题为，B2 阶段沙坝扩建后出现的严重开裂是否应被立即修复。对于这一问题，决策框架中能供选择的答案只有是或否，不存在其他对策。

第二个决策分析框架主要用于参考轻微损坏修复。B1 和 B2 阶段发生的轻微损坏均可通过撤销泥沙堆积进行立即修复或在后续 B2 和 B3 阶段减少输沙量进行抵消。基于 B2 和 B3 阶段的修复工作分别为将沙粒堆放于 B1 和 B2 阶段建立的沙坝基础之上，因此 B1 和 B2 阶段出现的轻微破损并不存在“无法修复”情况。对轻微损坏的立即修复可能会产生泥沙转运成本。但将轻微损坏留到下一阶段进行处理，极可能因损坏趋于严重导致消耗更多泥沙。对于 B3 阶段出现的破损，决策分析框架不仅可以给出修复或不修复的选项，此外还可以选择使用细沙或中沙进行修复。细沙相比中沙更容易通过风暴进行输送（Soulsby，1997；USACE，2009），因此使用细沙能够有效增强沙坝的弹性。与此同时，由于细沙疏浚地点即位于密西西比州水域，因此使用细沙的成本远低于需从其他途径获得的中沙。

---

① Plant，N. G.，Stockdon，H. F.，2012. Probabilistic prediction of barrier - island response to hurricanes. J. Geophys. Res. Earth Surf. 117，F03015.

8.3.1.4 决策结果

根据第一个决策分析框架，不立即修复工程严重破损将对项目所有目标产生不利影响（图 8-4）。值得注意的一个可能性是，如果管理者在 B1 阶段运用资金修复以前存在的严重破损，则剩余的有限资金也极可能将被用于修复沙坝扩建后出现的破损。

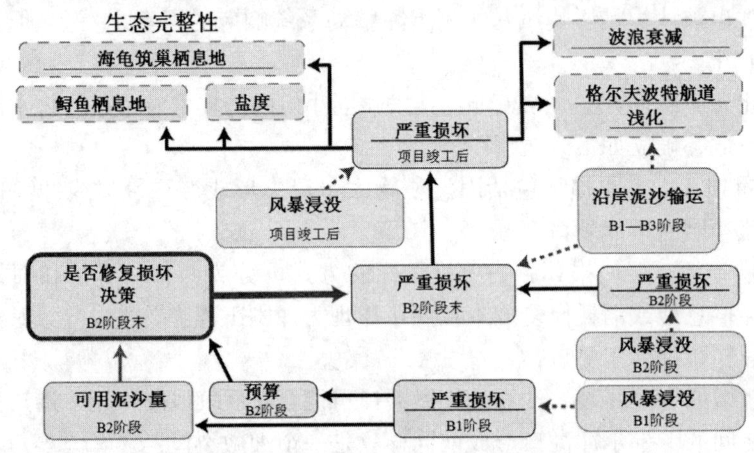

图 8-4 第一个决策分析框架决策影响示意图

注：箭头指示各要素之间的连接性，代表有些情况可能发生或否。每个要素都是关于所有指向它的要素的函数，例如 B2 阶段末沙坝严重损坏发生与否取决于 B2 阶段期间严重损坏的发生情况及管理者的修复决策。外部影响因素（棕色）用斜体和虚线箭头表示；决策节点（绿色）用加粗框与加粗箭头表示；最终目标（红色）由虚线框表示，均与沙滩和密西西比湾的生态完整性相关；下划线节点表示发生几率依据专家经验撷取。B1 阶段的严重损坏决策自动默认为修复，但会对项目资金预算和可用泥沙量（蓝色）产生影响

第二个决策分析框架将产生一系列决策结果，包括每个阶段的沙坝损坏修复，每个决策对项目目标产生的影响如图 8-5 和图 8-6 所示。在 B1—B3 阶段中，各阶段末的沙坝状态主要取决于其是否因风暴或上一阶段末修复的破损导致沉降、破损或体积缩减，以及管理者是否利用沙粒或资金等对其进行修复。沙坝的最终状态决定了重大破损修复竣工后（项目完成后 10 年内）的二次修复概率，也将直接影响到所有的非成本目标。在 E 阶段，东船岛的最终海拔决定了它是否适合作为海龟筑巢栖息地。而东船岛的最终海拔取决于风暴引起的沉降作用。技术专家认为，堆放于东船岛的沙粒能够为沙坝提供沉积物给养，从而增强沙坝弹性；然而，由于东船岛泥沙供给能力与沙坝弹性之间关系的量化充满不确定性，因而 E 阶段的泥沙供给量与沙坝损坏之间的联系并不明显。在技术专家的启发与带领下，工作团队建立了最终目标与阶段性分目标（表 8-1）之间的联系。例如，技术专家指出密西西比湾的生态完整性可能因鲟鱼栖息地丧失及盐度变化失常等因素影响而下降。

8.3.1.5 结果权衡与决策优化

为尽可能减少决策目标组合，研究人员在第二个决策分析框架内对相关目标进行了

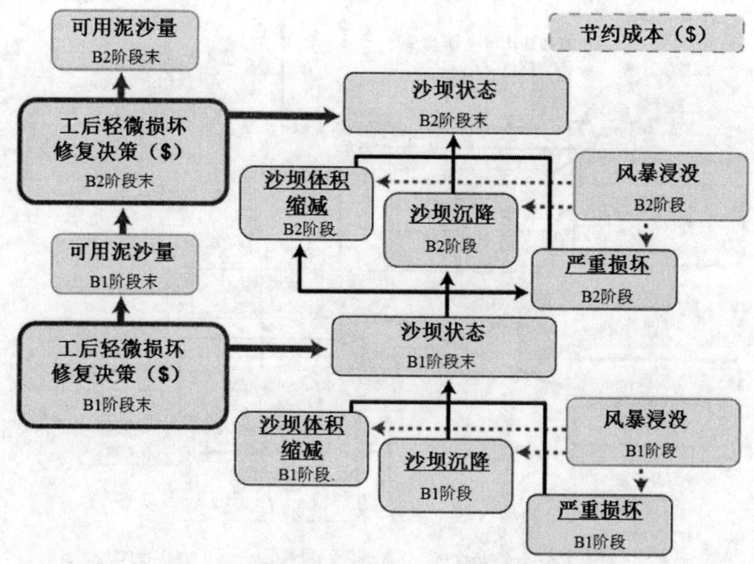

图 8-5　第二个决策框架部分阶段（B1 和 B2）决策影响示意图

注：箭头指示各要素之间的连接性，代表有些情况可能发生或否。每个要素都是关于所有指向它的要素的函数，例如 B2 阶段末的沙坝（冲溢口填充物）状态取决于 B2 阶段期间发生的沙坝沉降、体积缩减和严重开裂情况，以及管理者的修复决策。外部影响因素（棕色）用斜体和虚线箭头表示；决策节点（绿色）用加粗框与加粗箭头表示；红色虚线框为 B1 和 B2 阶段唯一受影响的最终目标为"成本节约"，受"修复"决策影响，其联系以"$"表示。下划线节点表示发生几率依据专家经验撷取。B2 阶段末的可用泥沙量（蓝色）和沙坝状态将此图与后续 B3 和 E 阶段的决策影响示意图（图 8-6）相联系起来

归纳分析，最终得到以下 5 种决策目标：避免密西西比河湾生态完整性退化；避免格尔夫波特航道浅化；加强波浪衰减保护密西西比州海岸带；保护海滩栖息地的生态完整性；节约成本（表 8-1）。利益相关者各自对决策可能产生的目标结果组合的满意度水平进行量化，从而权衡是否进行决策优化。

8.3.2　模型参数化及分析

决策分析框架的构建主要参照影响图和贝叶斯网络，共分为 3 种类型节点：①提供管理选项的决策节点；②代表影响因素和目标的随机节点（即概率节点）；③代表目标权衡的行动节点。

8.3.2.1　概率分配与分布

研究人员利用历史水位数据①来对各修复阶段及工后 10 年内的沙坝浸没累积概率

① U. S. Army Corps of Engineers (USACE), 2009. Mississippi Coastal Improvements Program (MsCIP), Comprehensive Barrier Island Restoration Hancock. Harrison, and Jackson Counties, Mississippi. Draft Supplemental Environmental Impact Statement.

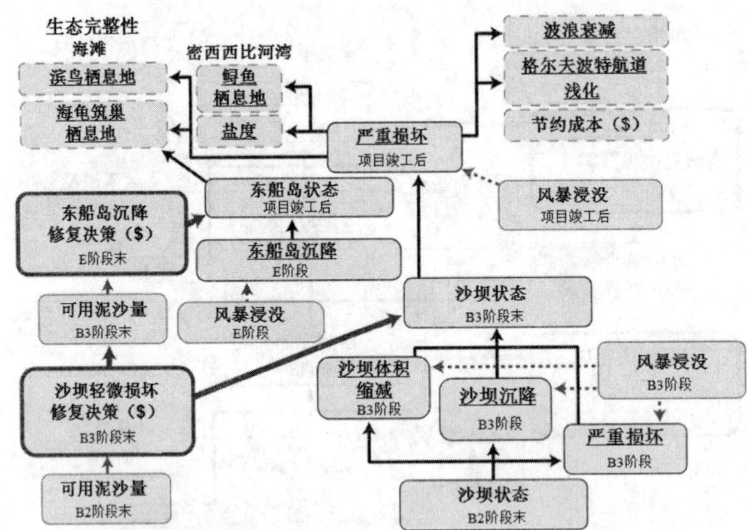

图 8-6　第二个决策框架部分阶段（B3 和 E）决策影响示意图

注：箭头指示各要素之间的连接性，代表有些情况可能发生或否。每个要素都是关于所有指向它的要素的函数，例如 B3 阶段末的沙坝（冲溢口填充物）状态取决于 B3 阶段期间发生的沙坝沉降、体积缩减和严重开裂情况，以及管理者的修复决策。外部影响因素（棕色）用斜体和虚线箭头表示；决策节点（绿色）用加粗框与加粗箭头表示。成本节约（以"$"表示）取决于修复决策，其他最终目标（红色虚线框）则受沙坝工后状态影响。下划线节点表示发生几率依据专家经验撷取。B2 阶段末的可用泥沙量（蓝色）和沙坝状态将此图与上文 B1 和 B2 阶段的决策影响示意图（图 8-5）相联系起来

进行量化。其余随机节点的发生概率分配主要通过基于德尔菲法的专家经验撷取技术完成[①②]，并由技术专家进行修正。技术专家自主判断自己是否有资格回答每个问题，并匿名提供自己认可的初始概率（表 8-2）。决策分析师负责给出统计汇总数据，例如专家给出的平均值，并通过团队成员讨论明确是否存在逻辑不一致性，如浸没一定导致沙坝损坏风险的增加。在某些情况下，专家们将拥有一次答案修改机会。在研讨会期间，团队成员就决策分析中的平均概率分布达成了一致意见。关于这一共识达成过程的更多细节可参照桑恩等（2015）[③] 研究论文中的附录 1。

---

① Dalkey, N., 1969. An experimental study of group opinion: the Delphi method. Futures 1 (5), 408-426.

② Kuhnert, P. M., Martin, T. G., Griffiths, S. P., 2010. A guide to eliciting and using expert knowledge in Bayesian ecological models. Eco. Lett. 13 (7), 900-914.

③ Thorne, K. M., Mattsson, B. J., Takekawa, J., Cummings, J., Crouse, D., Block, G., Bloom, V., Gerhart, M., Goldbeck, S., Huning, B., Sloop, C., Stewart, M., Taylor, K., Valoppi, L., 2015. Collaborative decision-analytic framework to maximize resilience of tidal marshes to climate change. Ecol. Soc. 20 (1), 30.

表 8-2　卡米尔冲溢口泥沙流失量和受损维度预判

损坏类型	泥沙流失量（kcy）[1]	受损海岸长度（ft）	受损海岸宽度（ft）	泥沙流失垂直高度[2]（ft）
初始沙坝（高 5 ft、宽 500 ft）[3]				
沙坝损坏（>68 809 m^3）	302	1633	500	5+5
沉降				
高出海平面 4 ft	40	2 167	500	1
高出海平面≤3 ft	113	1 750	500	3.5
体积缩减				
沙坝宽度维持在 351～499 ft	97	7 000	74.5	5
沙坝宽度维持在 201～350 ft	78	1 867	224.5	5
沙坝宽度维持在 1～200 ft	148	2 000	400	5
沙坝模型（高 7 ft、宽 1 000 ft）[4]				
沙坝损坏	>1 000	>5 280	1 000	7+5
严重损坏[5]（DF1）	889	2 000	1 000	7+5
严重损坏（>51×10^4 m^3，DF2）	556	1 250	1 000	7+6
中度损坏（17×10^4～51×10^4 m^3，DF2）				
沉降[6]				
高出海平面 6 ft	204	5 500	1 000	1
高出海平面 5 ft	204	2 750	1 000	2
高出海平面 4 ft	306	2 750	1 000	3
高出海平面≤3 ft	530	2 600	1 000	5.5
体积缩减				
沙坝宽度维持在 501～699 ft[7]	595	5 100	450	7
沙坝宽度维持在 351～500 ft	410	2 750	574.5	7
沙坝宽度维持在 201～350 ft	517	2 750	724.5	7
沙坝宽度维持在 1～200 ft	700	3 000	900	7
东船岛堆积泥沙				
50%以上泥沙堆沉降至高出海平面≤3 ft	528	5 280	102	≥3

注：维度数据为专家赋值平均值。泥沙流失总量为不同维度泥沙流失量（图 8-7）加和。

1 kcy＝764.554 m^3

2 泥沙流失垂直高度定义为沙坝顶部距海平面高度+沙坝裂口距沙坝顶部深度；

3 适用于 B1 阶段工后与 B2 阶段工前；

4 适用于 B2 阶段工后与 B3 阶段工前；

5 第一个决策分析框架中沙坝损坏泥沙流失量并不明确。第二个决策分析框架中，泥沙流失量为专家赋值平均值；

6 泥沙流失量低于 17×10^4 m^3 被认为只会造成沙坝沉降至距海平面≤3 ft；

7 沙坝体积缩减修复最低阈值为 700 ft，当其宽度维持在 700 ft 以上时无需修复。

8.3.2.2 泥沙流失量及相关成本评估

团队成员经讨论明确了泥沙流失阈值。在第一个决策分析框架中，终态沙坝的严重损坏被定义为：出现泥沙流失现象的沙坝长度大于1英里，泥沙损失量大于76万立方米。该基准的设置主要根据对2005—2006年间多芬岛上受500年一遇的飓风“卡特丽娜”影响出现的沙坝裂口的测算。在第二个决策分析框架中，将沙坝严重损坏定义为：泥沙损失量大于51万立方米，长期受损沙坝平均长度大于1 500英尺。

研究人员针对第二个决策分析框架设置了一些附加阈值：冲溢口修复初期泥沙损失量大于7万立方米，发生泥沙流失现象的沙坝长度大于500英尺；终态沙坝损坏的泥沙损失量为17万~51万立方米，发生泥沙流失现象的沙坝长度在500~1 500英尺之间；低于这些阈值的泥沙流失和损坏被认为仅可能造成沙坝沉降，且沉降高度不超过3英尺。

对于沙坝的轻微损坏，技术专家分别提供了每种损坏类型的受损沙坝长度最小值、预期值和最大值。技术专家通过对已竣工沙坝的几何形状简化，根据受损沙坝长度（图8-7）推算沙坝修复所需消耗泥沙量。技术专家通过判读1984—2014年期间船岛和霍恩岛的卫星图像，分析岛上冲溢口的位置及规模，从而判断障壁岛系统响应情况并进行修复方案设计。若沙坝沉降过程中的泥沙流失量低于沙坝损坏泥沙流失量，则采用沙坝损坏泥沙流失量数据进行修复方案设计。专家推测东船岛上堆积泥沙高度可能大范围地从6英尺沉降到3英尺，并给出了沉降过程中泥沙流失量的最大值、预期值和最小值。由于计算成本有限，第二个决策分析框架根据施工阶段进行了时间分解。每一阶段的工程设计及修复所需消耗的泥沙量都在泥沙总量中进行扣除。被立即修复的受损工程在每一阶段最后进行体现。

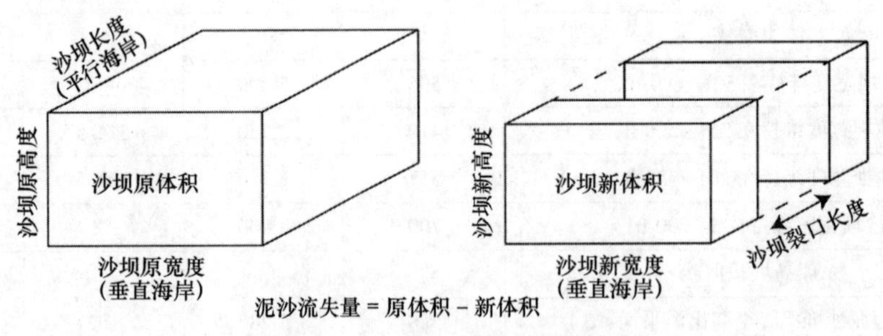

图8-7 沙坝剖面简化示意图

注：主要用于预估沙坝体积缩减、沉降及裂口造成的泥沙流失量。沙坝预有损坏被包含在其“初始”状态内（图8-7左），工后出现的损坏则属于其“新近”状态（图8-7右）。该示意图未考虑沙坝底部、顶部及两侧的弯曲度。图上集中展示了所有损坏类型，包括沙坝裂口、沉降和体积缩减，但其各自的发生概率及造成的泥沙流失量均独立评估、计算

研究小组以26美元/立方米的换算比率对船岛修复项目货币支出进行了计算。此外，为节约成本，决策者对能够利用船岛修复项目剩余应急资金开展的MsCIP项目进

行了整理。这些项目的总成本为 3 900 万美元，这一金额被作为成本节约有利成果的阈值。沙坝破损工后修复的成本计算涉及修复所需泥沙量以及下一阶段随沙坝损坏加剧而增长的泥沙流失量。因此，修复方案的成本计算需先通过估算工后修复选择下的沙坝损坏加剧可能性及由此产生的泥沙流失量，并根据 26 美元/立方米的比率进行成本换算。而沙坝破损立即修复方案同样需按上述步骤估算泥沙耗费成本，此外还需额外计算立即修复方案中产生的泥沙转运成本，约为 10.8 万美元。

为防止修复项目中出现工程疲劳破坏，沙坝扩建过程中，高度和宽度调整分数次进行。技术专家还根据原有的沙坝损坏和水位情况，对沙坝工后损坏概率进行了计算。沙坝工后损坏的界定是沙坝高度或受损沙坝长度处于最低可接受水平。研究人员在进行概率分配时，根据专家对 B2 阶段的概率分析作为 B3 阶段的概率的参照，并设计工后修复方案，以此确保每位专家的意见一致性。同时，在 B3 阶段未出现新的损坏或损坏被即刻修复的情况下，研究人员可直接利用 B2 阶段的损坏概率或工后修复概率自动匹配 B3 阶段的损坏概率或工后修复概率。

8.3.2.3　利益相关者满意度与期望表现量化

每个利益相关者都将针对每一种可能产生的二元目标组合进行打分，得分范围在 0 分（完全不满意）至 100 分（完全满意）之间，从而量化利益相关者对决策结果效用的预期满意度[①]。此后，研究人员利用德尔菲法对利益相关者的满意度得分进行了一轮修正，在此期间没有利益相关者改变其满意度分值。通过整理汇总利益相关者的满意度评分，研究人员分析得出不同目标间的权衡效应及协同效应。在此基础上，团队成员通过研讨也对决策结果平均效用达成了一致意见。

研究人员以每个随机节点的满意度评分和概率分布为基础，计算每个修复选项实现预期表现（也称为期望效用）的概率，以确保最终决策产生有利结果。当随机节点的不同修复选项预期效用实现率接近时，则通过技术专家给出的沙坝损坏极值（如泥沙流失量最大值）检验修复决策的不确定性将对沙坝造成何种程度的影响。

8.4　研究结果

8.4.1　泥沙和资金构成主要限制性因素

泥沙损失量因沙坝损坏类型而异（表 8-2）。不同损坏类型的泥沙损失量最大值、预期值和最小值之间存在广泛差异，因此技术专家将这些值进行了平均化处理（图 8-8）。根据损坏类型的平均化分析结果，技术专家指出相对温和的沙坝沉降或沙坝体积

---

① Thorne, K. M., Mattsson, B. J., Takekawa, J., Cummings, J., Crouse, D., Block, G., Bloom, V., Gerhart, M., Goldbeck, S., Huning, B., Sloop, C., Stewart, M., Taylor, K., Valoppi, L., 2015. Collaborative decision-analytic framework to maximize resilience of tidal marshes to climate change. Ecol. Soc. 20 (1), 30.

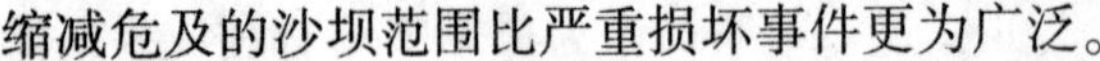
缩减危及的沙坝范围比严重损坏事件更为广泛。

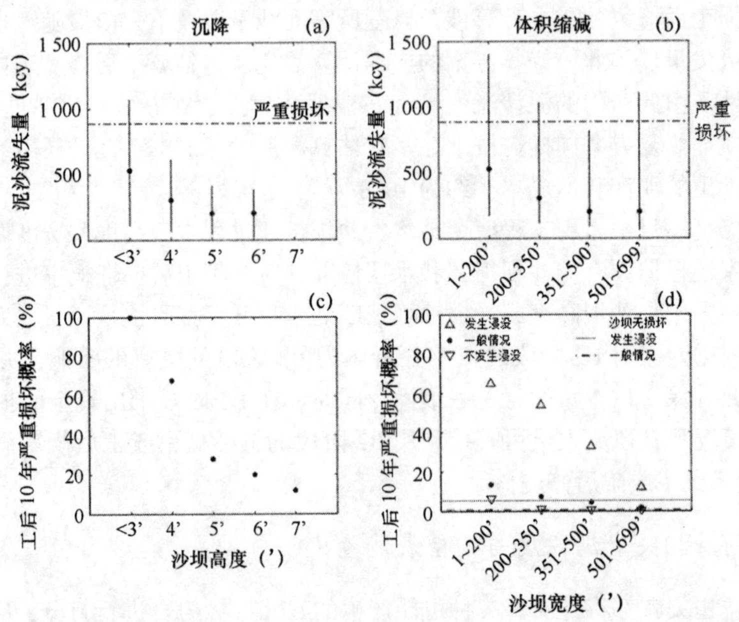

图 8-8 （a）和（b）分别为 B3 阶段竣工后沙坝沉降和体积缩减时的泥沙流失量；（c）为沙坝工后 10 年浸没概率；（d）为假定高度为 7 ft 的沙坝工后 10 年严重损坏概率与沙坝宽度关系示意图

注：图（a）、（b）中的数值为技术专家独立赋值后加以平均化的泥沙流失量最大值、预期值与最小值。图 D 中"一般情况"下的浸没发生概率为自然概率，而"发生浸没"和"不发生浸没"两种情况下的浸没概率分别为 100%和 0%（1 kcy = 764. 554 m^3）

第一个决策分析框架揭示了泥沙资源比资金更为紧缺。修复所需的 229 万立方米砂粒成本约为 6 000 万美元，远低于 12 200 万美元的预算成本。同样地，即使在每个阶段中以最严重损坏标准所需的泥沙量来修补轻微损坏，所消耗的泥沙转运成本也仅需 10. 8 万美元，预算成本相当宽裕，因此资金并非船岛修复项目的主要限制性因素。因此，第二个决策分析框架主要为管理者提供信息，使其明确在资金充足的情况下，选择哪些修复方案将导致泥沙短缺。

8. 4. 2 卡米尔冲溢口沙坝的大型裂口修复

根据第一个决策分析框架，由 500 年一遇灾害形成的严重沙坝损坏，利益相关者选择修复的预期效用（83%）大于选择不修复（68%）。在选择修复的情况下，修复工程引起波浪衰减的可能性高于 50%，而恢复水域正常盐度的可能性低于 5%，对其他目标的影响则可以忽略不计（图 8-9a）。根据技术专家的反馈，对其他目标影响效果不显著是由多个因素共同导致的。就恢复海龟筑巢栖息地这一目标而言，通过大规模工程在东船岛修建的外栖息地反而有很大几率会导致海龟栖息地丧失不超过 23%的基准目标被进一步破坏。此外，专家表示目前尚不明确沙坝修复是否会导致鲟鱼栖息地增加或减少。同样地，在沙坝修复过程中，对于格尔夫波特航道的浅化将因沿岸泥沙输运系统中来源于沙坝的沉积物数量增加而加剧，还是将因冲溢口对沿岸泥沙输运的阻断而减缓，专家尚无明确结论。

当选择对 B2 阶段严重损坏进行工后修复时，对波浪衰减、海龟筑巢栖息与滨鸟栖息地恢复等最终目标实现产生明显不利影响，而对其他目标的影响几乎可以忽略不计。从第一个决策分析框架的分析结果来看，B2 阶段严重损坏的工后修复与立即修复两种决策对有利结果实现几率影响差异较大（图 8-9a）。值得注意的是，由于技术专家的赋值差异，第一个决策分析框架和第二个决策分析框架所得到的分析结果中，海龟筑巢栖息地恢复的实现几率相差达 20%。

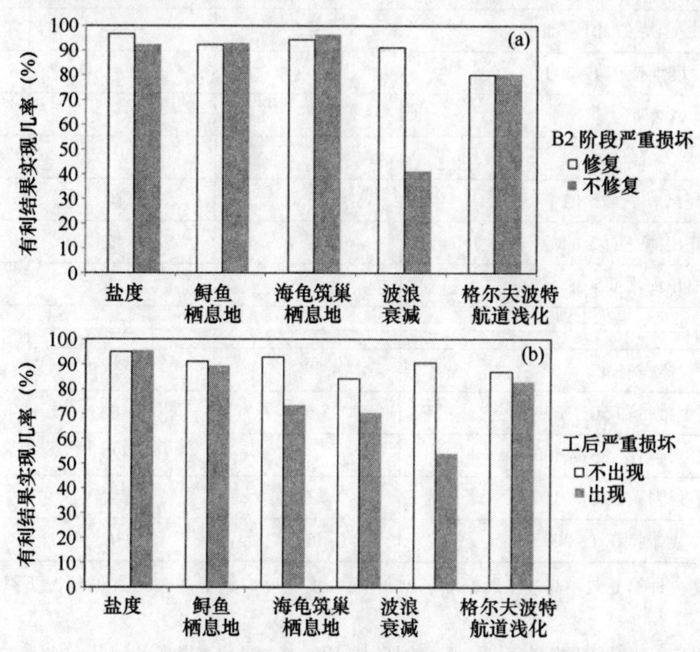

图 8-9　（a）B2 阶段沙坝严重损坏"修复"或"不修复"决策下最终目标实现几率（第一个决策分析框架）；（b）沙坝工后严重损坏"修复"或"不修复"决策下最终目标实现几率（第二个决策分析框架）

8.4.3　卡米尔冲溢口沙坝的轻微损坏修复

在 B1 和 B2 阶段中，损坏出现概率及修复成本因轻微损坏的类型与规模而异（表 8-3）。选择立即修复大规模的轻微损坏预期成本低于选择工后修复，因为工后修复极可能导致轻微损坏在项目期间进一步加剧，而这一风险成本将高过选择立即修复时的成本预算。

表 8-3 轻微损坏立即修复与工后修复预期泥沙流失量、修复成本和损坏加剧概率比较

沙坝损坏	轻微损坏立即修复与工后修复之差		
	预期泥沙流失量[1]（kcy）	预期修复成本[2]（$K）	损坏加剧概率[3]（%）
B1 阶段[4]			
沉降			
高出海平面 4 ft	10.7	214	17.6
高出海平面≤3 ft	23.5	470	31.7
体积缩减			
沙坝宽度维持在 351~499 ft	-5.4	-180	0.00
沙坝宽度维持在 201~350 ft	3.8	76	10.0
沙坝宽度维持在 1~200 ft	—	—	—
B2 阶段[5]			
沉降			
高出海平面 6 ft	-3.8	-76	0.27
高出海平面 5 ft	-2.1	-42	0.61
高出海平面 4 ft	6.1	122	2.09
高出海平面≤3 ft	12.6	252	3.26
体积缩减			
沙坝宽度维持在 501~699 ft	-5.4	-108	0.00
沙坝宽度维持在 351~500 ft	1.9	37	0.84
沙坝宽度维持在 201~350 ft	13.7	274	2.24
沙坝宽度维持在 1~200 ft	46.7	934	5.01

注：正值意味着立即修复效用高过工后修复。B1 阶段沙坝宽度缩减至 1~200 ft 的情况下默认选择立即修复，因而不存在比较。

1 预期泥沙流失量由沙坝严重损坏概率与严重损坏时的泥沙流失量计算得到（1 kcy=764.553 6 m^3）；

2 预期成本由预期泥沙流失量计算得到；

3 下一阶段工程开始之前沙坝发生严重损坏的概率；

4 B1 阶段立即修复轻微损坏的情况下，B2 阶段沙坝出现严重损坏的概率为 16.2%，预期泥沙流失量为 15 367.5立方米，修复成本约 402 000 美元；

5 B2 阶段立即修复轻微损坏的情况下，B3 阶段沙坝出现严重损坏的概率为 0.4%，预期泥沙流失量为 6 040 立方米，修复成本约 158 000 美元。

如果 B3 阶段沙坝出现严重损坏（沙坝宽度缩减至 1~200 英尺，高度沉降至 4 英尺以下），且其修复成本超过 3 900 万美元的成本节约阈值，则选择“修复”（使用细砂和中砂修复的情况下，效用分别为 79% 和 80%）的预期效用将比选择“不修复”（81%）低 1%~2%。如果 B3 阶段出现的沙坝损坏程度较低（沙坝宽度缩减至 351~500 英尺，高度沉降至 6 英尺），且修复成本同样超过成本节约阈值，则选择“修复”的预期效用将比选择“不修复”低 7%，而使用中砂或细砂修复的预期效用差异可忽略不计。总的来看，如图 8-10 所示，选择修复沙坝轻微损坏比选择不修复，最终目标产生有利结果的几率均有所提高，但程度低于 3%。

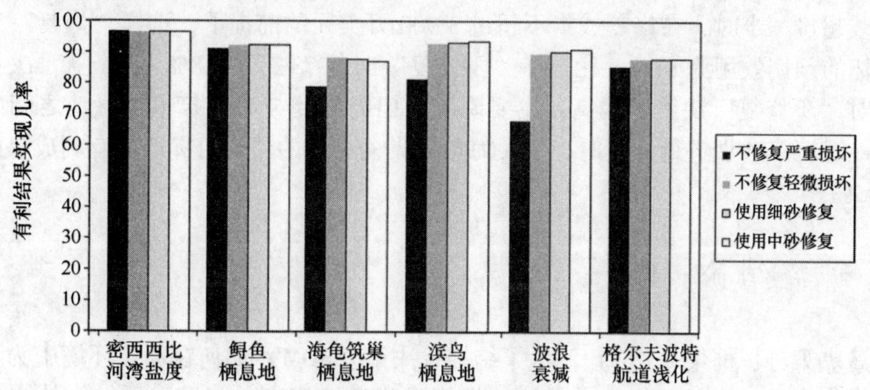

图 8-10　B3 阶段卡米尔冲溢口修复沙坝损坏修复决策对非成本目标预期结果的影响

注：1. 严重损坏指沙坝宽度缩减至 1~200 英尺，高度沉降至 4 英尺以下；

2. 轻微损坏指沙坝宽度缩减 351~500 英尺，高度沉降至 6 英尺

从图 8-9 可以看出，尽管工后严重损坏的修复与否，对项目最终结果的预期效用影响较大，但项目进行过程中工程损坏的立即修复与否对项目最终结果影响并不明显。这一结论是研究人员在综合分析导致工后损坏风险的所有因素的基础上得到的。当沙坝高度大于 5 英尺时，项目竣工后 10 年内发生浸没的概率相对更低，为 10%~30%（图 8-8c）。技术专家表明不发生浸没的情况下，沙坝损坏发生概率较低（图 8-8d），此时无论是否选择修复沙坝轻微损坏，严重损坏发生的概率均处于较低水平。严重损坏的低发生率降低了“轻微损坏修复与否”决策对项目最终结果的影响。成本节约这一目标权重较低，但明显受“轻微损坏修复”决策影响，尤其是在选择进行“修复”时。在假设发生浸没事件的前提下，工后损坏的发生概率将大幅增加（图 8-8d）。

本章尝试分析决策的预期效用如何随着专家给出的概率赋值发生变化。当采用中砂进行修复时，以最高的有利结果发生几率对修复赋值，赋予“不修复”以最低发生几率值，结果表明选择对严重损坏进行“修复”时，决策预期效用为 83%，比选择“不修复”时的 53%高出 30%。相比“不修复”而言，选择“修复”时，最终目标中的滨鸟栖息地、海龟筑巢栖息地、船岛生态完整性和波浪衰减 4 项产生有利结果的可能性高出 5%以上（图 8-10）。随着概率值数集输入变化而发生的决策预期效用变化，揭示了专家赋值波动所带来的高度不确定性。

8.4.4　东船岛轻微损坏修复

B1—B3 阶段中，假设以严峻的泥沙流失形势设计修复方案，根据平均化的专家概率赋值计算，泥沙预期使用量为 175 847 立方米，超过可用泥沙总量 168 202 立方米。

在这种概率微乎其微的修复方案中，泥沙量甚至不足以完成B3阶段与E阶段的东船岛泥沙输送源头建设。由于上述情况概率极低，研究人员假设船岛修复项目中，泥沙量足以完成B3阶段工程，但不足以完成E阶段。当E阶段构建的沙坝高度下降至3英尺或体积缩减超过一半时，在修复成本不超过3 900万美元的前提下，选择“修复”东船岛轻微损坏的预期效用为81%，比选择“不修复”时的73%高出8%。“修复”决策预期效用相对“不修复”决策的提高，主要源于东船岛修复与海龟筑巢栖息地之间的密切联系——对沉降沙坝进行修复时，有关海龟筑巢栖息地的项目目标产生有利成果的几率将增长5%。

8.5 研究结论

船岛决策分析框架（DFs）演示了结构化决策（SDM）如何在动态环境中为项目中期决策提供支撑，例如可能在项目执行期间发生迅速演变的障壁岛系统。从本质上来说，借助Netica程序创建的贝叶斯网络为船岛修复项目提供了一个决策支撑框架。第一个决策分析框架反映出决策支撑的重要意义。由于非经济目标与岛屿的完整性密切相关，因此我们可以直观地看到选择“修复”严重损坏时，决策的预期效用明显提高。然而，在沙粒和资金等资源限制下的损坏修复决策对岛屿修复能力的影响机制仍有待明确。下文将着重阐述决策分析框架（DFs）在下一步应用中可能面临的挑战或改善，例如加强对障壁岛物理过程的调查，从而调整DF应用和结果呈现过程中的注意事项，有效降低决策不确定性。此外，本章还尝试分析如何对决策分析框架进行延伸应用，使其适用于沿海系统的长期管理及区域资源适应性管理。

8.5.1 动态环境背景下的中期决策框架

当前有关障壁岛物理过程的研究内容较为有限。技术专家曾对海水浸没造成的沙坝开裂或损坏概率进行推算，但有关以下几个方面的研究仍有待明确：①障壁岛宽度与沙坝开裂之间的联系；②沙坝损坏（开裂）、沉降或沙坝体积缩减导致的泥沙流失量；③沙坝轻微损坏的自愈与加剧趋势；④上游输沙能力与沙坝风暴抵御能力之间的联系。这几个方面的研究空白促使技术专家加强对船岛已有冲溢口的分析以量化明确其宽度与泥沙流失量的关系。

本章还对决策分析框架在下一步应用中可能得到的改善进行了初步推断。在决策分析框架中，每一个项目阶段都是一个独立的时间步骤，修复项目管理者会针对每个阶段发生的沙坝损坏进行即时的修复决策。随着轻微损坏的立即修复成本逐渐累积，在下一阶段进行轻微损坏统一修复以建立规模更大、弹性更强的沙坝，将成为成本效益更高的修复方案。时间解析更为精确的决策分析框架，能够为上述情形下管理者选择“立即修复”还是“工后修复”提供信息支撑。但项目时间步骤过多将因项目复杂性和计算成本增加而导致项目可行性降低。因此，在下一步的决策分析框架应用中，研究人员必须仔细权衡应增加模型复杂度以更好地解析项目时间步骤还是为节约成本而减少时间步骤，后者必将导致决策过程中利益相关者的直观透明度降低。

同样，对沙坝损坏类型与泥沙流失量的有限分辨能力限制了管理者全面判断所有可能发生的沙坝损坏情况，并对各种损坏类型修复方案进行综合评价的能力。专家们对受损沙坝的体积缩减或沉降概率赋值分别基于沙坝损坏定义中的最小沙坝宽度或高度，因此概率呈相对离散分布。暴风雨侵袭通常会导致沙坝受到不同程度的损坏，因此沙坝总体将呈现缩减还是沉降趋势极难预判，但专家采取的概率引入方法，能够有效降低判断难度。例如，专家可以借助概率引入来量化工后沙坝开裂概率与海水浸没、沙坝宽度、修复过程中细颗粒泥沙使用量以及修复期末沙坝裂口分布等之间的函数关系。尽管沙坝各处损坏较为分散，且损坏程度差异性较大，但技术专家仍能给出 60 种独特条件组合的概率分布。除专家预测法之外，将障壁岛物理过程统计模型与决策分析框架相结合，将有助于对修复过程中的概率和不确定性进行更高效的定量预测，且预测结果具有更高的离散度。船岛决策分析框架中浸没概率的成功预测，充分证实了这种结合方法在实际应用中的可行性。因此在未来的发展中，可以尝试将障壁岛演变动力学统计模型——例如沙坝高度与弹性之间的关系函数①应用于决策分析框架之中，以制定更为合理高效的决策。在以往的研究中，尽管没有正式决策分析框架的支撑，建立在系统自然过程基础上的统计模型也已在多个领域被应用于协助资源管理，例如地下水系统②、濒危物种③以及栖息地演化管理④等。统计模型与决策支撑体系的深入结合，能够帮助决策者更全面地分析考虑所有可能发生的情况及其相关性，例如暴风雨的累积影响与海滨不同程度的损坏。统计模型还能够帮助分析资源限制条件下最合理的优先修复方案，例如在泥沙总量固定的前提下，沙坝宽度与高度如何组合能使其弹性达到最强，这是以往研究所欠缺的。

最后，船岛修复项目中的决策分析框架应用强调了一点，应仔细解释决策分析框架输出的决策成果。在很多情况下，选择“修复”和“不修复”并不一定在决策预期成果上形成明显差异对比。但需要注意的是，预期的决策结果实现几率是水位等外部因素影响下的综合概率。相对而言，极端风暴及其引起的高水位较为罕见，因此技术专家通过判断浸没时的沙坝状态来量化其损坏概率，从而尽量降低风暴对沙坝损坏作用的不确定性。尽管无法完全避免沙坝损坏，但有效的概率预测提高了非成本目标有利结果的实

---

① Plant, N. G., Flocks, J. G., Stockdon, H. F., Long, J. W., Guy, K. K., Thompson, T. M., Cormier, J. M., Smith, C. G., Miselis, J. L., Dalyander, P. S., 2014. Predictions of barrier island berm evolution in a time-varying storm climatology. J. Geophys. Res. Earth Surf. 119 (2), 300-316.

② Fienen, M. N., Masterson, J. P., Plant, N. G., Gutierrez, B. T., Thieler, E. R., 2013. Bridging groundwater models and decision support with a Bayesian network. Water Resour. Res. 49 (10), 6459-6473.

③ Gieder, K. D., Karpanty, S. M., Fraser, J. D., Catlin, D. H., Gutierrez, B. T., Plant, N. G., Turecek, A. M., Theiler, E. R., 2014. A Bayesian network approach to predicting nest presence of the federally-threatened piping plover (Charadrius melodus) using barrier island features. Eco. Model 276, 38-50.

④ Carruthers, T. J. B., Beckert, K., Schupp, C. A., Saxby, T., Kumer, J. P., Thomas, J., Sturgis, B., Dennison, W. C., Williams, M., Fisher, T., Zimmerman, C. S., 2013. Improving management of a mid-Atlantic coastal barrier island through assessment of habitat condition. Est. Coast. Shelf Sci. 116, 74-86.

现几率，同时削弱了沙坝损坏修复产生的不利影响。而利益相关者所关注的事项通常视情况而异，因而在决策框架中并未完全体现。例如，就具有高能量的破坏性风暴而言，利益相关者的目标主要为加强波浪衰减。因此仅知道风暴发生的概率，并不能直接决定修复项目采用何种保护方案。对决策不确定性及条件性目标识别与量化方法的分析，能够有效地提高决策分析框架在动态系统恢复中的效用，但这些分析并未在本章研究范畴之内。

8.5.2 区域和长期适应性管理

基于结构化决策（SDM）的决策分析框架不仅可以用于支撑项目中期决策，还可以应用于海岸发展规划。在船岛修复项目的设计过程中，尽管研究人员运用了物理数值模型，但因受时间和成本限制，无法迭代所有可能的风暴情况和修复方案。为此，研究人员采取了一种更为有效的方法，即运用迭代程序对由决策分析框架识别得到的不确定性因素（例如沙坝宽度与沙坝弹性之间的关系）进行数值模拟并探索其参数空间，以此降低其在决策分析框架中的不确定性程度。此外，对于长期性的适应性项目①来说，借助决策分析框架识别将影响项目最终成果的关键因素（如本章中密西西比河湾滩沿和波浪高度的动态变化物理特性），能够为合理制定项目监测计划、明确项目执行切入点提供必需的信息支撑。

船岛修复项目中决策分析框架的应用充分说明了决策分析框架可用作有效的区域资源管理机制，例如本章中的障壁岛修复管理。障壁岛的修复能力与沉积物供给紧密相关，且障壁岛多为离岸沙坝，其沉积物主要来源于上游岛屿、陆相沉积（如河流沉积）的泥沙沿岸输送。但需要注意的是，区域资源管理的资金有限，因此必须选择在哪些方面进行集中管理。船岛研究案例表明，基于结构化决策（SDM）建成的决策分析框架提供了一种能够突破物理和资金依赖关系、平衡潜在竞争项目目标的机制。决策分析框架还可以支撑多个项目的同步开展以及区域尺度下的资源适应性管理。与此同时，上文曾提及的一些优势也将得到进一步延伸发展，例如为项目设计和监测方案制定提供信息支撑。

8.6 借鉴与启示

8.6.1 障壁岛修复项目要制定科学合理中期规划

船岛位于墨西哥北部湾，分为东、西二岛。本章重点研究了船岛修复项目。船岛修复项目目标主要为修复卡米尔冲溢口、恢复船岛完整性，即为用沙粒修补将船岛一分为

① Lyons, J. E., Runge, M. C., Laskowski, H. P., Kendall, W. L., 2008. Monitoring in the context of structured decision-making and adaptive management. J. Wildl. Manag. 72 (8), 1683-1692.

二的卡米尔冲溢口，恢复船岛的完整性。为更好地实现修复目标，项目团队成员共同构建了一个决策分析框架（SDM）来为项目中期决策提供信息参考和决策支撑。船岛修复项目主要分为 4 个阶段：（B1）修建高 5 英尺、宽 500 英尺的沙坝初步修复卡米尔冲溢口；（B2）扩建沙坝使其高度增加至 7 英尺、宽度增加至 1 000 英尺；（B3）在沙坝顶部堆积细砂形成沙丘；（E）增强对东船岛的泥沙供给，维持沙坝沉积物供给并恢复海龟栖息地。但是，由于障壁岛具有动态演变特性，沙坝工程极可能在竣工前即被风暴摧毁。为此，项目管理者必须合理制定中期决策预防这种情况发生。

8.6.2　障壁岛修复项目中期决策必须构建技术支撑体系

利益相关者和项目决策者设计的项目目标包括：①削弱墨西哥湾和密西西比湾的波浪作用；②防止格尔夫波特航道泥沙通量及其浅化现象加剧；③保持密西西比河湾盐度平衡；④扩大墨西哥湾鲟、滨鸟与海龟筑巢栖息地。由于风暴对船岛修复项目目标及工程极具威胁，技术专家尝试对风暴潜在破坏行为的发生概率进行了量化，例如风暴作用下的沙坝细微裂口或巨大裂口形成、沙坝沉降或沙坝体积缩减、东船岛泥沙流失概率等。此外，必须强调的是，由于船岛修复项目拥有的资金和泥沙总量有限，修复期间发现沙坝受损时，项目管理者必须做出决策，选择立即对受损沙坝进行修复或是在工程竣工后进行全面修复。不同决策将对项目的最终目标造成不同程度的影响。因此，为量化工程中期修复决策对项目目标的影响程度，项目团队共同构建了两个决策分析框架（DFs）为项目中期决策提供支撑。第一个决策分析框架显示，比起资金，泥沙资源对实现项目目标形成的限制更为严重，且工程期间沙坝出现严重损坏将对项目目标产生明显的不利影响。第二个决策分析框架主要为轻微损坏修复决策提供支撑，并倾向于立即修复轻微损坏。尽管选择立即修复沙坝轻微损坏将产生大量的泥沙转运成本，但能够有效降低脆弱沙坝遭受更严重损毁的风险。由决策分析框架可知，从根本上来看，选择立即修复所有处于最轻微程度的损坏，比选择放任轻微受损沙坝发展成为严重受损沙坝后进行修复更具成本效益。针对 B3 阶段，研究人员尝试量化选择“不修复”沙坝损坏或是选择使用细砂修复的两种情况下，严重损坏出现的概率。同时判断这一阶段的修复决策将对项目的资金、泥沙使用预算及项目目标产生何影响。例如，当受损沙坝的泥沙流失量相对较少时选择“修复”的预期效用低于“不修复”。由于这种程度的损毁并不至于造成沙坝过度脆弱，也不会使其面临太大的损毁加剧风险，因此在这种情况下，项目管理者会继续按计划执行项目，而非停工修复沙坝损坏部分。

8.6.3　障壁岛修复核心是把握一些关键影响因素

船岛修复项目中的决策分析框架应用表明，协同决策分析框架充分适用于动态环境下修复项目的适应性，例如极可能在项目进行期间发生剧烈演变的障壁岛系统。研究期间，为更有力地支撑项目决策与管理，研究人员努力识别障壁岛演变中应把握的一些关键影响因素，例如沙坝沉降、沙坝体积缩减或沙坝损坏（开裂）时的泥沙损失量，障壁岛宽度对沙坝开裂概率的影响等。同时，船岛修复项目证实了在决策分析框架中直接以数值模型结果或数据输出替代传统专家打分法的可行性及其优势所在。船岛修复项目还充分演示了在决策分析框架中，如何明确直观地利用资金或泥沙可用量等限制性资源呈现修复项目各阶段（包括项目设计、开展、监测和调整）中期决策将产生的所有可能结果。这一创新性方法在很大程度上优化了障壁岛区域修复项目的适应性管理。

8.6.4 结构化决策支撑动态环境下的项目中期决策

综上所述，结构化决策（SDM）在该项目中的主要作用包括预判项目进行期间可能发生的障壁岛工程损坏，并在项目资金和泥沙可用量有限的前提下，尽可能地为项目管理者提供决策支撑，最大限度地降低决策可能产生的对项目目标的不利影响。研究结果表明，就修复项目而言，泥沙资源远比资金更为紧缺，且选择“不修复”项目中期出现的严重沙坝损坏，将严重影响项目目标。从根本上来看，选择立即修复轻微受损沙坝工程，比选择放任脆弱的轻微受损沙坝发展成为严重受损沙坝后再进行修复要更具成本效益，成本效益高出多少则主要取决于工程受损程度。船岛修复项目管理中，研究人员认识比较欠缺的障壁岛环境过程知识包括障壁岛宽度对沙坝开裂的影响；沙坝沉降、坝体缩小或沙坝开裂时的泥沙损失量；沙坝细微裂口的自愈能力或加剧趋势；上游沉积物供给能力与沙坝风暴抵御能力之间的关系等。动态环境下的项目实施往往需要管理者制定中期决策，而障壁岛快速演变所固有的不确定，更是对管理者的重大决策构成严重限制。船岛修复项目中的决策分析框架应用，充分证实了结构化决策支撑动态环境下的项目中期决策的可行性。同时，船岛修复项目证实了运用环境过程数值模拟结果或数据输出支撑障壁岛修复项目自适应管理框架，能够有效优化障壁岛修复管理。

后 记

海岛发展在建设海洋强国中具有重要的战略地位。尽管人类与海岛打交道的历史十分悠久，整个人类历史从古至今每个时期都有人类开发、利用、保护、管理海岛的记录，然而，一直到今天，我们仍然不能说已经完全了解海岛，已经掌握了海岛的全部秘密。不管是利用海岛、开发海岛资源，还是要管理海岛、保护海岛，我们首先面临的都是进一步认识海岛的任务。海洋世纪一定是开发海岛、利用海岛的各路队伍向海岛大进军的世纪，然而，用科学的眼光看待海岛开发和利用，用可持续发展的观点对待海岛发展，我们现在需要做的是关心海岛、认识海岛、经略海岛。

浙江海洋大学是我国唯一一所拥有“海岛开发与保护”硕士学位授权点的高等学校。为实施“一路一带”战略、建设海洋强国，理顺海岛管理体制、创新海岛管理机制、促进海岛经济发展、提高全民海岛保护意识，构建海岛开发与保护学科体系和理论体系，培养海岛保护与开发利用高端、紧缺人才做贡献是浙江海洋大学责无旁贷的神圣历史使命，也是建校之魂、立校之基、强校之源。

本书是浙江海洋大学东海发展研究院研究项目的研究成果。该成果研究过程中，王颖院长从制定写作规划、组织分工、督促实施到谋篇布局做了大量的工作，付出了辛勤的劳动，在此深表谢忱！梅依然、刘思文、胡雨雯、俞仙炯、刘超、李艳玲、李社会、黄明前、王娇娇、方莉等同学参与了资料的收集、整理以及部分章节的撰写工作，在此一并向他们表示感谢！本书参考了大量相关学术著作、学术期刊、网站文献，引用了国内外许多学者的观点和论述，在此，我们对所有引用文献作者和参考文献作者表示衷心的感谢，正是他们的前期研究成果并与我们共同分享其观点和建议，促成本书得以出版。

由于作者学识浅陋、能力有限，疏漏和错误之处在所难免。但是，如果本书出版能够吸引更多的学者参与到海岛开发与保护问题的研究中来，并为今后学者们进行更加深入的研究些许借鉴，我们将不胜欣慰。凡能阅读本书者皆为良师益友，心有相通之处也，还望不惜笔墨，不吝赐教，不甚感激！

崔旺来

2017 年 1 月 22 日于舟山